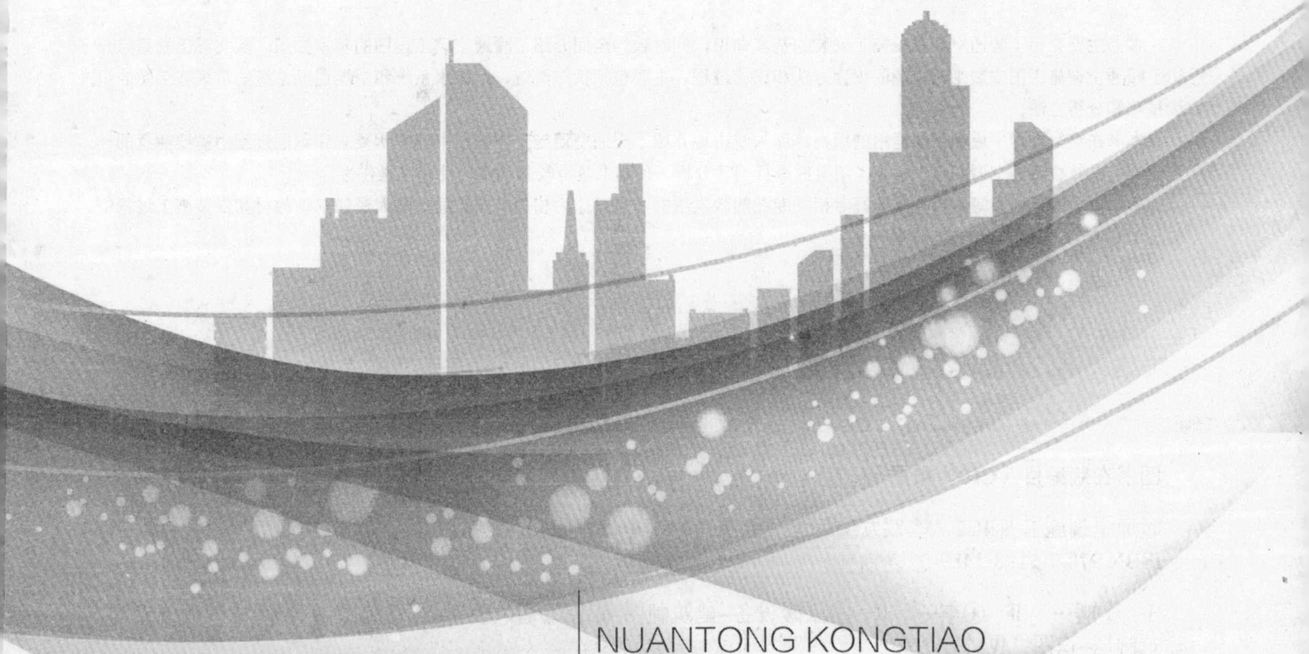

NUANTONG KONGTIAO
SHIGONGTU
SHIDU

暖通空调施工图识读

李联友 编著

中国电力出版社
CHINA ELECTRIC POWER PRESS

内 容 提 要

本书主要介绍了暖通空调系统施工安装的基本知识，同时较为全面介绍了暖通空调工程图的基本知识，从实际出发重点介绍了暖通空调施工图安装工艺识图的识读方法和识读过程，主要包括供热系统、给排水系统和空调通风系统的常规施工图的识读技巧和分析方法。

本书在编写过程中遵循简明适用的原则，深入浅出地介绍了暖通空调施工图识读中的基本要求和识图过程中需要注意的一些问题，并结合暖通空调实际工程施工图案例进行识读分析，使本书具有较强的实用性和可操作性。

本书可作为普通高等学校和高职高专相关专业的教学用书，也可作为相关专业工程技术人员的培训教材和安装施工过程中的技术参考书。

图书在版编目（CIP）数据

暖通空调施工图识读 / 李联友编著．—北京：中国电力出版社，2020.1
ISBN 978-7-5198-3489-0

Ⅰ．①暖…　Ⅱ．①李…　Ⅲ．①采暖设备–建筑制图–识图②通风设备–建筑制图–识图③空气调节设备–建筑制图–识图　Ⅳ．①TU83

中国版本图书馆 CIP 数据核字（2019）第 168941 号

出版发行：中国电力出版社
地　　址：北京市东城区北京站西街 19 号（邮政编码 100005）
网　　址：http://www.cepp.sgcc.com.cn
责任编辑：未翠霞（010-63412611）
责任校对：郝军燕
装帧设计：王红柳
责任印制：杨晓东

印　　刷：北京雁林吉兆印刷有限公司
版　　次：2020 年 1 月第一版
印　　次：2020 年 1 月北京第一次印刷
开　　本：787 毫米×1092 毫米　16 开本
印　　张：11.25
字　　数：270 千字
定　　价：48.00 元

前　言

随着我国国民经济的发展和经济体制改革的进一步深化，建筑安装行业特别是暖通空调施工安装得到了较快的发展，为满足建筑安装工程现场施工人员、技术工人，特别是刚刚进入施工安装的技术人员的实际识图以及施工的需要，根据国家相关部门颁布的标准规范和实际资料编写了此书。

本书系统地介绍了暖通空调系统施工安装的基本知识，较为全面地介绍了暖通空调工程图的基本知识，同时还较为详细地介绍了暖通空调施工安装图的识读方法，对暖通空调施工图的识读过程进行了详尽的分析，并通过实际工程的暖通空调施工图案例进行识读分析，使本书具有较强的实用性和针对性。本书在编写中遵循实用、全面、简明的原则，力求做到图文并茂、语言简练、通俗易懂，注重对读者进行实际操作能力的培养。

本书由李联友编著。全书在编写过程中得到了专业技术人员孙建光、张东祥、辛奇云、庞印成的帮助和支持；潘志信、张志红、洪静、李丹、张玉锦同志也给本书提出了很好的建议和意见，使本书的内容更加合理、完善和实用，在此表示感谢，李昕、徐萍和蔡英霞同志参加了本书资料整理、文字录入和校订等工作，也一并表示感谢。

由于作者的学术水平和工程经验有限，书中难免有错误和不足之处，敬请读者批评指正。

作　者

目　录

第1章

暖通空调工程图基本知识

1.1 工程制图基本知识

工程制图不仅要正确表达设计者的设计意图，同时也要让其他人能看懂。图纸是建筑工程界所共有的进行设计与交流的媒介，因此它必须符合大家所共同遵守的规范，在这方面我国已制定出相应的国家标准。例如《总图制图标准》（GB/T 50103—2010），《暖通空调制图标准》（GB/T 50114—2010），《建筑给水排水制图标准》（GB/T 50106—2010）等，它们以国家标准 GB 为代号，规定了共同遵守的各项规则，是大家在实际设计和施工工作中必须遵守的通用标准。下面简单介绍一下国家标准中的有关规定。

1. 图面基本格式

（1）图纸大小。绘图时，可以根据实际需要采用不同尺寸的图纸。图纸的大小称为图幅。实际应用中，应优先采用表 1－1 中规定的图幅尺寸。表中的符号参见图 1－1。

表 1－1　　　图　幅　尺　寸　　　（单位：mm）

<table>
<tr><td colspan="2">图幅代号</td><td>A0</td><td>A1</td><td>A2</td><td>A3</td><td>A4</td><td>A5</td></tr>
<tr><td colspan="2">工程名称</td><td>0 号图</td><td>1 号图</td><td>2 号图</td><td>3 号图</td><td>4 号图</td><td>5 号图</td></tr>
<tr><td colspan="2">$B \times L$</td><td>841 × 1189</td><td>594 × 841</td><td>420 × 594</td><td>297 × 420</td><td>210 × 297</td><td>148 × 210</td></tr>
<tr><td rowspan="3">周边代号</td><td>a</td><td colspan="6">25</td></tr>
<tr><td>c</td><td colspan="3">10</td><td colspan="3">5</td></tr>
<tr><td>e</td><td colspan="2">20</td><td colspan="4">10</td></tr>
</table>

图纸基本幅面的短边不宜加长，长边可加长。加长尺寸，对幅面代号 A0、A2、A4，应为 150mm 的整数倍；对幅面代号 A1、A3，应为 210mm 的整数倍。如基本幅面的短边加长，则长边不加长，所采用的图纸幅面应符合《技术制图　图纸幅面和格式》（GB/T 14689—2008）的有关规定。图框四边均应具有位于各边图框线中点的对中符号；对中符号应采用粗实线绘制，其长度应从图幅线开始伸入图框线内 5mm。

（2）图框格式。图幅反映图纸大小，而真正可以用于绘图的图纸大小是由图幅内的图框所规定的。如图 1－1 所示，图框由粗实线绘制，可以是横放，如图 1－1（a）所示；也可以是竖放，如图 1－1（b）所示。当图纸需要装订时，采用图 1－1 中的格式；不需要装订时，将图 1－1 中的尺寸由 a、c 改为 e 即可。

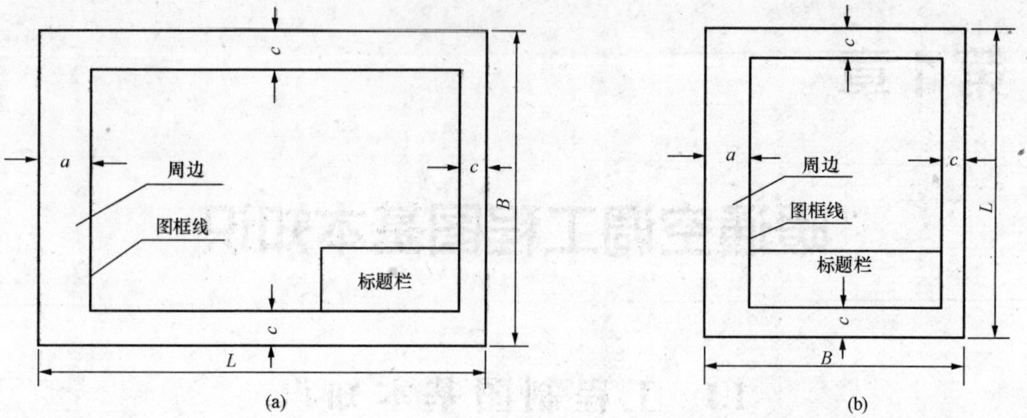

图 1－1　图框

（3）标题栏与明细栏。

1）标题栏。图框内应有标准栏，它的位置如图 1－1 中所示，它的基本格式已有国家统一规定。具体地说，标题栏一般由更改区、签字区、其他区、名称及代号区组成。也可根据实际需要，进行增加或减少。

2）明细栏。初步设计和施工图设计的设备表至少应包括序号（或编号）、设备名称、技术要求、数量、备注栏；材料表至少应包括序号（或编号）、材料名称、规格或物理性能、数量、单位、备注栏，它的位置一般在标题栏的上方，它的格式也具有国家统一标准，如图 1－2 所示。

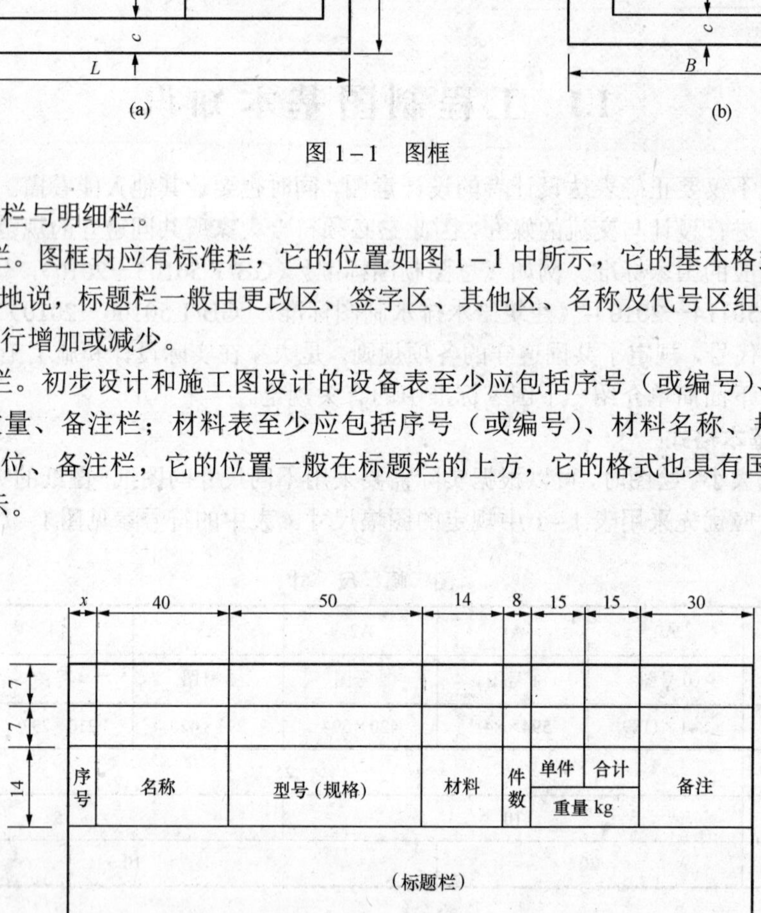

图 1－2　明细栏格式范例

注：本示例适合于字高为 5、字宽为 0.8 的情况。

2. 绘图的基本知识

（1）图线。

1）图线的基本宽度 b 和线宽组，应根据图样的比例、类别及使用方式确定。

2）基本宽度 b 宜选用 0.18mm、0.35mm、0.5mm、0.7mm、1.0mm。

3）图样中仅使用两种线宽的情况，线宽组宜为 b 和 $0.25b$。三种线宽的线宽组宜为 b、$0.5b$ 和 $0.25b$。见表 1－2。

表 1-2　　线　宽

线宽比	线宽组			
b	1.4	1.0	0.7	0.5
$0.7b$	1.0	0.7	0.5	0.35
$0.5b$	0.7	0.5	0.35	0.25
$0.25b$	0.35	0.25	0.18	(0.13)

注：需要缩微的图纸，不宜采用 0.18 及更细的线宽。

4）在同一张图纸内，各不同线宽组的细线，可统一采用最小线宽组的细线。

5）暖通空调专业制图采用的线型及其含义，宜符合表 1-3 的规定。

所有的实物在图纸上都以图形来表示，图形的基本构成为点和线。可以想象，如果用同一线型来表示实物的外形与构造，反映在图纸上必然是错综复杂、难以辨认的图形。因此，国家根据不同的需要规定了不同的线型。

具体地说线有粗细之分。粗线的宽度按图形大小与复杂程度，可以以 0.5mm 变化到 2mm。细线的宽度约为粗线的 1/4。以线的形状看，线条可以为实线、虚线、点画线、折线、波浪线等。不同的线型具有不同的功能，将它们组合起来，则可以反映一个复杂的实体。

表 1-3　　常用线型及含义

名称	线　型	用　途
粗实线	━━━━━	1. 单线表示的管道 2. 设备平面图和剖面图中的设备轮廓线 3. 设备和零部件等的编号标志线 4. 剖切位置线
中实线	─────	1. 双线表示的管道 2. 设备、管道平面图和剖面图中的设备轮廓线 3. 尺寸起止符
细实线	─────	1. 可见建筑物和构筑物的轮廓线 2. 尺寸线和尺寸界线 3. 材料剖面、设备及附件等的图形符号 4. 设备、零部件及管路附件等的编号标志引出线 5. 单线表示的管道横剖面 6. 管道平面图和剖面图中的设备及管路附件的轮廓线
粗虚线	━ ━ ━ ━ ━	1. 被遮挡的单线表示管道 2. 设备平面图和剖面图中被遮挡设备的轮廓线
中虚线	─ ─ ─ ─ ─	1. 被遮挡的双线表示的管道 2. 设备、管道平面图和剖面图中被遮挡设备的轮廓线 3. 拟建的设备和管道
细虚线	- - - - - - -	1. 被遮挡建筑物、构筑物的轮廓线 2. 拟建建筑物的轮廓线 3. 管道平面图和剖面图中被遮挡的设备及管路附件的轮廓线
细点画线	— · — · —	1. 建筑物的定位轴线 2. 设备中心线 3. 管沟或沟槽中心线 4. 双线表示的管道中心线 5. 管路附件或其他零部件的中心线或对称轴线

续表

名称	线型	用途
细折断线	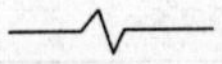	1. 建筑物断开界线 2. 管道与建筑物、构筑物同时被剖切时的断开界线 3. 设备及其他部件断开界线
细波浪线		1. 双线表示的非圆断面管道自由断开界线 2. 设备及其他部件自由断开界线
细双点画线		假想轮廓线

6）图样中也可以使用自定义图线及含义，但应明确说明，且其含义不应与本标准相反。

7）虚线、点画线、双点画线和折断线的画法应符合表 1-3 的规定。同一张图中虚线、点画线、双点画线的线段长及间隔应一致，点画线和双点画线的点应使间隔均分。虚线、点画线、双点画线应在线段上转折或交汇。图纸幅面较大时，可采用线段较长的虚线、点画线或双点画线。

（2）字体。

1）图纸中的汉字应采用长仿宋体，其字高与字宽应符合表 1-4 的规定。汉字字高不应小于 3.5mm。

表 1-4 字高和字宽 （mm）

字高	20	14	10	7	5	3.5
字宽	14	10	7	5	3.5	2.5

2）数字与字母宜采用直体。

3）同一张图、同一套图中一种用途的汉字、数字和字母，大小宜相同。

（3）比例。绘图时，图纸上图形尺寸与实物的对应尺寸的比值称为该图纸的比例。根据需要，图纸上的图形可以与原物大小一样，或比原物尺寸大（放大），或比原物小（缩小）。通常比例的标注位置是标题栏中的比例栏中，而且同一张图纸采用同一比例。

1）比例应采用阿拉伯数字表示。一张图上仅有一种比例时，应在标题栏中标注比例；一张图上有几种比例时，应在图名的右侧或下方标注比例（图 1-3）。

平面图 1:100　　　　平面图
1:100

图 1-3　比例标注

2）同一图样的铅垂方向和水平方向选用不同比例时，应分别标注两个方向的比例（图 1-4）。

管线纵剖面图　铅垂方向 1:50
水平方向 1:500

图 1-4　两个方向不同时的比例标注

3）同一对象不同的视图、剖面图，宜采用同一比例。

4）常用比例应符合表 1－5 的规定。

表 1－5　　常　用　比　例

图　　名	常用比例	可用比例
剖面图	1:50、1:100	1:150、1:200
局部放大图、管沟断面图	1:20、1:50、1:100	1:25、1:30、1:150、1:200
索引图、详图	1:1、1:2、1:5、1:10、1:20	1:3、1:4、1:15

3. 通用符号与设计分界线

（1）指北针。宜用细实线圆内加指针表示（图 1－5）。圆的直径宜为 24mm，指针尾部宽度宜为 3mm，尖端为北向，指针应涂暗。当图面较大，需采用较大指北针时，指针尾部宽度宜为圆直径的 1/8。

图 1－5　指北针

（2）箭头画法。应符合图 1－6 的规定。

（3）管道坡度。应采用单边箭头表示（图 1－7）。箭头指向标高降低的方向，箭头直线部分宜比数字每端长出 1～2mm。

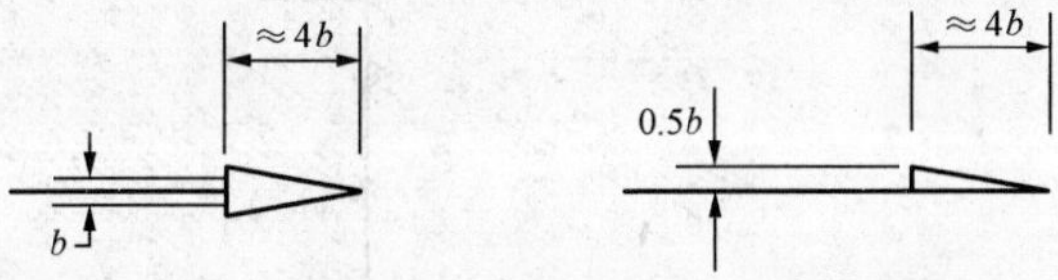

图 1－6　箭头画法

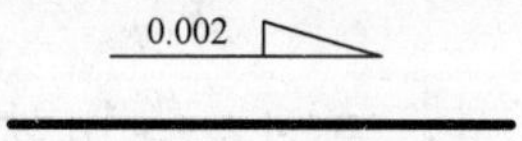

图 1－7　管道坡度

（4）剖视符号。应表示出剖切位置、剖视方向，并应标注剖视编号（图 1－8）。标示方法应符合下列规定：

1）剖切位置应采用粗实线表示，其长度宜为 4～6mm；

2）剖视方向可用编号（字母或阿拉伯数字）的标注位置来表示（从有编号一侧向另一侧观看），也可用箭头表示，如图 1－8（a）所示；

3）剖视编号应标注在剖切位置线起止处或表示剖视方向的箭头尾部。任何方向和角度的剖视符号，其编号均应水平标注，如图 1－8（b）所示；

4）剖切位置转折处，当不与其他图线发生混淆时，可不标注编号，如图 1－8（c）所示。

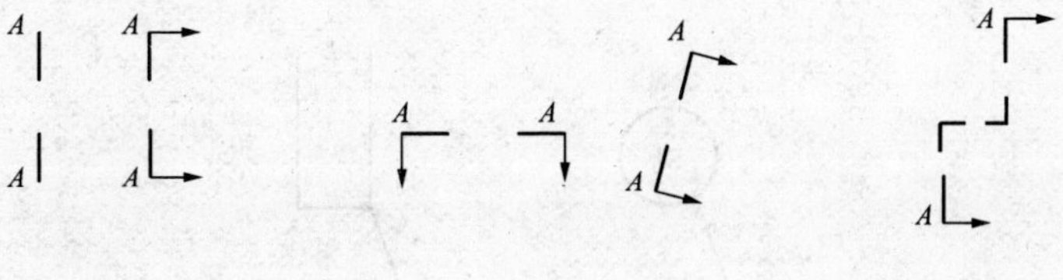

(a)　(b)　(c)

图 1－8　剖视符号

（5）标高符号及其标注方法。应符合下列规定（图 1－9）：

1）标高符号应采用细实线绘制的等腰直角三角形，高宜为3mm。其顶角应落在被标注高度线或其延长线上，顶角可向上或向下，如图1－9（a）所示；

2）标高数值应标注在三角形底边及其延长线上，三角形底边的延长线之长 L 宜超出数字长度1～2mm。标高数值应以米为单位。正标高不注“＋”；负标高应注“－”；零点标高应注写为±0.00或±0.000，如图1－9（a）所示；

3）标注平面标高时，所采用的等腰直角三角形顶角不应落在任何线上，如图1－9（b）所示；

4）图形复杂时，可采用引出线的形式标注，如图1－9（c）所示。

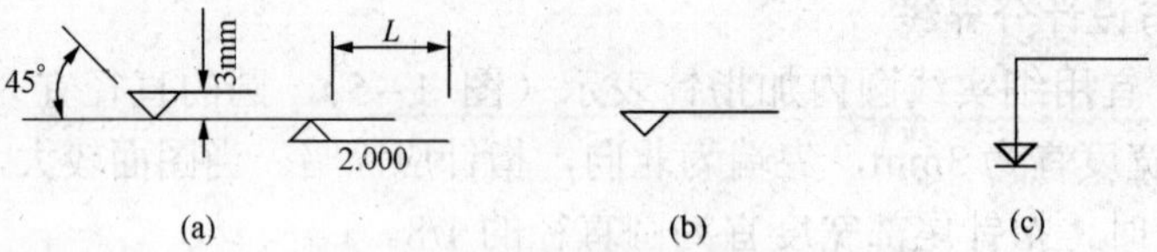

图1－9　标高及其标注

（6）圆形截面管道。当其断开时应采用图1－10表示的折断符号。

（7）设计分界线。分界线应采用图1－11的标志。

图1－10　截断线

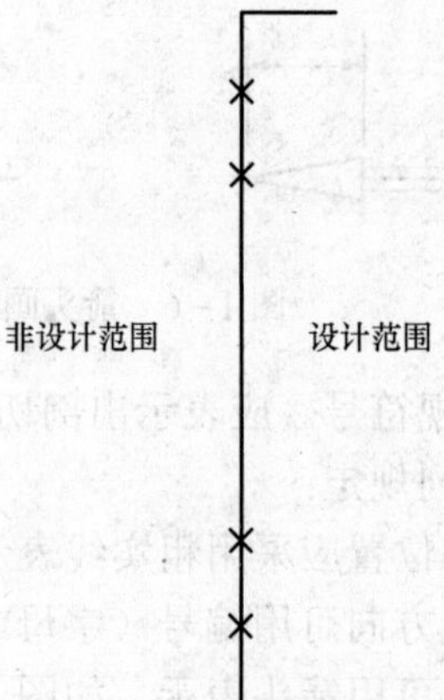

图1－11　设计分界线

4. 设备和零部件等的编号

（1）编号标志引出线。应采用细实线绘制，始端指在编号件上（图1－12）。

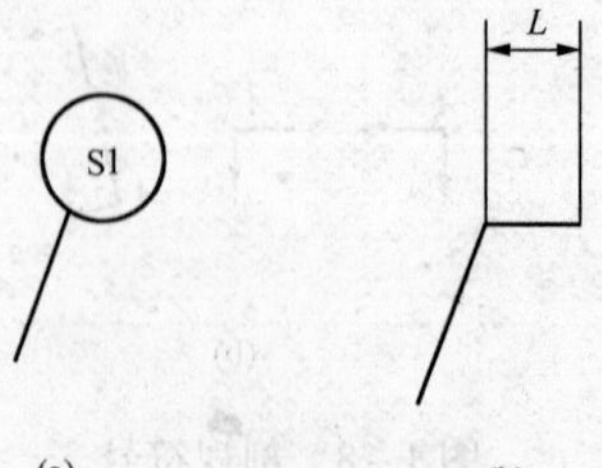

图1－12　设备和管件的编号

（2）编号标志引出线。末端宜用直径 ϕ5～10mm 的细实线圆或长度 L 为 5～10mm 的粗实线作编号标志（图 1－12）。

（3）编号。应用序号或代号加序号表示（图 1－12）。

1.2　制图基本规定

1. 图画

（1）图面。应突出重点、布置匀称，并应合理选用图纸幅面及比例。凡能用图样和图形符号表达清楚的内容，不得采用文字说明。

（2）图名。应表达图样的内容，一张图上有几个图样时，应分别标注各自的图名。图名应标注在图样的上方正中，图名下应采用粗实线，其长宜比文字两边各长 1～2mm（图 1－13）。一张图上仅有一个图样时，应只在标题栏中标注图名。

（3）图面位置。一张图上布置几种图样时，宜按平面图在下，剖面图在上，管道系统图、流程图或详图在右的原则绘制。无剖面图时，可将管道系统图放在平面图上方。一张图上布置几个平面图时，宜按下层平面图在下、上层平面图在上的原则绘制。

1—1

图 1－13　图名标注

（4）图样说明。各图样的说明宜放在该图样的右侧或下方。

（5）简化画法。下列情况可采用简化画法：

1）两个或几个形状类似尺寸不同的图形或图样，可绘制一个图形或图样。但应在需要标注不同尺寸处，用括号或表格给出各图形或图样对应的尺寸数字；

2）两个或几个相同的图形，可绘制其中一个图形，其余图形采用简化画法。

2. 表格

（1）设备材料格式。设备和主要材料表的格式宜符合表 1－6 的规定。

表 1－6　设备和主要材料表格式

序号	编号	名称	型号及规格	材质	单位	数量	质量/kg		备注
							单件	总计	

（2）设备明细表。设备明细表的格式宜符合表 1－7 的规定。

表 1－7　设备明细表

编号	名称	型号及规格	单位	数量	备注

（3）材料或零部件明细表。材料或零部件明细表的格式宜符合表 1－8 的规定。

表 1-8　　　　　　　　　　　　材料或零部件明细表

序号	图号或标准图号及页号	名称及规格	材质	单位	数量	质量/kg		备注
						单件	总计	

（4）补充。表 1-7 和表 1-8 单独成页时，表头应在表的上方；附属于图纸之中时，表头应在表的下方并紧贴标题栏，表宽应与标题栏宽相同。表 1-6～表 1-8 的续表均应排列表头。

3. 管道规格

（1）单位。管道规格的单位应为毫米，可省略不写。

（2）管道规格。管道规格应注写在管道代号之后，其注写方法应符合下列规定：

1）低压流体输送用焊接钢管应用公称直径表示；

2）输送流体用无缝钢管、螺旋缝或直缝焊接钢管，当需要注明外径和壁厚时，应在外径×壁厚数值前冠以“Φ”表示。不需要注明时，可采用公称直径表示。

（3）标注位置。管道规格的标注位置应符合下列规定（图 1-14）：

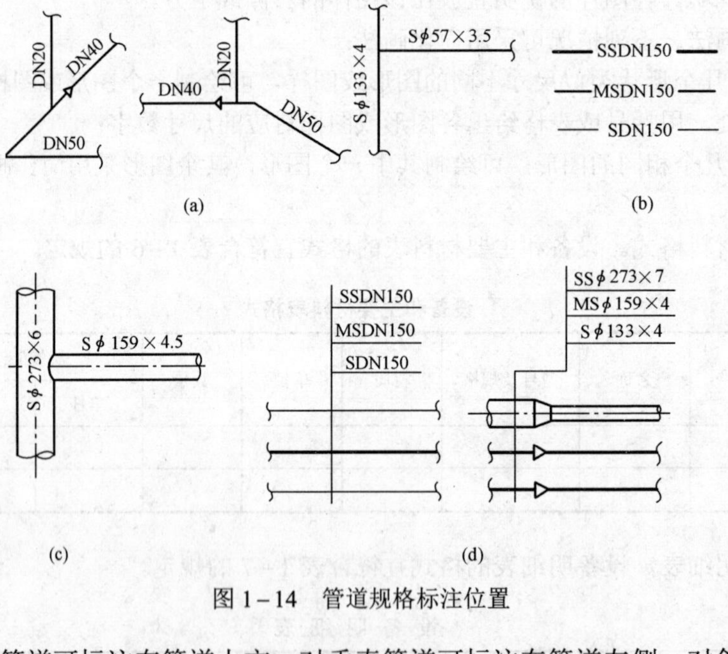

图 1-14　管道规格标注位置

1）对水平管道可标注在管道上方；对垂直管道可标注在管道左侧；对斜向管道可标注在管道斜上方，如图 1-14（a）所示；

2）采用单线绘制的管道，也可标注在管线断开处，如图 1-14（b）所示；

3）采用双线绘制的管道，也可标注在管道轮廓线内，如图 1-14（c）所示；

4）多根管道并列时，可用垂直于管道的细实线作公共引出线，从公共引出线作若干条间隔相同的横线，在横线上方标注管道规格。管道规格的标注顺序应与图面上管子排列顺序一致。当标注位置不足时，公共引出线可用折线，如图 1-14（d）所示。

（4）管道规格变化处。应绘制异径管图形符号，并在该图形符号前后标注管道规格。有若干分支而不变径的管道应在起止管段处标注管道规格；管道很长时，尚应在中间一处或两处加注管道规格（图 1－15）。

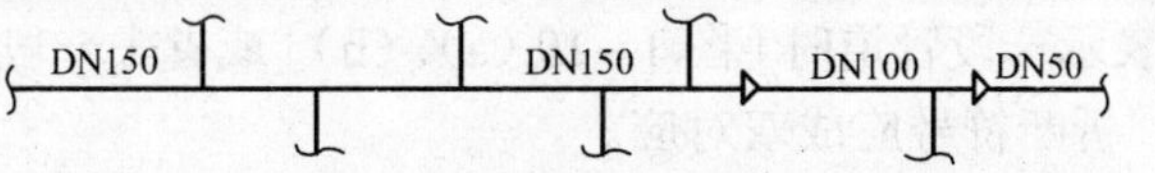

图 1－15　分出支管和变径时管道规格的标注

4. 尺寸标注

（1）尺寸标注。应包括尺寸界线、尺寸线、尺寸起止符和尺寸数字。尺寸宜标注在图形轮廓线以外（图 1－16）。

（2）尺寸界线。宜与被标注长度垂直。尺寸界线的一端应由被标注的图形轮廓线或中心线引出，另一端宜超出尺寸线 3mm（图 1－17）。

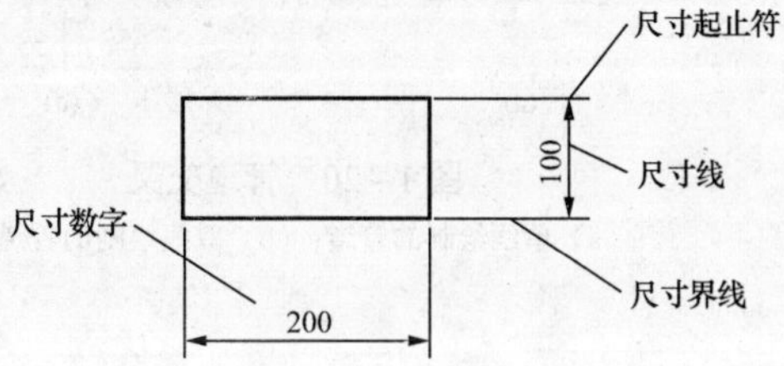

图 1－16　尺寸标注

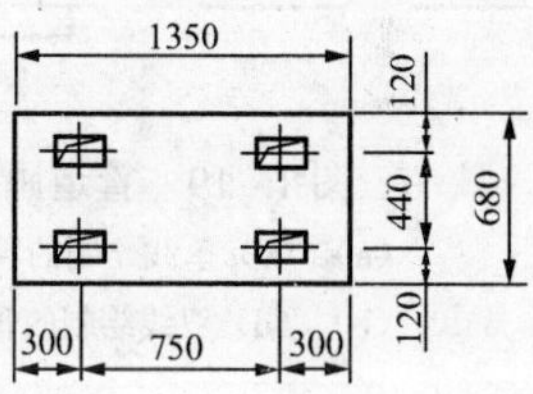

图 1－17　尺寸界线和尺寸线

（3）尺寸线。应与被标注的长度平行（半径、直径、角度及弧线的尺寸线除外）。多根互相平行的尺寸线，应从被标注图形轮廓线由近向远排列，小尺寸离轮廓线较近，大尺寸离轮廓线较远。尺寸线间距宜为 5～15mm，且宜均等。每一方向均应标注总尺寸（图 1－17）。

（4）尺寸起止符。尺寸起止符的表示方式应符合下列规定（图 1－18）：

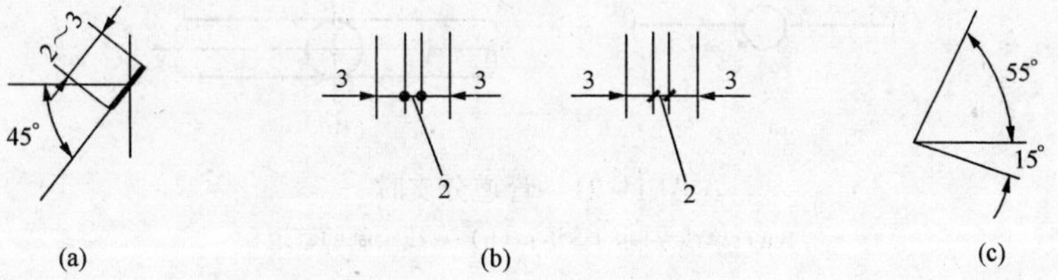

图 1－18　尺寸起止符

（a）用短斜线；（b）用其他方法；（c）用箭头

1）直线段的尺寸起止符可采用短斜线，如图 1－18（a）所示或箭头。一张图样中应采用一种尺寸起止符。当采用箭头位置不足时，可采用黑圆点或短斜线代替箭头。

2）半径、直径、角度和弧线的尺寸起止符应用箭头表示。

（5）尺寸数字的标注。应符合下列规定：

1）尺寸数字应以毫米为单位。室外管线标注管道长度以米为单位时，应加以说明；

2）尺寸数字应注写在尺寸线的上方正中。注写位置不足时，可引出标注，如图 1－17、

图 1－18（b）所示；

3）尺寸数字应连续、清晰，不得被图线、文字或符号中断；

4）角度数字应水平方向注写，如图 1－18（c）所示。

5. 管道画法

（1）具体画法。表示一段管道时［图 1－19（a）、（b）］或省去一段管道时［图 1－19（c）、（d）］可用折断符号。折断符号应成双对应。

（2）管道交叉。管道交叉时，在上面或前面的管道应连通；在下面或后面的管道应断开（图 1－20）。

（3）管道分支。管道分支时，应表示出支管的方向（图 1－21）。

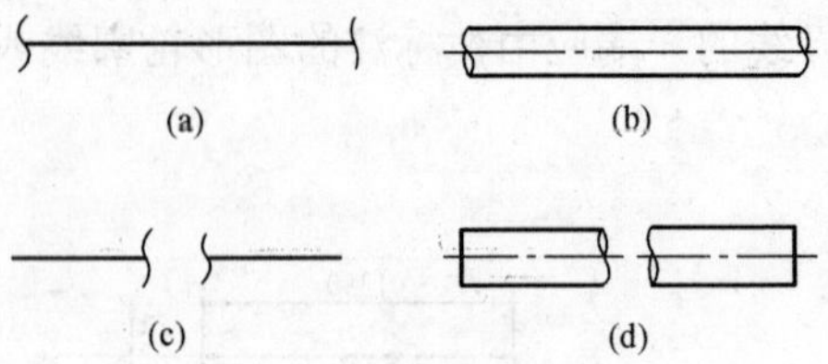

图 1－19 管道画法

（a）、（c）单线绘制的管道；（b）、（d）双线绘制的管道

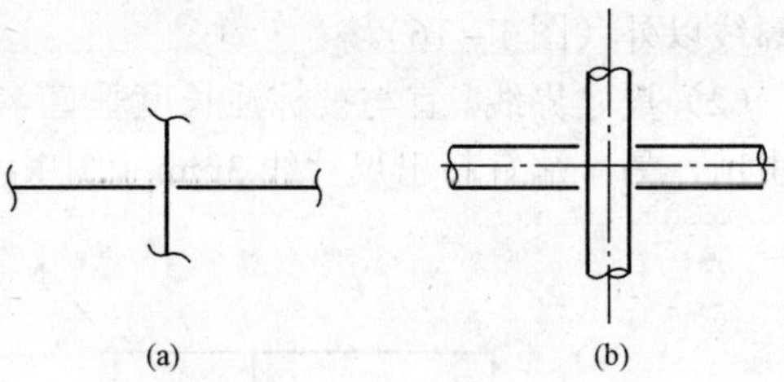

图 1－20 管道交叉

（a）单线绘制的管道；（b）双线绘制的管道

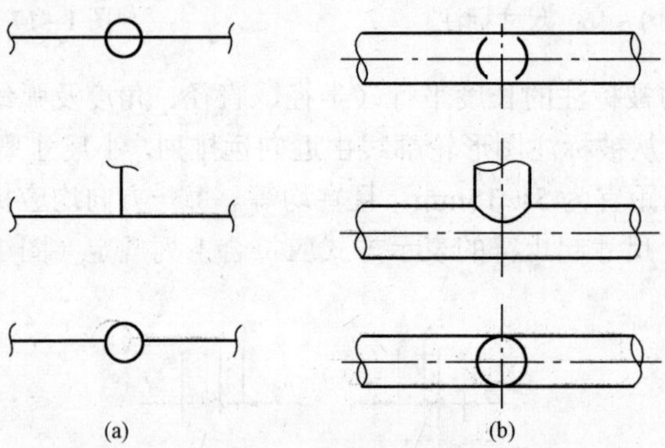

图 1－21 管道分支时

（a）单线绘制的管道；（b）双线绘制的管道

（4）管道重叠。管道重叠时，若需要表示位于下面或后面的管道，可将上面或前面的管道断开。管道断开时，若管道上、下、前、后关系明确，可不标注断开点编号（图 1－22）。

（5）管道接续。管道接续的表示方法应符合下列规定（图 1－23）：

1）管道接续引出线应采用细实线绘制。始端指在折断处，末端为折断符号的编号；

2）同一管道的两个折断符号在一张图中时，折断符号的编号应用小写英文字母表示。标注在直径为ϕ5～8mm 的细实线圆内，如图 1－23（a）所示；

3）同一管道的两个折断符号不在一张图中时，折断符号的编号应用小写英文字母和图号表示，标注在直径为ϕ10～12mm 的细实线圆内。上半圆内应填写字母，下半圆内应填写对应折断符号所在图纸的图号，如图 1－23（b）所示。

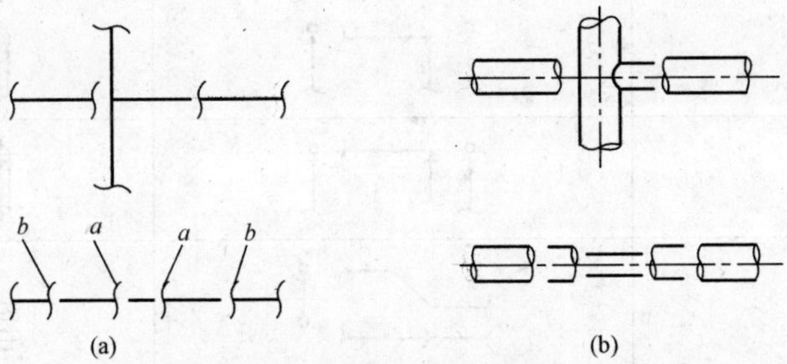

图 1－22　管道重叠的表示方法

（a）单线绘制的管道；（b）双线绘制的管道

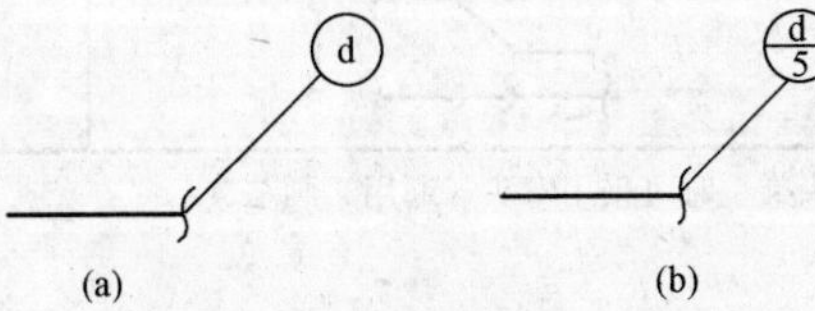

图 1－23　管道接续的表示方法

（6）单线管道剖面。单线绘制的管道其横剖面应用细线小圆表示，圆直径宜为粗线宽的 3～4 倍。双线绘制的管道其横剖面应用中线表示，其孔洞符号应涂暗；当横剖面面积较小时，孔洞符号可不绘出（图 1－24）。

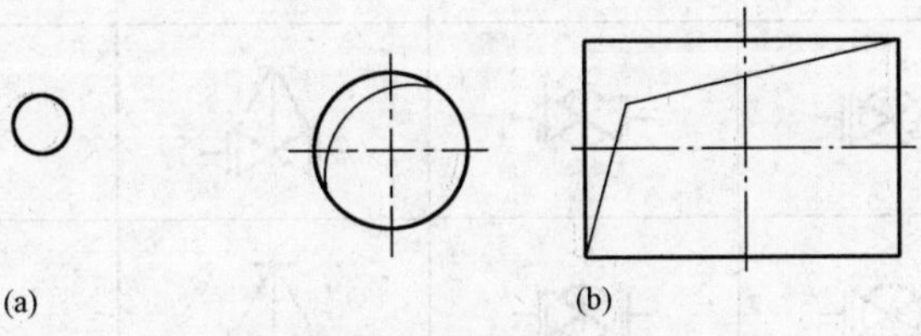

图 1－24　管道横剖面

（a）单线绘制的管道；（b）双线绘制的管道

（7）管道转向。管道转向时，90° 以及非 90° 的煨弯、焊接弯头和冲压弯头的绘制应符合表 1－9 的规定。

表 1－9　　**管 道 转 向 画 法**

名　称	单线绘制	双线绘制
弯头（通用）		
煨弯	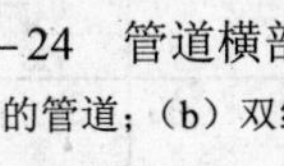	

续表

名　　称	单线绘制	双线绘制
焊接弯头	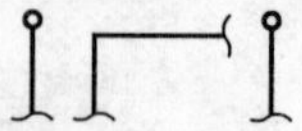	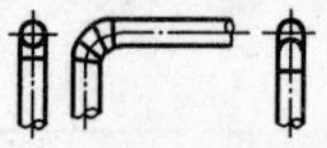
冲压弯头	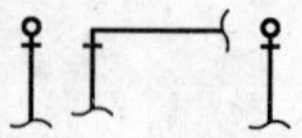	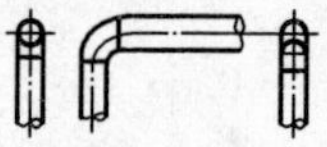
非 90°煨弯	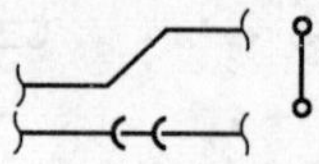	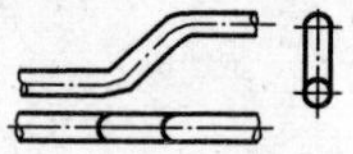
非 90°焊接弯头	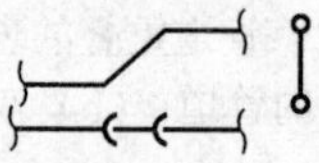	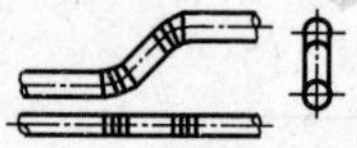
非 90°冲压弯头	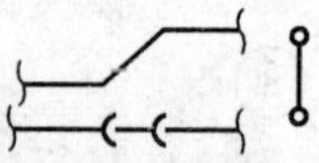	

注：仅有一种弯头类型或不必表明弯头类型时可采用弯头（通用）画法。

6. 阀门画法

（1）管道中常用阀门画法。管道图中常用阀门的画法应符合表 1－10 的规定。阀体长度、法兰直径、手轮直径及阀杆长度宜按比例用细实线绘制。阀杆尺寸宜取其全开位置时的尺寸，阀杆方向应符合设计要求。

表 1－10　　管道中常用阀门画法

名称	俯视	仰视	主视	侧视	轴测投影
截止阀			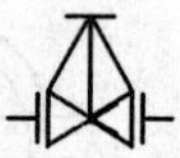		
闸阀					
蝶阀	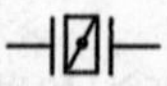		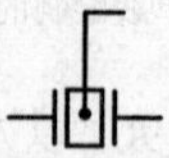		
弹簧式安全阀					

注：本表以阀门与管道法兰连接为例编制。

（2）电动、气动、液动、自动阀门画法。宜按比例绘制简化实物外形、附属驱动装置和信号传递装置。同时，还要在图上标注其具体的符号，并在设备明细表上标注出其规格、型号、数量等详细参数。

《《第2章

水暖安装工艺识图

前面介绍的是暖通空调工程设计与施工人员应当掌握的制图和安装基础知识，我们可以根据这些基本常识进行系统的设计和施工，包括系统形式、运行方式、设备组成等。然而，设计中的系统变成能够为人或其他目的服务的实际存在的实体，必须经过两个环节：

（1）设计者将自己的设计内容用图纸表达出来，并且能够为人所读懂；

（2）施工者根据图纸内容进行施工，最终实现设计者意图。

本章的目的主要在于“识图”，但“识图”的前提是能够了解图纸及绘图的基本常识，掌握图纸上的基本信息，从而为正确识图提供保证。

2.1 水暖施工图常用图形符号

1. 一般规定

（1）管道、管路附件和管线设施的代号应用大写英文字母表示。

（2）不同的管道应用代号及管道规格来区别。管道采用单线绘制且根数较少时，可采用不同线型加注管道规格来区别，但应列出所用线型并加以注释。

（3）同一工程图样中所采用的代号和图形符号宜集中列出，并加以注释。

2. 管道代号

管道代号应符合表2－1的规定。

表2－1 管道代号

管道名称	代号	管道名称	代号
供热管线（通用）	HP	凝结水管（通用）	C
蒸汽管（通用）	S	有压凝结水管	CP
饱和蒸汽管	S	采暖供水管（通用）	H
过热蒸汽管	SS	采暖回水管（通用）	HR
二次蒸汽管	FS	一级管网供水管	H1
高压蒸汽管	HS	一级管网回水管	HR1
中压蒸汽管	MS	二级管网供水管	H2
低压蒸汽管	LS	二级管网回水管	HR2
空调用供水管	AS	定期排污管	PB

续表

管道名称	代号	管道名称	代号
空调用回水管	AR	冲灰水管	SL
生产热水供水管	P	排水管	D
生产热水回水管（或循环管）	PR	放气管	V
生活热水供水管	DS	冷却水管	CW
生活热水循环管	DC	软化水管	SW
补水管	M	除氧水管	DA
循环管	CI	除盐水管	DM
膨胀管	E	盐液管	SA
信号管	SI	酸液管	AP
溢流管	OF	碱液管	CA
取样管	SP	亚硫酸钠溶液管	SO
自流凝结水管	CG	磷酸三钠溶液管	TP
排汽管	EX	燃油管（供油管）	O
给水管（通用）自来水管	W	回油管	RO
生产给水管	PW	污油管	WO
生活给水管	DW	燃气管	G
锅炉给水管	BW	压缩空气管	A
省煤器回水管	ER	氮气管	N
连续排污管	CB		

3. 水暖施工图图例符号

（1）符号。

1）管道施工图常用线性见表 2-2。

表 2-2　管道施工图常用线性

名称	线　型	宽度	适用范围
粗实线		b	1. 主要管线 2. 图框线
中实线		0.5b	1. 辅助管线 2. 分支管线
细实线		0.35b	1. 管件、阀件的图线 2. 建筑物及设备轮廓线 3. 尺寸线，尺寸界线及引出线
粗点划线		b	主要管线（在同一张图纸上，区别于粗实线所代表的管线）
点画线		0.35b	1. 定位轴线 2. 中心线
粗虚线		0.35b	1. 地下管线 2. 被设备所遮盖的管线

续表

名称	线　型	宽度	适用范围
虚线		0.35b	1. 设备内辅助管线 2. 自控仪表连接线 3. 不可见轮廓线
波浪线		0.35b	1. 管件、阀件断裂处的边界线 2. 表示构造层次的局部界线

注：宽度 b＝0.35～2mm。

2）管路的一般连接形式见表 2－3。

表 2－3　　管路的一般连接形式

序号	名称	符号	序号	名称	符号
1	法兰连接	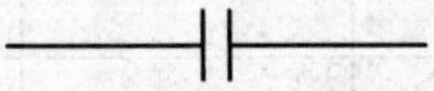	6	管道丁字上接	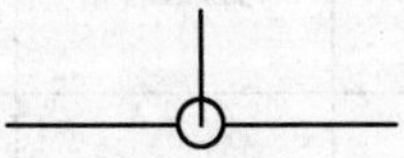
2	承插连接		7	管道丁字下接	
3	三通连接		8	管道交叉	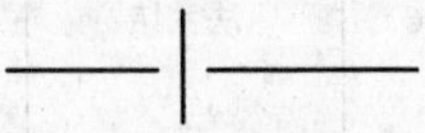
4	四通连接	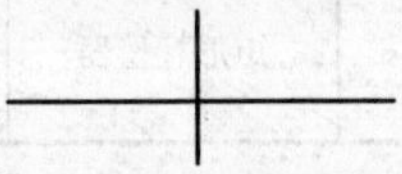	9	焊接连接	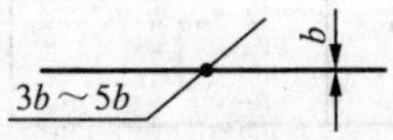
5	螺纹连接	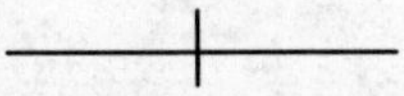	10	弯折管	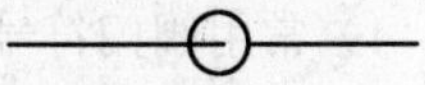

3）管件符号见表 2－4。

表 2－4　　管　件　符　号

序号	名称	符号	序号	名称	符号
1	弯头		6	转动接头	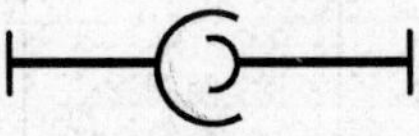
2	正三通		7	内、外螺纹接头	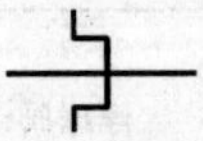
3	斜三通	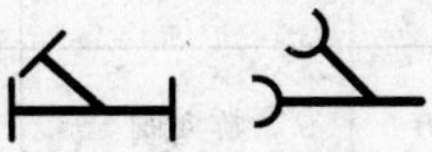	8	异径管	
4	正四通		9	偏心异径管	
5	斜四通	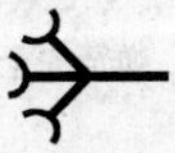	10	短管	

续表

序号	名称	符号	序号	名称	符号
11	乙字管		18	外接头	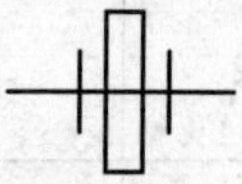
12	双承插管接头		19	管间盲板	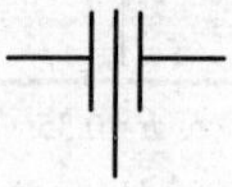
13	快换接头	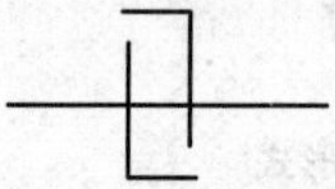	20	波形补偿器	
14	内螺纹管帽	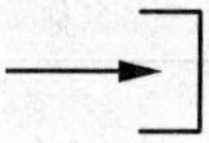	21	套筒补偿器	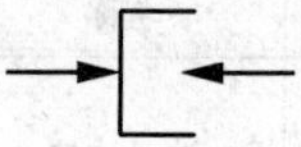
15	堵头	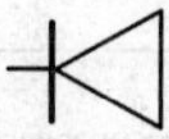	22	活接头	
16	法兰堵	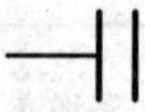	23	浴盆排水件	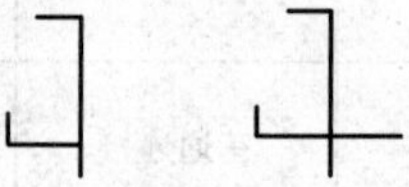
17	盲板	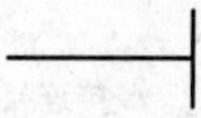	24	矩形补偿器	

4）常用阀门符号见表 2-5。

表 2-5　　常用阀门符号

序号	名称	符号	序号	名称	符号
1	截止阀	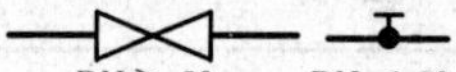 $DN \geqslant 50$　$DN < 50$	7	压力调节阀	
2	闸阀		8	温度调节阀	
3	浮球阀	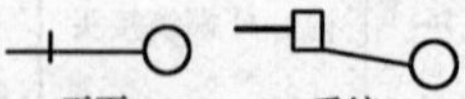 平面　系统	9	底阀	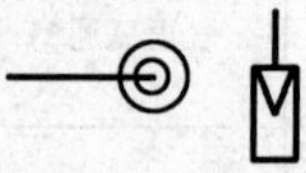
4	球阀		10	旋塞阀	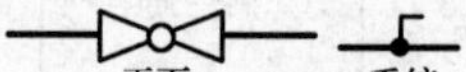 平面　系统
5	蝶阀		11	止回阀	
6	隔膜阀	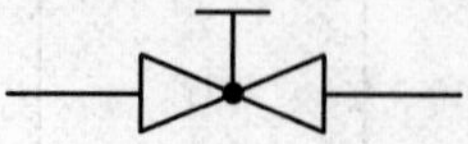	12	弹簧安全阀	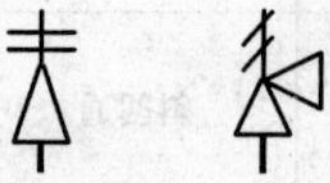

续表

序号	名称	符号	序号	名称	符号
13	平衡锤安全阀	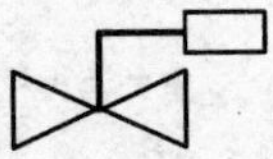	17	电磁阀	
14	减压阀	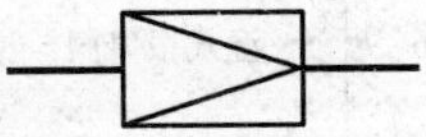	18	电动阀	
15	疏水器		19	液动阀	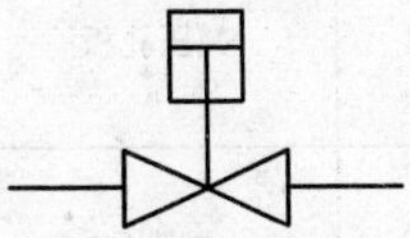
16	角阀	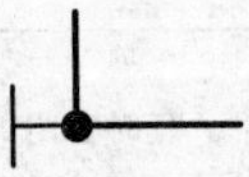	20	四通阀	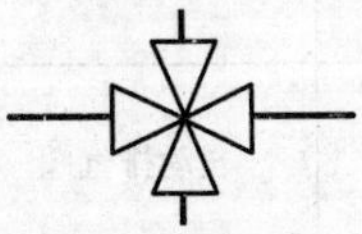

5）阀门与管路的一般连接形式见表 2-6。

表 2-6　　阀门与管路的一般连接形式

序号	名称	符号	序号	名称	符号
1	螺纹连接		3	焊接连接	
2	法兰连接				

（2）图例。

1）给排水施工图例见表 2-7。

表 2-7　　给 排 水 施 工 图 例

序号	名称	符号	序号	名称	符号
1	洒水（栓）龙头		5	雨水斗	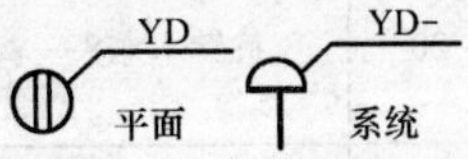
2	检查口	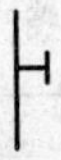	6	排水漏斗	
3	清扫口	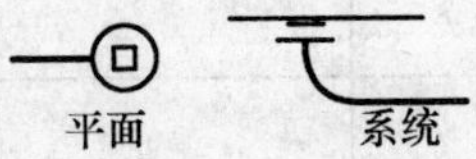	7	圆形地漏	
4	通气帽		8	方形地漏	

续表

序号	名称	符号	序号	名称	符号
9	存水弯	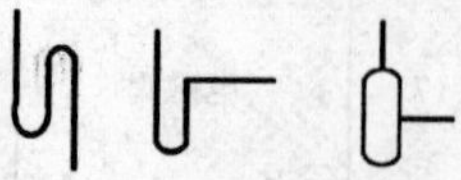	25	室外消火栓	
10	挡墩	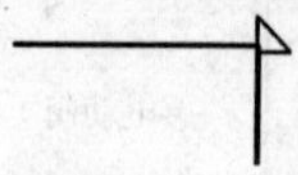	26	湿式报警阀	
11	减压孔板		27	干式报警阀	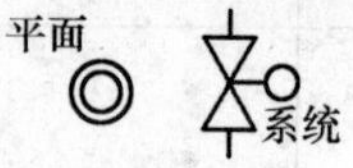
12	喇叭口	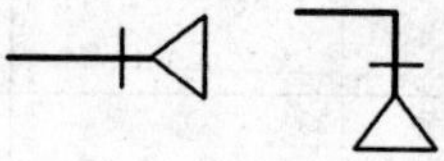	28	水泵接合器	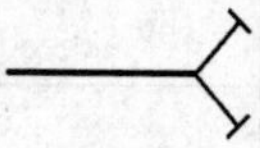
13	自动排气阀	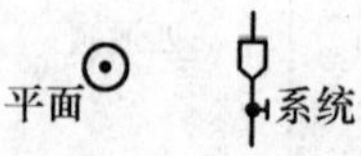	29	延时自闭阀	
14	放水龙头		30	水表	
15	皮带龙头		31	浴盆	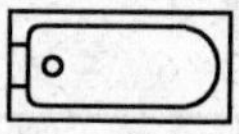
16	自动冲洗水箱	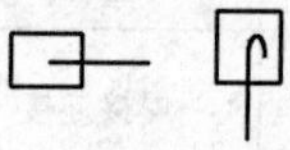	32	化验盆 洗涤盆	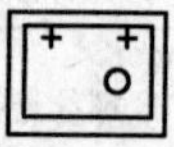
17	混合水龙头	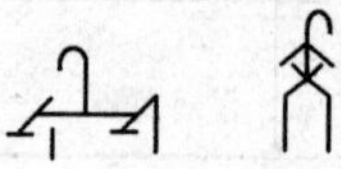	33	污水池	
18	肘式开关	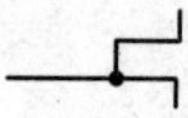	34	妇女卫生盆	
19	脚踏开关	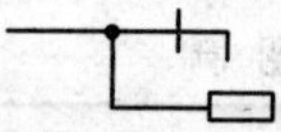	35	立式小便器	
20	旋转水龙头	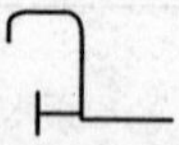	36	挂式小便器	
21	室内消火栓（单口）		37	蹲式大便器	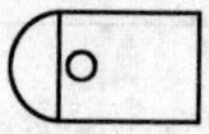
22	室内消火栓（双口）		38	坐式大便器	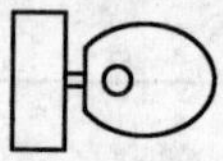
23	消防喷头（开式）	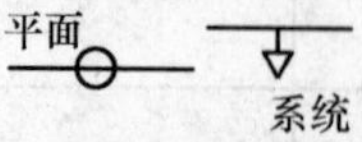	39	盥洗槽	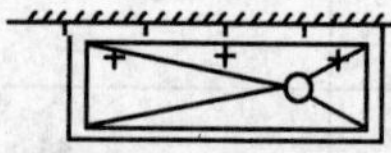
24	消防喷头 （闭式）下喷	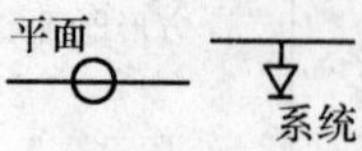	40	带沥水板洗涤盆	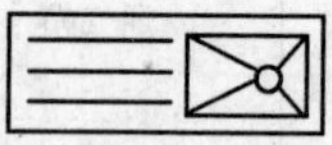

续表

序号	名称	符号	序号	名称	符号
41	立式洗脸盆		51	隔油池	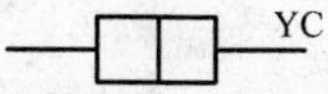
42	挂式洗脸盆		52	喷射器	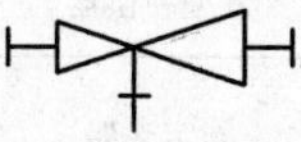
43	台式洗脸盆	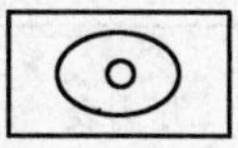	53	开水器	
44	自动喷洒头（开式）上喷	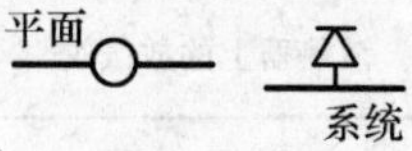	54	沐浴喷头	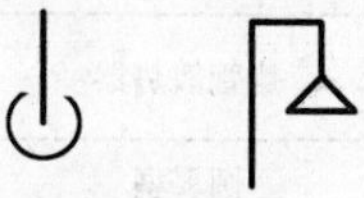
45	水封井		55	小便槽	
46	跌水井		56	雨水口 单口	
47	水表井		57	雨水口 双口	
48	快速管式热交换器	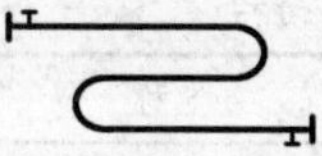	58	阀门井 检查井	
49	水泵	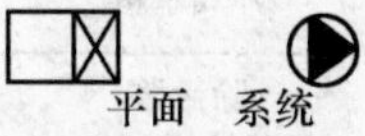	59	矩形化粪池	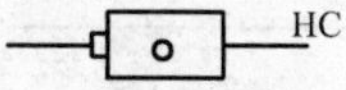
50	沉淀池	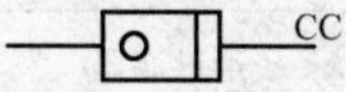	60	圆形化粪池	

2）采暖管道施工图例见表 2-8。

表 2-8　　　　采 暖 管 道 施 工 图 例

名称	图例	名称	图例
采暖热水管		辐射板	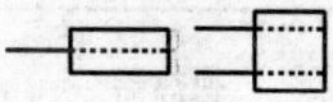
采暖回水管		疏水器	
横式集气罐	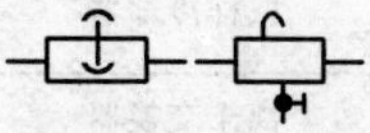	除污器	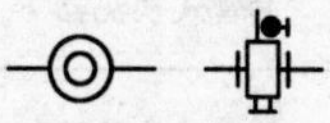
直式集气罐	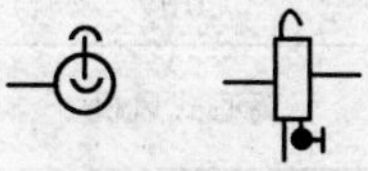	截止阀	
采暖蒸汽管	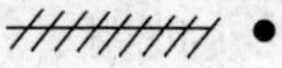	闸阀	
采暖凝结水管	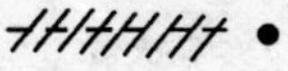	止回阀	

续表

名称	图例	名称	图例
保温管道		减压阀	
方型补偿器		调压阀	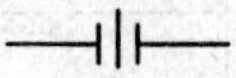
固定支架		温度计	
柱、翼型散热器	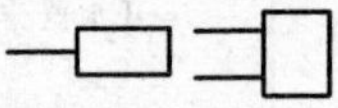	压力表	
排管散热器	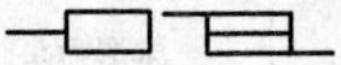	散热器上的放气阀	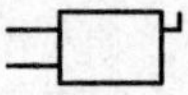
圆翼型 串片型 散热器	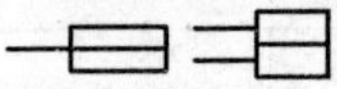	立管编号	

（3）图形符号及代号。

1）管系图和流程图中，设备和器具的图形符号应符合表 2-9 的规定。表中未列入的设备和器具，可用其简化外形作为图形符号。

表 2-9　设备和器具图形符号

名称	图形符号	名称	图形符号
电动水泵		开式水箱	
蒸汽往复泵	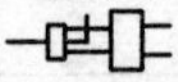	除污器 （通用）	
调速水泵		Y 形过滤器	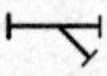
真空泵		过滤器	
过滤器		水封 单级水封	
水喷射器 蒸汽喷射器		安全水封	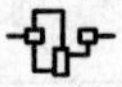
换热器 （通用）		沉淀罐	
套管式换热器		取样冷却器	
管壳式换热器	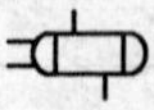	离子交换器 （通用）	
板式换热器		离心式风机	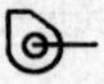
螺旋板式换热器	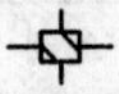	消声器	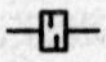
分汽缸 分（集）水器		阻火器	

续表

名称	图形符号	名称	图形符号
磁水器	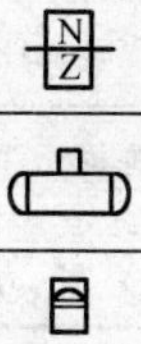	斜板锁气器	
热水除氧器 真空除氧器		锥式锁气器	
闭式水箱		电动锁气器	

注：图形符号的粗实线表示管道。

2）阀门、控制元件和执行机构的图形符号应符合表 2－10 的规定。阀门的图形符号与控制元件或执行机构的图形符号相组合可构成下表中未列出的其他具有控制元件或执行机构的阀门的图形符号。

表 2－10　　阀门、控制元件和执行机构的图形符号

名称	图形符号	名称	图形符号
阀门（通用）		快速排污阀	
截止阀		疏水器	
节流阀		烟风管道手动调节阀	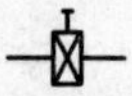
球阀		烟风管道蝶阀	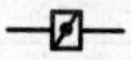
减压阀		烟风管道插板阀	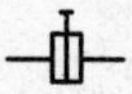
安全阀（通用）		插板式煤闸门	
角阀		插管式煤闸门	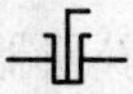
三通阀		呼吸阀	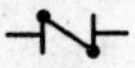
四通阀		自力式压力调节阀	
止回阀（通用）		自力式温度调节阀	
升降式止回阀		自力式压差调节阀	
旋启式止回阀		手动执行机构	
调节阀（通用）		自动执行机构（通用）	
旋塞阀		电动执行机构	
隔膜阀		电磁执行机构	
闸阀		气动执行机构	
蝶阀		液动执行机构	
柱塞阀		浮球元件	

续表

名称	图形符号	名称	图形符号
平衡阀		重锤元件	
底阀		弹簧元件	
浮球阀			

注：1. 阀门（通用）图形符号是用于在一张图中不需要区别阀门类型的情况。

2. 减压阀图形符号的小三角形为高压端。

3. 止回阀（通用）和升降式止回阀图形符号表示介质由空白三角形流向非空白三角形。

4. 旋启式止回阀图形符号表示介质由黑点流向无黑点方向。

5. 呼吸阀图形符号表示左进右出。

3）阀门与管路连接方式的图形符号应符合表 2－11 的规定。

表 2－11　　阀门与管路连接方式的图形符号

名称	图形符号
阀门与管路连接	
螺纹连接	
法兰连接	
焊接连接	

注：1. 图形符号的粗实线表示管道。

2. 表中第一行阀门与管路连接的图形符号是用于在一张图中不需要区别连接方式的情况。

4）补偿器的图形符号及其代号应符合表 2－12 的规定。

表 2－12　　补偿器的图形符号及其代号

名称		图形符号 平面图	图形符号 纵剖面图	代号
补偿器（通用）				E
方形补偿器	表示管线上补偿器节点	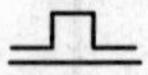		UE
	表示单根管道上的补偿器	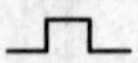	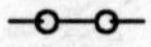	
波纹管补偿器	表示管线上补偿器节点		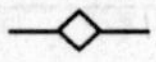	BE
	表示单根管道上的补偿器		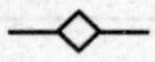	
套筒补偿器		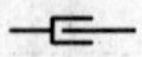		SE
球型补偿器		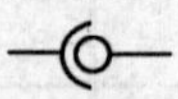	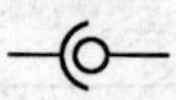	BC
一次性补偿器	表示管线上补偿器节点		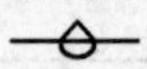	SC
	表示单根管道上的补偿器	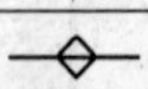		

注：1. 图形符号的粗实线表示管道。

2. 球形补偿器图形符号是指一个球型补偿器。

5）其他管路附件的图形符号应符合表 2－13 的规定。

表 2－13　　其他管路附件的图形符号

名称	图形符号	名称	图形符号
同心异径管		法兰盘	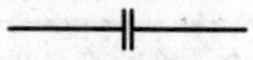
偏心异径管		法兰盘	
活接头	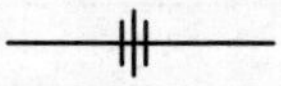	盲板	
丝堵		烟风管道挠性接头	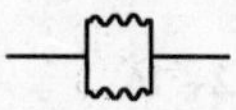
管堵	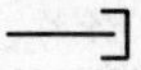	放气装置	
减压孔板	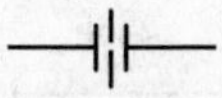	放水装置、启动疏水装置	
可挠曲橡胶接头		经常疏水装置	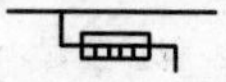

注：图形符号的粗实线表示管道。

6）管道支座、支吊架、管架的图形符号及其代号应符合表 2－14 的规定。

表 2－14　　管道支座、支吊架、管架的图形符号及其代号

名称		图形符号		代号
		平面图	纵剖面图	
支座（通用）		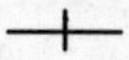		S
支架、支墩			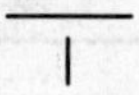	T
固定支座（固定墩）	单管固定		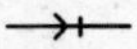	FS（A）
	多管固定			
活动支座（通用）			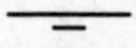	MS
滑动支座				SS

7）检测、计量仪表及元件的图形符号应符合表 2－15 的规定。

表 2－15　　检测、计量仪表及元件的图形符号

名称	图形符号	名称	图形符号
压力表（通用）		流量孔板	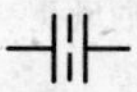
压力控制器		冷水表	
压力表座	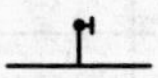	转子流量计	
温度计（通用）		玻璃液面计	

续表

名称	图形符号	名称	图形符号
流量计（通用）	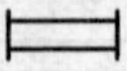	视镜	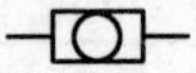
热量计			

注：1. 图形符号的粗实线表示管道。
　　2. 冷水表图形符号是指左进右出。

8）其他图形符号应符合表 2－16 的规定。

表 2－16　　其他图形符号

名称	图形符号	名称	图形符号
保温管	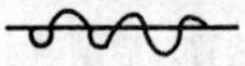	漏斗	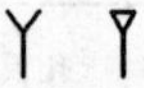
保护套管		排水管	
伴热管		排水沟	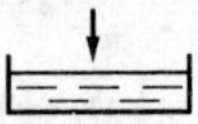
挠性管软管	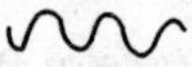	排至大气	

注：图形符号的粗实线表示管道。

9）敷设方式、管线设施的图形符号及其代号应符合表 2－17 的规定。

表 2－17　　敷设方式、管线设施的图形符号及其代号

名称		图形符号		代号
		平面图	纵剖面图	
架空敷设			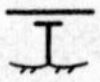	
管沟敷设				
直埋敷设				
套管敷设				C
管沟入孔				SF
管沟安装孔		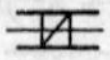	—	IH
管沟通风孔	进风口		—	IA
	排风口	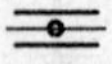	—	EA
检查室（通用）				W
保护穴				D
管沟方形补偿器穴			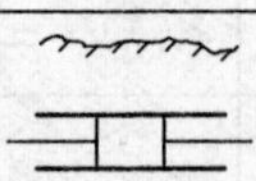	UD

续表

名称	图形符号 平面图	图形符号 纵剖面图	代号
入户井			CW
操作平台	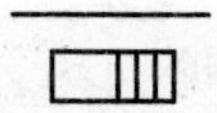	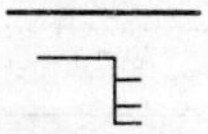	OP

注：图形符号的粗实线表示管道，图形符号中两条平行的中实线为管沟示意轮廓线。

2.2　水暖施工图的构成

水暖工程施工图一般由两大部分组成：文字部分与图纸部分。文字部分包括图纸目录、设计施工说明、设备及主要材料表。图纸部分包括两大部分：基本图和详图。基本图包括水暖系统的平面图、剖面图、轴测图、原理图等。详图包括系统中某局部或部件的放大图、加工图、施工图等。如果详图中采用了标准图或其他工程图纸，那么在图纸目录中必须附有说明。

下面对施工图的各组成部分进行详细说明。

1. 文字说明部分

（1）图纸目录。对于数量较多的施工图纸，设计人员把它们按一定的图名和顺序编排成图纸目录，以便查阅工程设计单位、建设单位、工程名称、地点、编号，图纸名称等。图纸目录包括在该工程中使用的标准图纸或其他工程图纸目录，和该工程的设计图纸目录。在图纸目录中，必须完整地列出该工程设计图纸名称、图号、工程号、图幅大小、备注等。表 2－18 是某工程图纸目录的范例。

表 2－18　　某工程图纸目录的范例

<table>
<tr><td colspan="2" rowspan="2">××设计院</td><td>工程名称</td><td>××综合楼</td><td colspan="3">设计号 B93—28</td></tr>
<tr><td>项　目</td><td>主　楼</td><td colspan="3">共 2 页　第 1 页</td></tr>
<tr><td rowspan="2">序号</td><td rowspan="2">图别图号</td><td rowspan="2" colspan="2">图纸名称</td><td colspan="2">采用标准图或重复使用图</td><td rowspan="2">图纸尺寸</td><td rowspan="2">备注</td></tr>
<tr><td>图集编号或工程编号</td><td>图别图号</td></tr>
<tr><td>1</td><td>暖施—1</td><td colspan="2">施工总说明</td><td></td><td></td><td>2</td><td></td></tr>
<tr><td>2</td><td>暖施—2</td><td colspan="2">订购设备或材料表</td><td></td><td></td><td>4</td><td></td></tr>
<tr><td>3</td><td>暖施—3</td><td colspan="2">地下二层水暖平面图</td><td></td><td></td><td>2</td><td></td></tr>
<tr><td>4</td><td>暖施—4</td><td colspan="2">地下一层水暖平面图</td><td></td><td></td><td>2</td><td></td></tr>
<tr><td>5</td><td>暖施—5</td><td colspan="2">地下一层机房平面图</td><td></td><td></td><td>2</td><td></td></tr>
<tr><td>6</td><td>暖施—6</td><td colspan="2">底层设备机房平剖面图</td><td></td><td></td><td>2</td><td></td></tr>
<tr><td>7</td><td>暖施—7</td><td colspan="2">五层水暖平面图</td><td></td><td></td><td>2</td><td></td></tr>
<tr><td>8</td><td>暖施—8</td><td colspan="2">六、七、十层水暖平面图</td><td></td><td></td><td>2</td><td></td></tr>
</table>

续表

序号	图别图号	图纸名称	采用标准图或重复使用图		图纸尺寸	备注
			图集编号或工程编号	图别图号		
9	暖施—9	八层水暖平面图			2	
10	暖施—10	九层水暖通风平面图			2	
11	暖施—11	十一层水暖平面图			2	
12	暖施—12	十二层水暖平面图			2	
13	暖施—13	十三层水暖平面图			2	
14	暖施—14	十四层水暖平面图			2	
15	暖施—15	十四层通风平面图			2	
16	暖施—16	十五至二十五层客房暖通平面图			2	
17	暖施—17	二十六层办公水暖平面图			2	
18	暖施—18	二十七、二十八层办公水暖平面图			2	
19	暖施—19	二十九层办公水暖平面图			2	
20	暖施—20	三十层暖通平面图			2	
21	暖施—21	三十一层机房平剖面图			2	
22	暖施—22	三十二层水暖平面图			2	
23	暖施—23	三十二层通风平面图			2	
24	暖施—24	地下室通风系统图			2	
25	暖施—25	五层、十二层水暖系统图			2	
26	暖施—26	八、九、十一、十三水暖系统图			2	
27	暖施—27	三十层水暖系统图			3	
28	暖施—28	客房及办公室系统图			2	

（2）设计施工说明。凡在图样上无法表示出来而又非要施工人员知道的一些技术和质量方面的要求，用施工图说明加以表述。内容包括工程的主要技术数据、施工和验收要求及注意事项。设计施工说明包括采用的气象数据，水暖系统的划分及具体施工要求等。有时，还附有设备的明细表。具体地说，包括以下内容：

1）水暖系统的建筑概况。

2）水暖系统采用的设计气象参数，包括室外计算温度、平均风速、主导风向、最大冻土深度等。

3）水暖房间的设计条件。包括水暖房间内空气的温度、相对湿度、室内性质等。

4）水暖系统的划分与组成。包括系统编号、系统所服务的区域、设计负荷、水暖方式等。

5）水暖系统的设计运行工况（只有要求自动控制时才有）。

6）水管系统。包括统一规定、管材、连接方式、支吊架做法、阀门安装要求、减震做法、保温、管道试压、清洗等。

7）设备。包括供暖设备、水泵、换热器、除污器等的安装要求及做法。

8）油漆。包括水管、设备、支吊架等的除锈、油漆要求及做法。

9）调试和试运行方法及步骤。

10）应遵守的施工规范、规定等，见表 2－19。

表 2－19　　　　　　　　　　**施　工　说　明**

说　明

1. 概况：本建筑总高度为 62.350m，高位水箱设在十六层 56.100m 高度处。地下室～四层为综合用房和商场，五～十五层为客房区。生活用冷水分为高低两个区，地下室～四层为低区，五～十五层为高区。消防蓄水池及生活消防水加压设备：消防系统稳压设备均在别处地下室另做设计。热水全天供应，为全循环系统。地下室设有换热器供全楼生活用热水，蒸汽由锅炉房供应。生活排水为合流制，经化粪池处理后排至城市下水道，雨水直接排入城市雨水管网。采暖为三个系统商业区一个系统，总耗热量 544 208W；客房区两个系统，耗热量分别为 1/DA—⑦轴 413 783W，⑦—3/9 轴 356 404W 采暖计算温度：$t_w = -14℃$，$t_n = 18℃$。

2. 设备：公用卫生间设蹲式大便器，客房卫生间为低水箱坐式大便器，卫生器具规与型号详见设备表。消火栓阀门 DN65，水枪口径 19mm，水龙带长 25m。水箱选用防腐防垢钢板搪瓷水箱，水箱用枕木垫置，枕木用沥青防腐。

3. 采暖热媒为热水：供水 95℃，回水 70℃，若水温低须用蒸汽换热器加热。

4. 甲方要求：选用四柱 760 型稀土高压铸铁散热器，每组散热器均装手动放风门一个，图中未注明的支管管径均为 *DN*20（一层低窗台下选用 460 型）。

5. 管材：给水热水选用铝塑管，采暖选用焊接钢管。蒸汽，凝水消防管均采用镀锌钢管，*DN*≥100 为无缝钢管。排水雨水用 UPVC 塑料管，管道交叉处排水雨水管道在下，其他管道在上。

6. 保温、刷油：明装镀锌钢管刷银粉两道，设在吊顶地沟和管井内的蒸汽管、热水管、凝水管用 50mm 厚岩棉管缠两层，玻璃布刷两道调和漆防潮保温。水箱间管道保温做法同管道间热力管，水箱外壁面用 60mm 厚岩棉板钢丝网格捆绑抹麻刀灰保护壳保温。埋地排水管、雨水管做混凝土带形基础；用细砂填埋。给水用截止阀，采暖用闸板阀（高压铜体或不锈钢体）。

7. 管道穿墙、穿楼板、穿梁：均加钢套管和阻火圈。管道安装与土建密切配合，做好留洞工作。

8. 给水、热水水平管均设有 0.003 的坡度，坡向用水点。

9. 厨房操作间锅灶及洗菜池均为可移动的不锈钢成品件，水嘴待进货后按实际位置安装，含油的污水必须进入隔油池处理后再排入下水道。

10. 管井内的热力管道每隔 2 层设一个波纹伸缩器。排水雨水每隔 3 层接一个消能管节，每层设一个伸缩管节。

11. 图注尺寸：标高以“m”计，其他均以“mm”计。标高以一层室内地平为±0.000。

12. 本图施工套用图：××省 98 系列建筑标准设计图集 98S　98N 图中所注管径均为公称直径，排水管见管径对照表。

13. 未说明部分均按国家施工及验收规范施工。

（3）设备、材料明细表。指该项工程所需的各种设备和各类管道、管件、阀门及防腐、保温材料的名称、规格、型号、数量明细表。见表 2－20。

表 2－20　　　　　　　　　　**主 要 设 备 表**

名称	单位	数量	规格及型号	备注
高位水箱	个	1	22 号 $L \times B \times H = 4000 \times 2800 \times 2400$	钢板搪瓷防腐防垢　十六层水箱间设
半即热式汽水换热器	台	2	SW1BQ＝10T/h　60/10℃	设在地下室设备间（供洗浴用水）
半即热式汽水换热器	台	2	SW1BQ＝10T/h　95/70℃	设在地下室设备间（热风采暖用水）
热风采暖循环水泵	台	2	DRG50－200－2Q＝15m³　*H*＝48　*N*＝5.5	设在地下室设备间（热风采暖用）
热水循环水泵	台	2	DRGS0－160－2Q＝12.5m³　*H*＝32　*N*＝3	设在地下室设备间　设备配套产品
排污泵	台	5	65－25－2.2Q＝25m³　*H*＝15m　*N*＝2.2	设在地下室

续表

名称	单位	数量	规格及型号	备注
高级台式洗脸盆	个	355	1 号 $A \times B \times C = 510 \times 435 \times 195$	客房卫生间设置
洗脸盆	个	28	3 号 $A \times B \times C = 560 \times 410 \times 300$	各层公用卫生间设置
铸铁搪瓷浴盆	个	355	BH165$A \times B \times C = 1650 \times 810 \times 390$ 高档	客房卫生间设置
坐式大便器	个	355	3 号低水箱	客房卫生间设置
蹲式大便器	个	68	1 号	各层公用卫生间设置
消火栓	个	125	水枪口径 19mm 水龙带长 $L=25$m	各层均设
雨水口	个	13	79 型	屋面设
洗菜池	个	2	可移动不锈钢成品件	一层操作间设
自动喷洒消防喷头	个	2529	湿式 ZSTP－11/68 型喷头	各层均设
湿式报警阀	个	4	ZSFZ125 型湿式报警阀	设在地下室
小便斗	个	18	1 号落地式	各层公用卫生间设置

以上是些文字说明，没有线条和图形，但它们是施工图纸必不可少的组成部分，是对线条、图形的补充和说明。

2. 图纸部分

（1）平面图。平面图是施工图中最基本的图样，主要表示建（构）筑物和设备的平面分布，管线的走向、排列和各部分的长宽尺寸，以及每根管子的坡度和坡向、管径和标高等具体数据。平面图包括建筑物各层面水暖系统的平面图、各种设备机房平面图、各种卫生洁具的布置、散热器的具体位置等等。平面图上本专业所需的建筑物轮廓应与建筑图一致。

平面图的主要内容包括：

1）冷热媒水管系统。一般以单线绘出。包括冷、热媒水管道的构成、布置及水管上各部件、设备的位置，例如异径管、三通接头、四通接头、弯管、温度计、压力表、调节阀等。并且，注明冷、热媒管道内的水流动方向、坡度。

2）技术设备层系统。包括各设备和管道的位置及布置走向。

3）尺寸标注。包括各种管道、设备、部件的尺寸大小、定位尺寸以及设备基础的主要尺寸，还有各设备、部件的名称、型号、规格等。

4）各种设备机房平面图。

a. 换热站系统（包括泵房系统）。表示出按照标准图集或产品样本所采用的换热器型号，除污器、水泵、阀门等设备型号、数量和位置。

b. 水管系统。单线表示，包括与各设备相连接的冷热媒管道及其上面的附属设备。

c. 尺寸标注。包括各种管道、设备、部件的尺寸大小、定位尺寸。

5）散热器。散热器应当标出其具体位置、名称、规格和型号等参数。其中，不同的散热器的标注是不一样的，具体如下：

a. 柱式散热器应只注数量；

b. 圆翼形散热器应注根数、排数。如：3×2，其中 3 代表每排根数；2 代表排数。

c. 光管散热器应注管径、长度、排数。如：D108×3000×4，其中 D108 代表管径（mm）；3000 代表管长（mm）；4 代表排数。

d. 串片式散热器应注长度、排数。如：1.0×3，其中 1.0 代表长度（m）；3 代表排数。

（2）系统图（轴测图）。系统轴测图的作用主要是从总体上表明所讨论的系统构成情况机各种尺寸、型号、数量等。它应当包括系统中设备、配件、尺寸、定位尺寸、数量以及连接于各设备之间的管道在空间的曲折、交叉、走向和尺寸、定位尺寸等。系统轴测图上还应注明该系统的编号。系统图的基本要素应与平面图相对应。系统图有时也能替代主面图或剖面图，如室内给水排水工程图样主要由平面图和系统图组成。

系统图采用的坐标是三维的。它的作用是从总体上表明水暖系统在整体上连接的情况，包括管道的尺寸、散热器型号、数量等，系统图主要是来表明连接于各设备之间的管道在空间的曲折、交叉、走向和尺寸，同时应注明各趟立管的标号。

（3）流程图。流程图一般包括系统的原理和流程，流程图是对一项工程整个工艺过程的表示，通过它可对设备的位号、建（构）筑物的名称及整个系统的仪表控制点有全面的了解，同时对管道的规格、编号及其输送的介质、流向，以及主要控制阀门等也有确切的了解。系统流程图应绘制出设备、阀门、控制仪表、配件、标注介质流向、管井及设备编号。流程图可不按照比例绘制，但管路分支应与平面图相符。供热分支管路竖向输送时，应绘制立管图，并编号，注明管径、坡向、标高等。流程图可不按照比例和投影规则绘制。

（4）详图。表示一组设备的配管或一组管配件组合安装的详图。详图的特点是用双线图表示，对物体有真实感，并对组装体各部位详细尺寸都作了注记。系统的各种设备及零部件施工安装，应注明采用的标准图、通用图的图名图号。如果没有现成图纸，且需要交待设计意图的，均需绘制详图。简单的详图可就图引出，绘局部详图；制作详图或安装复杂的详图应单独绘制。

（5）立面图和剖面图。立面图和剖面图主要表达建（构）筑物和设备的立面分布，管线垂直方向上的排列和走向，以及每路管线的编号、管径和标高等具体数据。

（6）节点图。节点图表示某一部分管道的详细结构及尺寸，是对平面图及其他施工图所不能反映清楚的某点图形的放大。节点用代号表示它所在部位。

（7）标准图。标准图是一种具有通用性质的图样，图中标有成组管道、设备或部件的具体图形和详细尺寸，一般不能作为单独施工的图纸，只能做某些施工图的组成部分。

2.3　水暖安装工艺识图

1. 水暖施工图的特点

（1）水暖施工图的图例。水暖施工图上的图形有时不能反映实物的具体形象和结构，它采用了国家统一规定的图例符号来表示，因此，对于每一个施工者来说，阅读前应当了解并掌握与图纸有关的图例符号所代表的含义。图例符号应当按照相关规定进行绘制，并在图纸上明确给出，图例应当涵盖整套图纸中所涉及的内容，个别出现较少的内容可在图中用文字表示。

（2）水暖系统环路的独立性。在水暖施工图中，由于所占比例较小，水管路系统和暖气管路系统一般绘制在同一张平面图上，而实际运行时，两个系统是互不相干的，具有一定的独立性。一般情况下，暖气系统是一个闭合回路，市内供暖一般是在入口处设置供水管和回水管，通过暖气井、供水干管、立支管、散热器、回水管，形成一个完整的系统。而给水排水系统也可以形成一个完整的系统，它一般是通过设在地下室的给水装置，经过给水干管、立支管、用水设备、卫生洁具、排水栓、排水支管、排水立管、排水干管、排出管到化粪池，完成一个循环系统。

（3）与各专业施工的密切性。安装水暖系统中的各种管道、设备及各种配件都需要和土建的维护结构发生关联，同时，在施工中各种管道（如：水、暖、电、通风）相互之间也要发生交叉碰撞，因此，施工人员不仅能够看懂本专业的图纸，还应当适当掌握其他专业的图纸内容，避免施工中一些不必要的麻烦。

2. 水暖施工图识图方法

（1）水暖施工图识图的基础。

1）水暖的基本原理和基本理论。这些是识图的理论基础，没有这些基本知识，纵使有很高的识图能力，也无法读懂水暖施工图的内容。因为水暖施工图是专业性图纸，因此没有专业知识为铺垫，就很难读懂图纸。

2）投影与视图的基本理论。关于投影与视图的基本理论是任何图纸绘制的基础，也是任何图纸识图的前提。

3）水暖施工图的基本规定。水暖施工图的一些基本规定，如线型、图例符号、尺寸标注等，直接反映在图上，有时并没有辅助说明，因此掌握这些规定有助于识图过程的顺利完成，不仅帮助我们认识水暖施工图，而且有助于提高识图的速度。

（2）水暖施工图的识图方法与步骤。

1）识图方法。先识读平面图，再对照系统图识读，最后识读详图。

a. 室内平面图识读。读图时先识读底层平面图，然后识读各层平面图。识读底层平面图时，先识读散热器和卫生器具等，再识读供回水系统引入管、给水系统引入管及立管、干支管，最后识读排水系统支管、干立管及排出管。

b. 室内供暖系统图识读。读图时先将室内供暖系统图与室内供暖平面图对照，找出系统图中与平面图中相同编号的引管和立管，然后按引入管及立管、干管、支管的顺序识读。

c. 室内给、排水系统图识读。读图时先将室内给水、排水系统图与室内给水、排水平面图对照，找出室内给水、排水系统图中与室内给水、排水平面图中相同编号的排出管和给水立管，然后按支管、干管、立管及排出管顺序识读。

2）步骤。

a. 阅读图纸目录。根据图纸目录了解该工程图纸的概况，包括图纸张数、图幅大小及名称、编号等信息。

b. 阅读施工说明。根据施工说明了解该工程概况，包括水暖系统的形式、划分及主要设备布置等信息，在此基础上，确定哪些图纸是代表着该工程的特点、是这些图纸中的典型或重要部分，图纸的阅读就从这些重要图纸开始。

c. 阅读有代表性的图纸。在第二步中确定了代表该工程特点的图纸，现在就根据图纸目录，确定这些图纸的编号，并找出这些图纸进行阅读。

d. 阅读辅助性图纸。对于平面图上没有表达清楚的地方，就要根据平面图上的提示（如剖面位置）和图纸目录找出该平面图的辅助图纸进行阅读，这包括立面图、侧立面图、剖面图等。对于整个系统，可参考系统轴测图。

e. 阅读其他内容。在读懂整个水暖系统的前提下，再进一步阅读施工说明与设备及主要材料表，了解水暖系统的详细安装情况，同时参考加工、安装详图，从而完全掌握图纸的全部内容。

2.4　水暖安装工艺识图分析

1. 供暖系统安装工艺识图分析

下面给出了采暖系统的平面图、立管图、热力入口详图，现在分别介绍这几张图的内容：

（1）平面图（图 2－1）。从平面图上我们可获得该建筑物的大致轮廓、主要轴线号、轴线尺寸、室内外地面标高、房间名称等内容。如本图所示，该建筑为一个活动中心，建筑面积 2100m^2，横向⑥轴，纵向⑤轴，一层地面标高为±0.000m，房间名称依次为大堂、厨房、诊疗室、酒吧、卫生间等，图的上方为北向。

另外，我们从平面图上还可以看到散热器的位置、片数或长度、采暖干管及立管位置、编号；管道的阀门、放气、泄水、固定支架、伸缩器、入口装置、管沟及人孔位置，同时还包括干管管径及标高。本图的热力入口处在Ⓑ轴和Ⓒ轴之间，散热器基本位于窗户下，散热器片数全部标注在围护结构或内墙的外侧，各立管的位置基本在柱边上或墙角处，并给出相应的立管编号，在靠近④轴～Ⓓ轴处，③轴～Ⓐ轴，②轴和Ⓒ轴处分别设置一个固定支架；另外，还给出了各干支管的管径。

二层及以上平面图，如果建筑平面相同时，采暖平面二层至顶层可合用一张图纸，散热器位置应当分别标出。本二层平面图（图 2－2）较为简单，只标注了立管标号、散热器位置和片数、立支管位置和相应管径。这里需要注意的是，在平面图上一定要注意注明各立管的标号，便于施工时对应查找。

（2）系统图（图 2－3）。当集中采暖系统较复杂时，应当绘制采暖系统水平干管的轴测透视图。管道系统图主要表明管道系统的立体走向。识读时应注意：

1）查明采暖管道系统的具体走向，干管的敷设形式，管路分支情况、管径尺寸与横管坡度、管道各部标高、弯头及三通的选用等，阀门的设置，引入管、干管及各支管的标高。

2）查明排水管道系统的具体走向。

3）系统图上对各楼层标高都有标明，识读时可据此分清管路是属于哪一层的。

图 2－3 分别给出了采暖系统透视图和立管图，从图上我们可以清楚地看到整个系统的连接方式采用的下供下回同程式系统，热力入口处供回水管道的标高分别是－1.900m 和－1.700m。入户后其标高变为－1.100m，其中 10 号立管是靠近供水干管的第一根立管，而 9 号立管是最末端立管，供水干管是抬头走，坡度为 0.003；而回水干管是低头走，坡度也是 0.003，整个系统设置了 3 个固定支架，为了更为清楚地表现散热器连接方式，轴侧透视图上采用打断线将各立管打断，取而代之的是立管图，立管图的编号和轴测图是一样的，立管图上给出了各层散热器的标高，立管管径和各层的散热器片数。这里需要强调的是，由于与散热器连接的支管的管径是一样的，因此，所有支管管径没有标注，而是统一以附注的形式给予说明，以增加图纸的清晰度。

（3）详图（图 2－4）。本图的详图只有一个热力入口详图，该图给出了暖气井内温度计、压力表、过滤器阀门、泄水阀的安装位置和定位尺寸，A－A 剖面还给出了供回水管，检查井井底和顶部的标高，道路的标高以及入户标高。另外，还给出了集水坑的位置和具体大小尺寸。

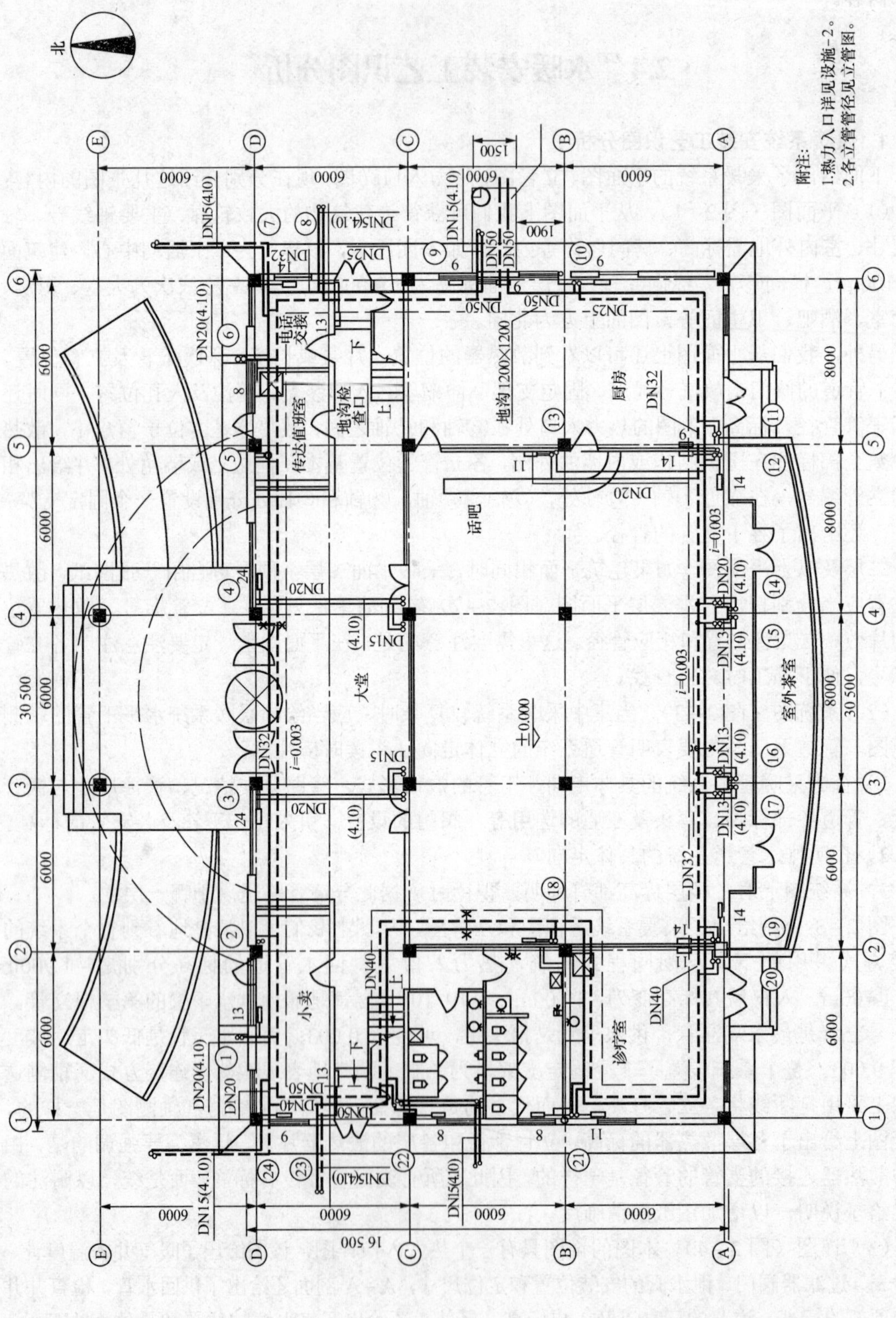

附注：
1.热力入口详见设施-2。
2.各立管管径见立管图。

图 2-1 采暖平面图

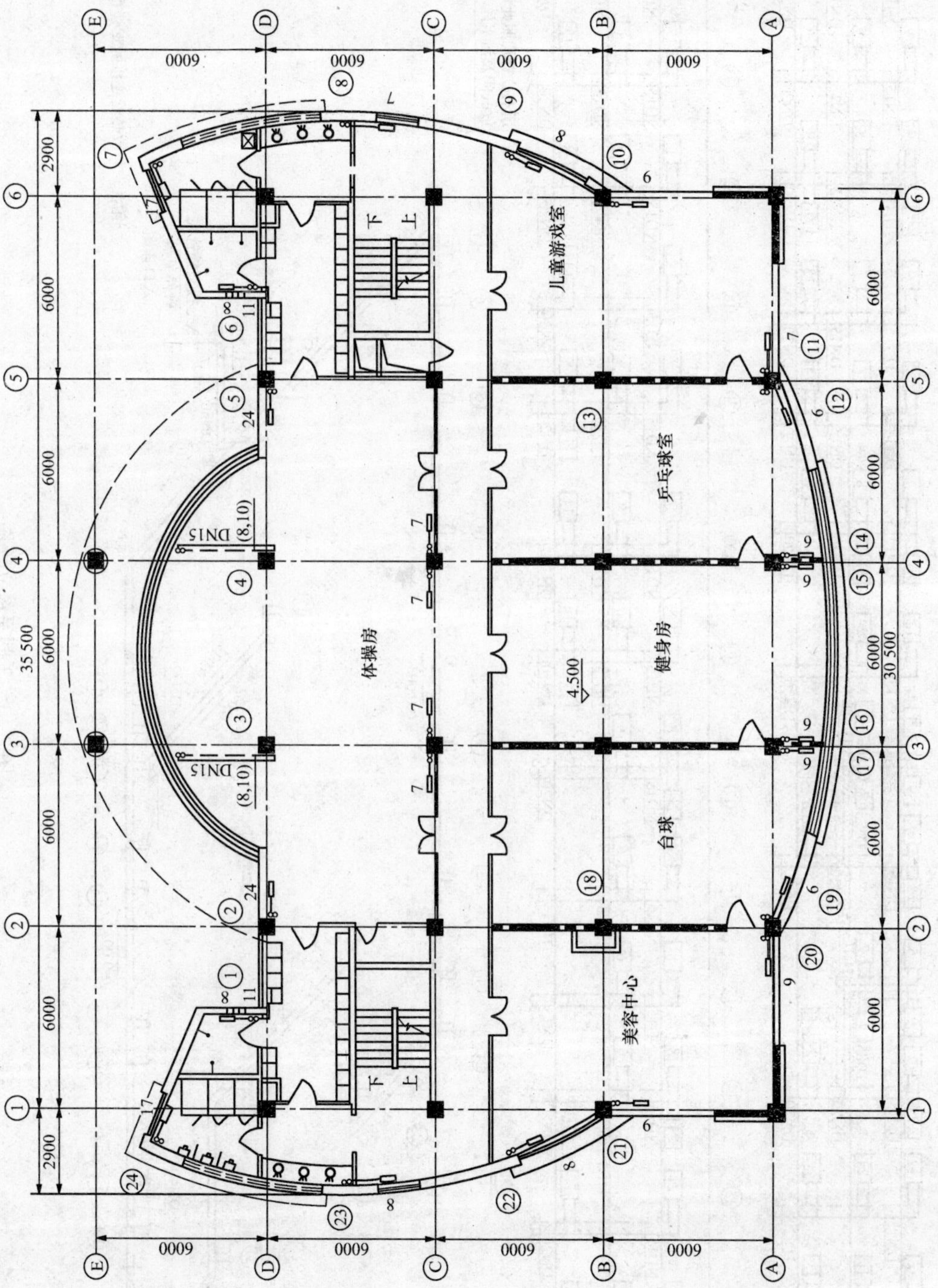

图 2-2　二层采暖平面图

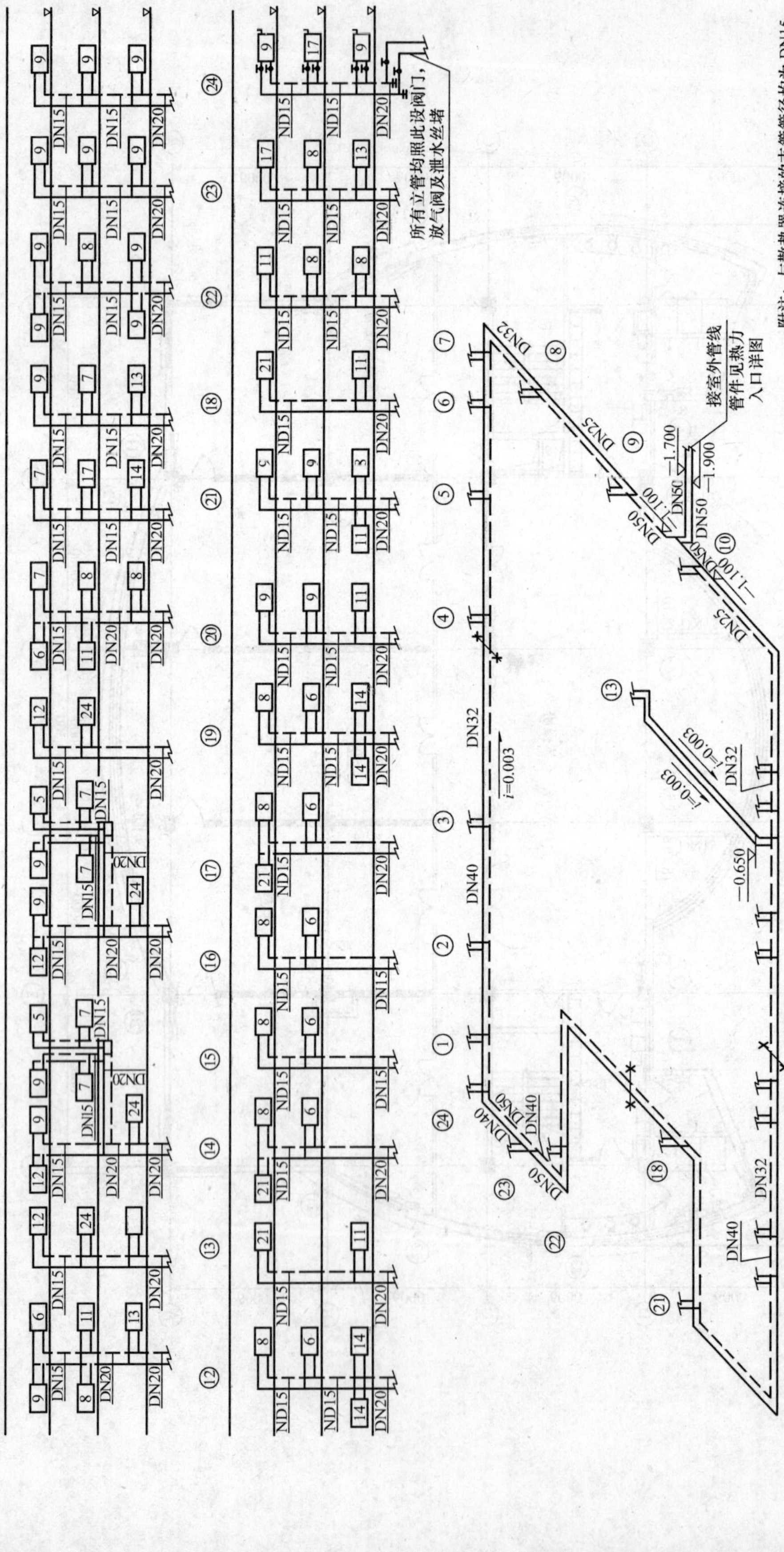

附注：与散热器连接的支管管径均为 DN15。

图 2-3 采暖系统立管图

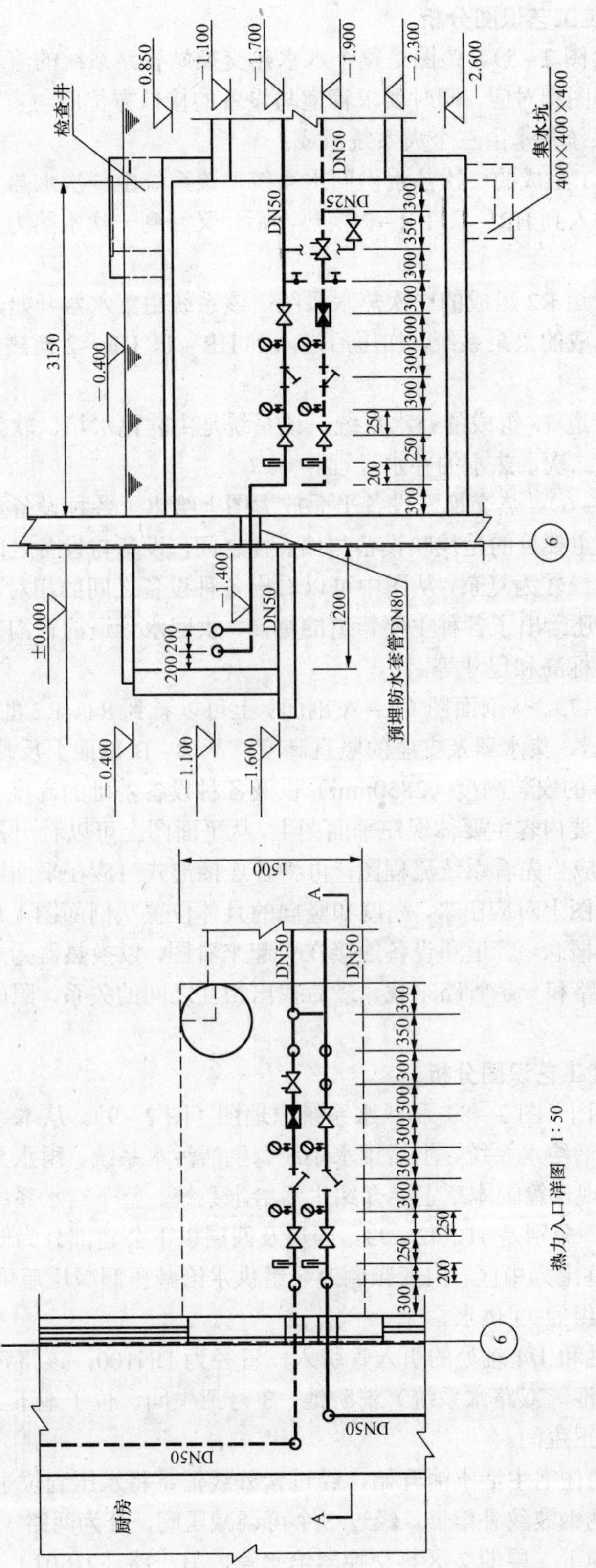
检查井
集水坑
400×400×400
A—A 剖面　1:50
预埋防水套管DN80
热力入口详图　1:50
厨房
DN50
DN25
3150
1500
1200
±0.000
−0.400
−0.850
−1.100
−1.400
−1.600
−1.700
−1.900
−2.300
−2.600

图 2-4　热力入口详图

2. 热力站系统安装工艺识图分析

（1）系统流程图（图 2–5）。该图是整个水水热交换站管路系统的流程图，图中的基本要素应与平面图、剖面图相对应，同时要求管道与设备的接口方位应与实际情况相符。从整个流程图上来看，该系统基本由三个大系统组成：

第一个系统是由 R1 组成的一次热水供回水系统，该系统由一次水热力入口处进入，经过一套旁通装置后，进入到 HR–1、HR–2 换热器后，又回到一次水热力入口处，完成第一个系统的循环。

第二个系统是由管道 R2 组成的二次热水系统，该系统由集水器开始，经过热计量表进入由 RB–1～RB–3 组成的水泵系统，加压后进入到 HR–1、HR–2 换热器中换热，出来后的热水进入分水器中去。

第三个系统是由管道 B 组成的补水系统，该系统是由软化水箱、软化器及定压罐、补水泵 RB 组成，完成对二次水热水的补水过程。

（2）平面图（图 2–6）。热交换站设备平面放大图上给出了各种设备及管道的位置、定位尺寸及走向，该图的主要目的是反映设备与墙、柱之间，设备与设备之间的相对尺寸，设备及管道平面的管道系统较为复杂，从图中可以看出各种设备之间的相对位置，连接管道的管径和相对距离。图中还给出了各种主要管道的标高，供回水管道的管沟尺寸和标高，机械排风和机械进风的风机标高和尺寸等。

（3）剖面图（图 2–7）。从剖面图（A–A 剖面）上可以看到 R1、R2 的高度和布置层次，C–C 剖面反映出分水器、集水器及支座的竖直高度，从 B–B 剖面上反映出 RS 管道、RH 管道的标高，定压罐 G 的安装高度（2850mm）以及各种设备基础的高度。

热交换站所有的主要内容主要体现在平面图上，从平面图上可以看出各种设备的具体位置和安装尺寸，看图时应当先看系统流程图，再将各连接形式对应在平面图上，将各管道和设备的具体位置从平面图上对应出来，高度和竖向的具体位置从剖面图上反映出来。总之看图施工时要建立起空间概念，管道和设备连接在一起来看图，以换热器为中心，一个系统和一个系统来看，一趟管路和一趟管路来找，最后找出相互之间的关系，照图施工，按照施工验收规范进行施工。

3. 给排水系统安装工艺识图分析

（1）给水系统原理图（图 2–8）和热水系统原理图（图 2–9）。从本系统原理图上可以看出，给水系统包括生活给水系统、生活排水系统、生活污水系统、雨水系统、消火栓给水系统、自动喷水系统、现于篇幅本章主要介绍生活给水系统。整个给水系统分为 3 个区，由 3 个供水管道进行供水，分别是 J1、J2、J3。四层及四层以下公建部分为低区、由市政给水网直接供水，5～11 层住宅为中区、由变频调速泵组供水给减压阀减压后供水，12～18 层住宅为高区，由变频调速组经 J3 供水。

J1 管路由位于 G 轴和 1/4 轴处的引入管引入，管径为 DN100，该路管道分别接到位于地下二层的住宅生活水池（双路水系统）消防池，3 号卫生间、位于地下 2～3 层的 1 号卫生间、以及四层的 2 号卫生间。

J3 管路由地下室的住宅生活水池开始，经过紫外线消毒将水压到位于屋顶的消防水箱中在 13 层设置 3 个不锈钢波纹补偿器，经过 2 个可调减压阀，分为两路（2JL01、2JL02）1 路（2JL02）接到位于地下二层的 2 区热交换器给水管，另一路（2JL01）、又分为 3 路，分别给 5～11 层各户的卫生间给水，总共 6 趟立管，分别为 2JL－6、2JL－5、2JL－1、2JL－2、2JL－4、2JL－3 厨房卫生间，3 路管路上装有 3 块 DN40 的水表。

J3 管路继续上升到 18 层处，分为 3 路管道，分别为 12～18 层住宅的各用户厨房卫生间的给水管，管路编号分别为 3JL－1、3JL－2、3JL－3、3JL－4、3JL－5、3JL－6 各分支路装有一块 DN40 的水表。

地下三层设有一座容积为 42.7m^3 的住宅生活水池，屋顶的消防水箱的容积为 18m^3，另外还有一座 540m^3 的消防水池。

泵房设有 3 台变频调速泵，一台隔膜气压罐，这 3 台两用 1 备。每户厨房设电子远传水表，集中在管道中心读表，公建部分公共卫生间采用普通水表。

（2）污废水系统原理图（图 2－10～图 2－12）。本图采用工程污废水合流制，室内地面以下部分污废水由重力自流排入室外污水管，地下室污废水采用潜水排污泵提升至室外污水管。

公共卫生间设环形通气管，住宅卫生间设专用通气立管，每隔两层结合通气管与污水立管相连，厨房不设专用通气立管，仅设伸顶通气管。

从图 2－10 中可以看出，地下室的污废水排到 2 号潜水泵坑中，经过污水泵将水排到 rw 管道中，通过 G 轴的 W/2 管道排出管排到室外。

污水系统原理图（一）中反映出以下内容：

1）该污水管由连接厨房和连接卫生间的污水管两部分组成；

2）连接厨房污水管没有通气管，而连接卫生间的污水管设有通气管；

3）所有的污水立管汇集至 4 层的污水横管上，污水横管上的污水再通过污水立管；WL—20，WL—4 汇集到地下一层总污水横干管上；

4）污水横干管上的污水再通过位于 G 轴的排出管排向室外。

污水系统原理图（二）所反映的内容和原理图（一）是一样的，需要注意的是：WL—23，WL—26 的通气管连到了四、五层的屋面上。

总之，阅读排水系统原理图主要是了解所有管路的连接形式，管路走向，管径，控制点标高和管道坡度，各楼层卫生设备和工艺用水设备的连接点位置，识图时应当一趟管路和一趟管路分别来看，将各管路的来龙去脉搞清楚，最后形成管路的整体概念。

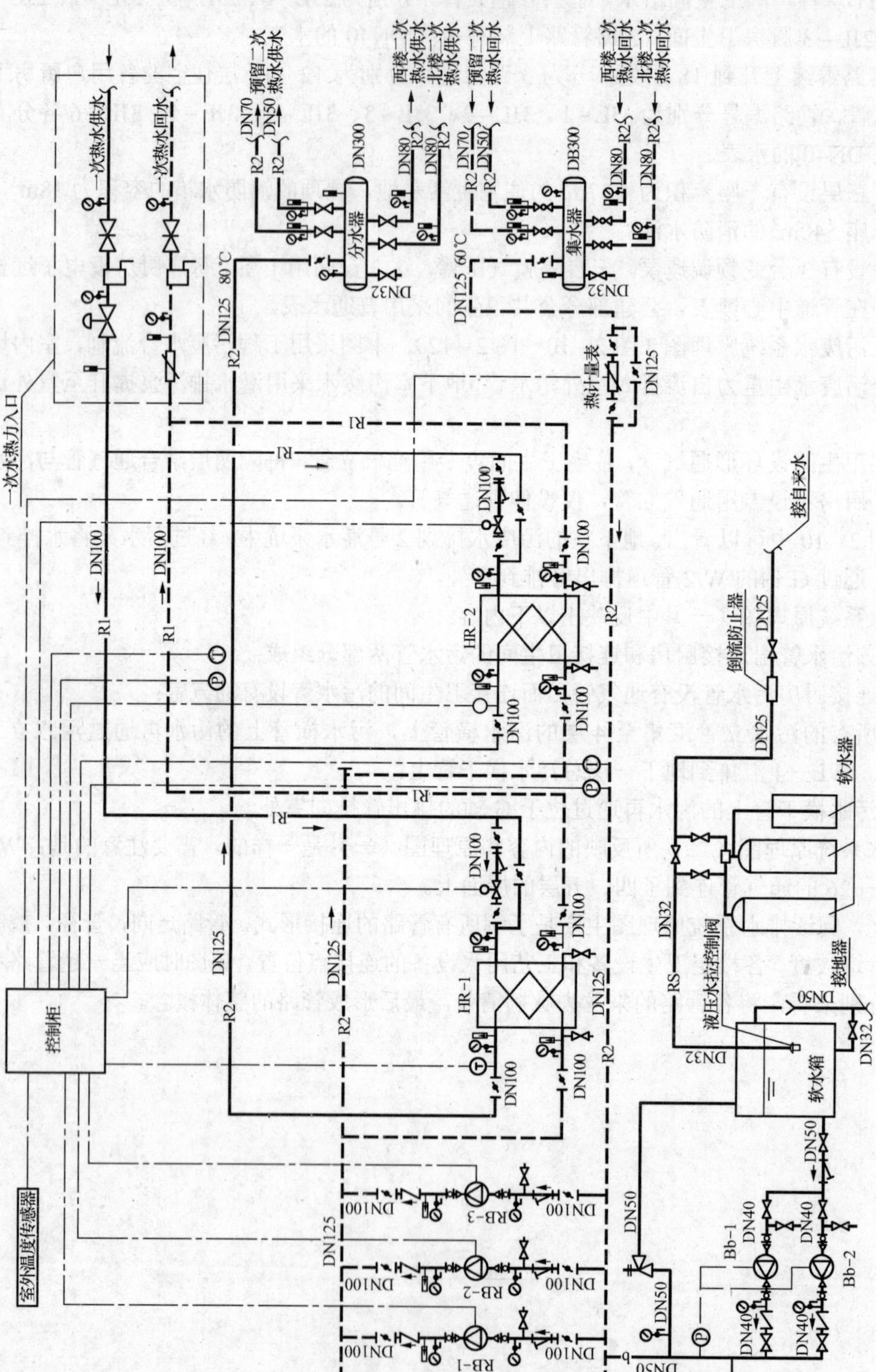
一次水热力入口
一次热水供水
一次热水回水
室外温度传感器
控制柜
分水器
集水器
预留二次热水供水
西楼二次热水供水
北楼二次热水供水
预留二次热水回水
西楼二次热水回水
北楼二次热水回水
热计量表
接自来水
倒流防止器
液压水位控制阀
软水器
软水箱
接地器
HR-1
HR-2
RB-1
RB-2
RB-3
Bb-1
Bb-2
G
80 ℃
60 ℃
DN300
DB300
DN125
DN100
DN80
DN70
DN50
DN40
DN32
DN25
R1
R2
RS

图 2－5　热力系统流程图

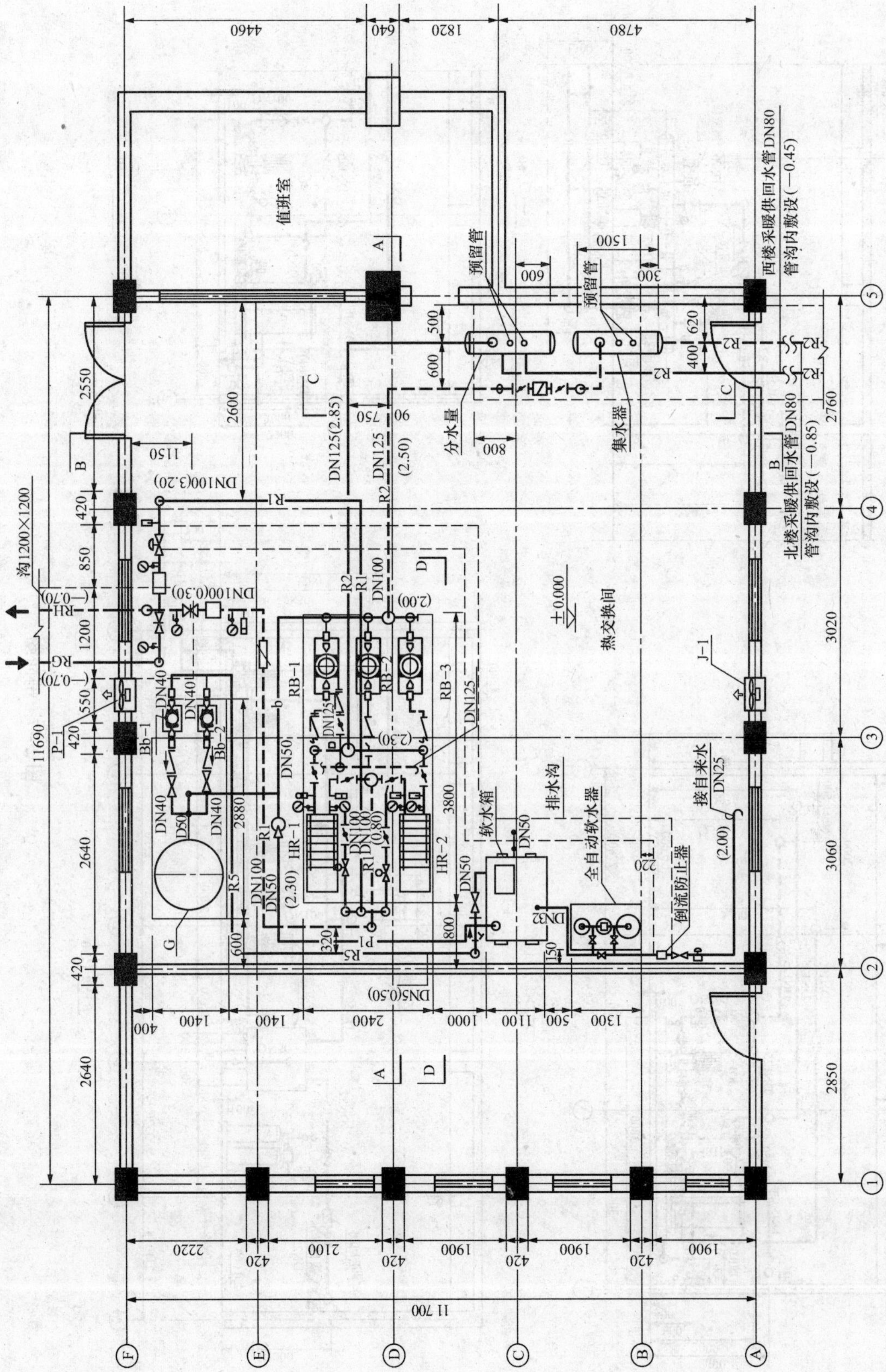

图 2-6　热交换站设备平面放大图

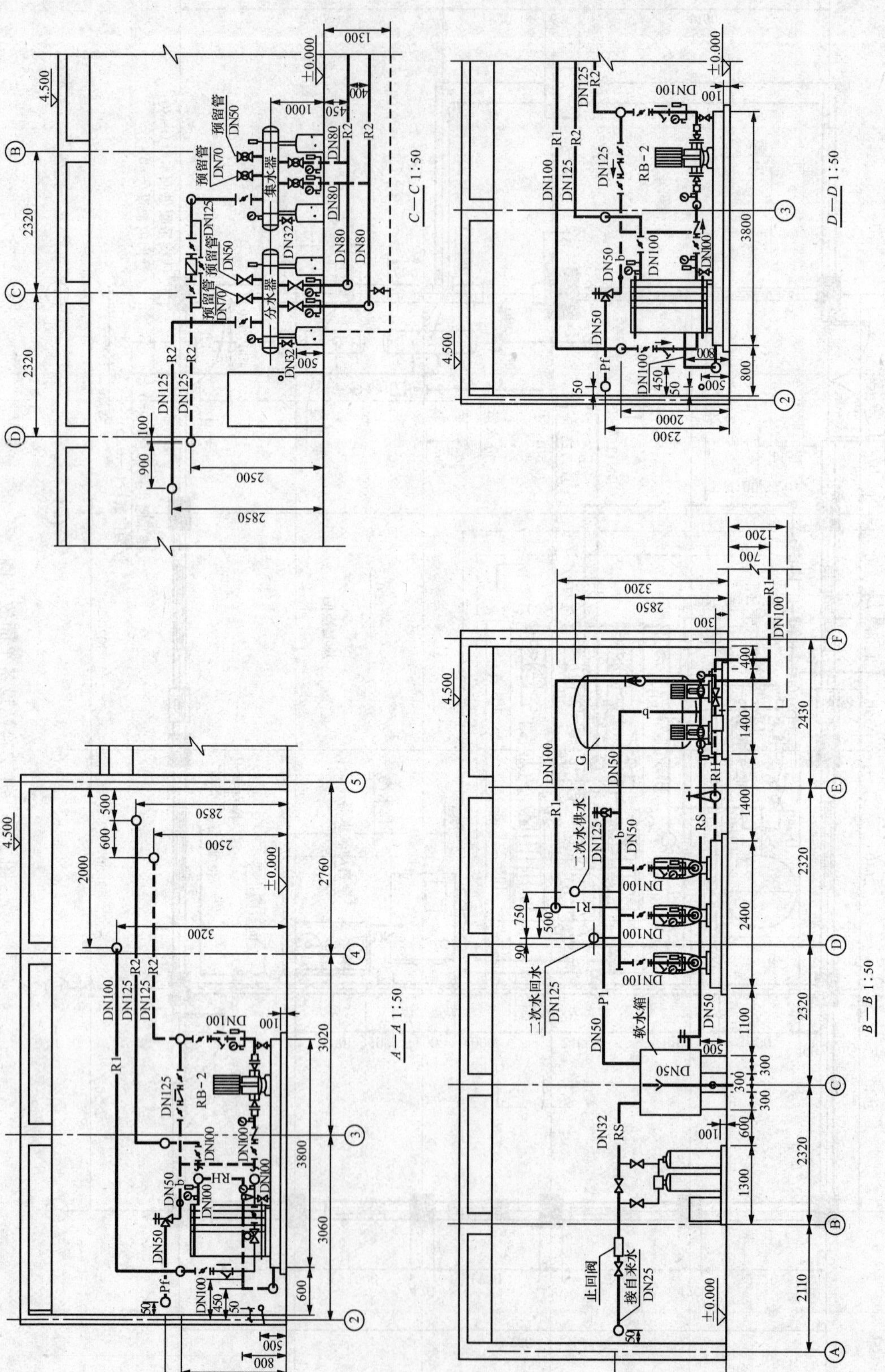
A—A 1:50
B—B 1:50
C—C 1:50
D—D 1:50
分水器
集水器
软水箱
二次水回水
二次水供水
接自来水
止回阀
预留管
RB-2
±0.000
4.500

图 2-7 剖面图

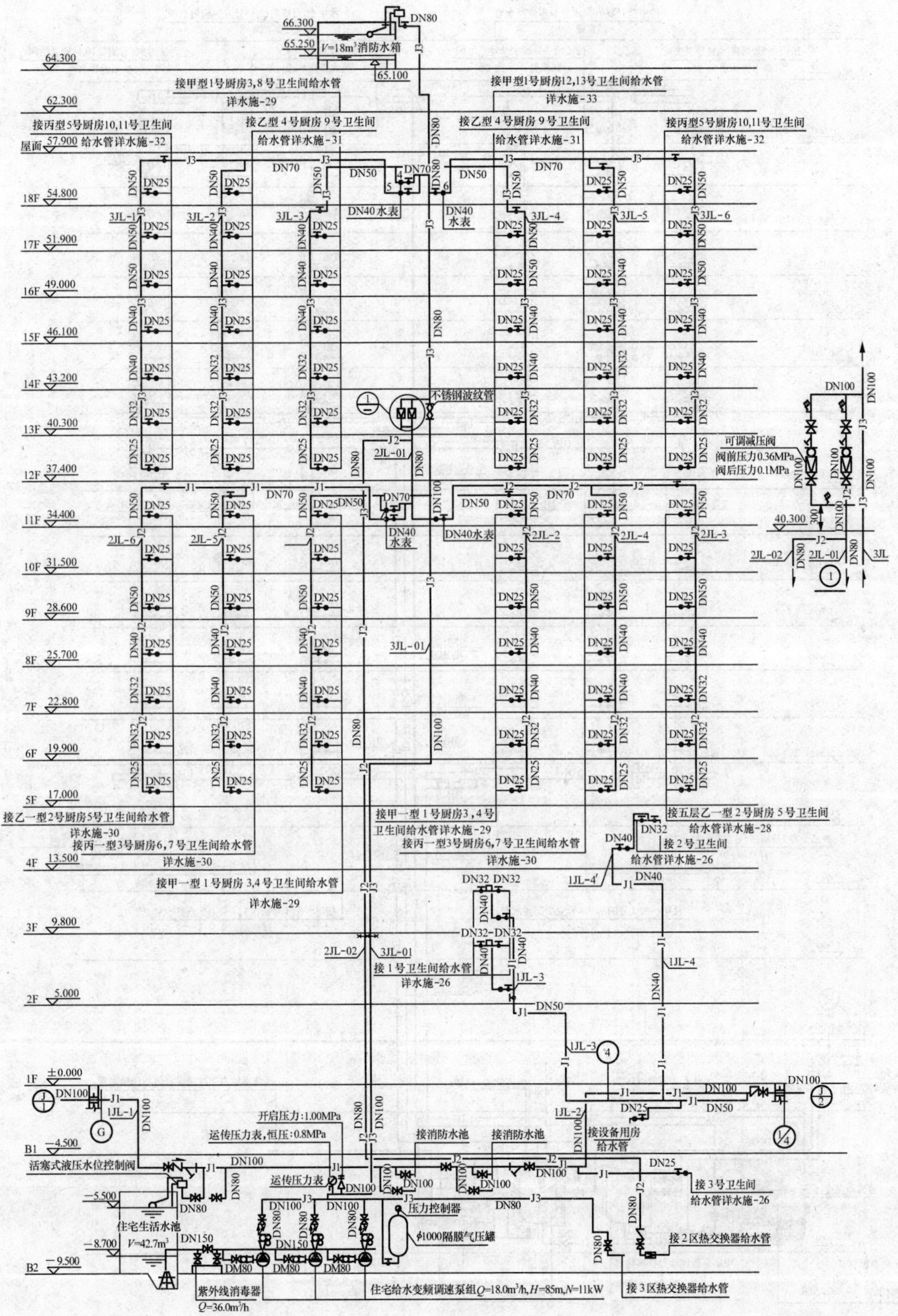

V=18m³消防水箱
66.300
65.250
65.100
64.300
62.300
屋面 57.900
18F 54.800
17F 51.900
16F 49.000
15F 46.100
14F 43.200
13F 40.300
12F 37.400
11F 34.400
10F 31.500
9F 28.600
8F 25.700
7F 22.800
6F 19.900
5F 17.000
4F 13.500
3F 9.800
2F 5.000
1F ±0.000
B1 -4.500
-5.500
-8.700
B2 -9.500
接甲型1号厨房3,8号卫生间给水管
详水施-29
接甲型1号厨房12,13号卫生间给水管
详水施-33
接丙型5号厨房10,11号卫生间
给水管详水施-32
接乙型 4号厨房 9号卫生间
给水管详水施-31
DN40 水表
DN40水表
不锈钢波纹管
可调减压阀
阀前压力0.36MPa
阀后压力0.1MPa
3JL-1
3JL-2
3JL-3
3JL-4
3JL-5
3JL-6
2JL-1
2JL-2
2JL-3
2JL-4
2JL-5
2JL-6
2JL-01
2JL-02
3JL-01
1JL-1
1JL-2
1JL-3
1JL-4
接乙一型2号厨房5号卫生间给水管
详水施-30
接丙一型3号厨房6,7号卫生间给水管
详水施-30
接甲一型 1号厨房 3,4号卫生间给水管
详水施-29
接甲一型 1号厨房3,4号
卫生间给水管详水施-29
接丙一型3号厨房6,7号卫生间给水管
详水施-30
接五层乙一型 2号厨房 5号卫生间
给水管详水施-28
接 2号卫生间
给水管详水施-26
接 1号卫生间给水管
详水施-26
接设备用房
给水管
接消防水池
开启压力:1.00MPa
运传压力表,恒压:0.8MPa
运传压力表
活塞式液压水位控制阀
住宅生活水池
V=42.7m³
压力控制器
ϕ1000隔膜气压罐
接 3号卫生间
给水管详水施-26
接 2区热交换器给水管
接 3区热交换器给水管
紫外线消毒器
Q=36.0m³/h
住宅给水变频调速泵组Q=18.0m³/h, H=85m, N=11kW

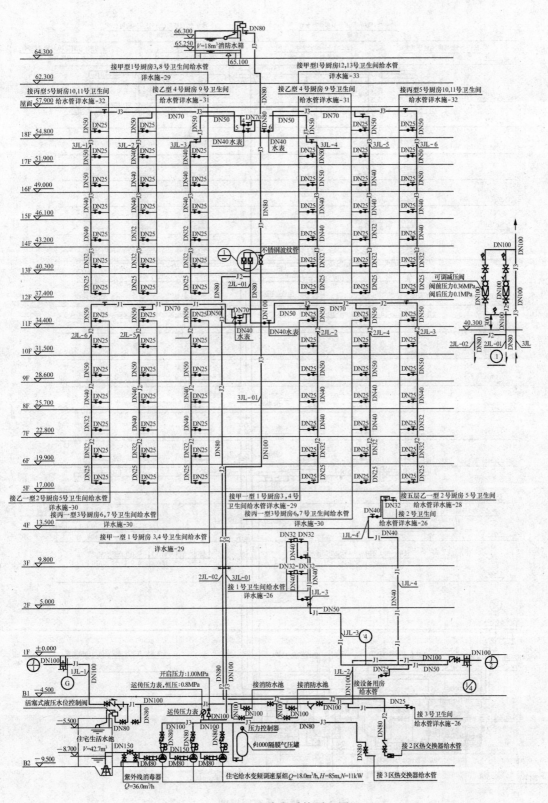

图 2-8　给水系统原理图

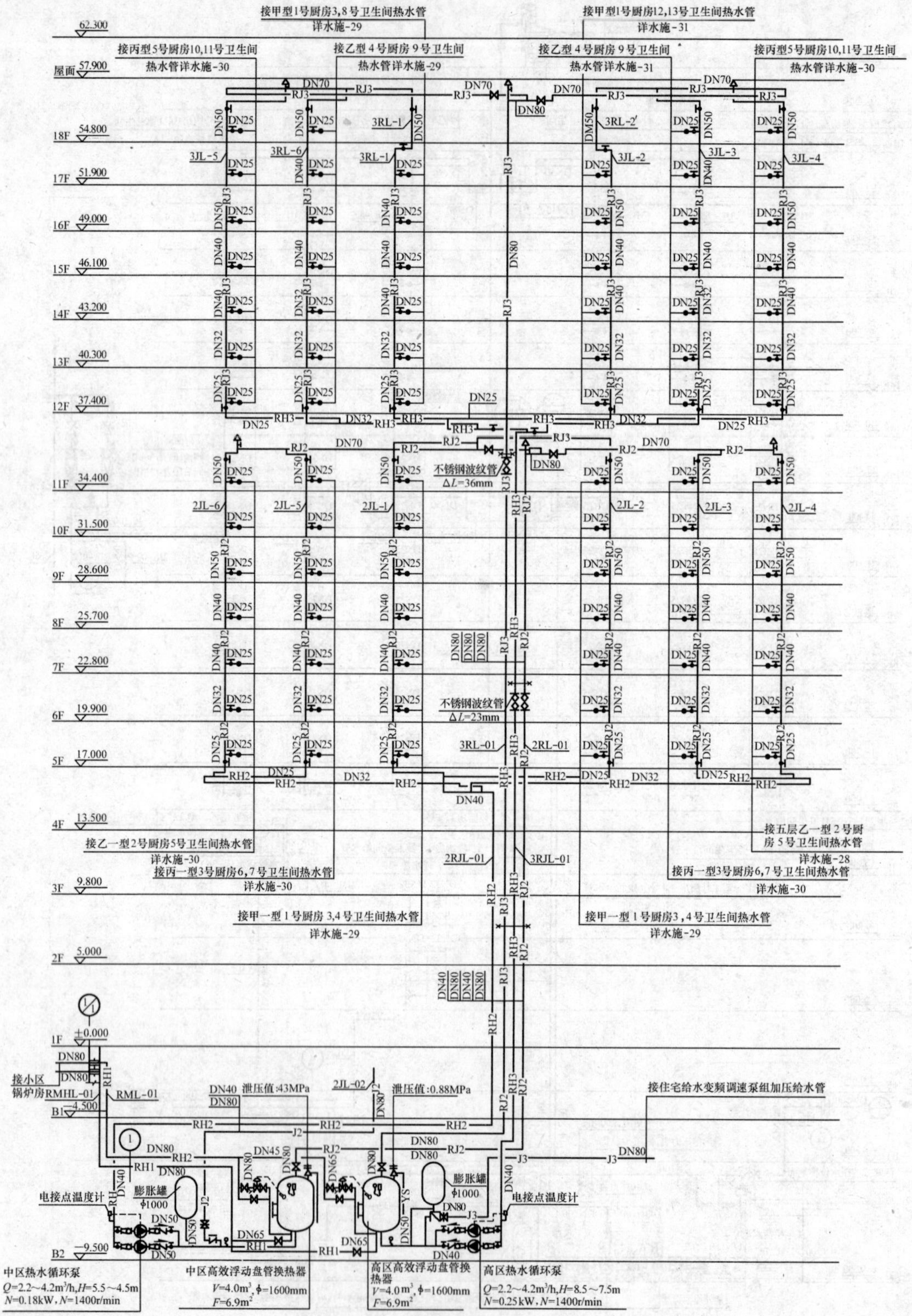
接甲型1号厨房3,8号卫生间热水管
详水施-29
接甲型1号厨房12,13号卫生间热水管
详水施-31
接丙型5号厨房10,11号卫生间
热水管详水施-30
接乙型 4号厨房 9号卫生间
热水管详水施-29
接乙型 4号厨房 9号卫生间
热水管详水施-31
接丙型5号厨房10,11号卫生间
热水管详水施-30
不锈钢波纹管
ΔL=36mm
不锈钢波纹管
ΔL=23mm
接乙一型2号厨房5号卫生间热水管
详水施-30
接丙一型3号厨房6,7号卫生间热水管
详水施-30
接甲一型 1号厨房 3,4号卫生间热水管
详水施-29
接五层乙一型 2号厨
房 5号卫生间热水管
详水施-28
接丙一型3号厨房6,7号卫生间热水管
详水施-30
接甲一型 1号厨房3,4号卫生间热水管
详水施-29
接小区
锅炉房
接住宅给水变频调速泵组加压给水管
泄压值:43MPa
泄压值:0.88MPa
膨胀罐
ϕ1000
电接点温度计
中区热水循环泵
Q=2.2~4.2m³/h,H=5.5~4.5m
N=0.18kW,N=1400r/min
中区高效浮动盘管换热器
V=4.0m³,ϕ=1600mm
F=6.9m²
高区高效浮动盘管换热器
V=4.0m³,ϕ=1600mm
F=6.9m²
高区热水循环泵
Q=2.2~4.2m³/h,H=8.5~7.5m
N=0.25kW,N=1400r/min

图 2-9　热水系统原理图

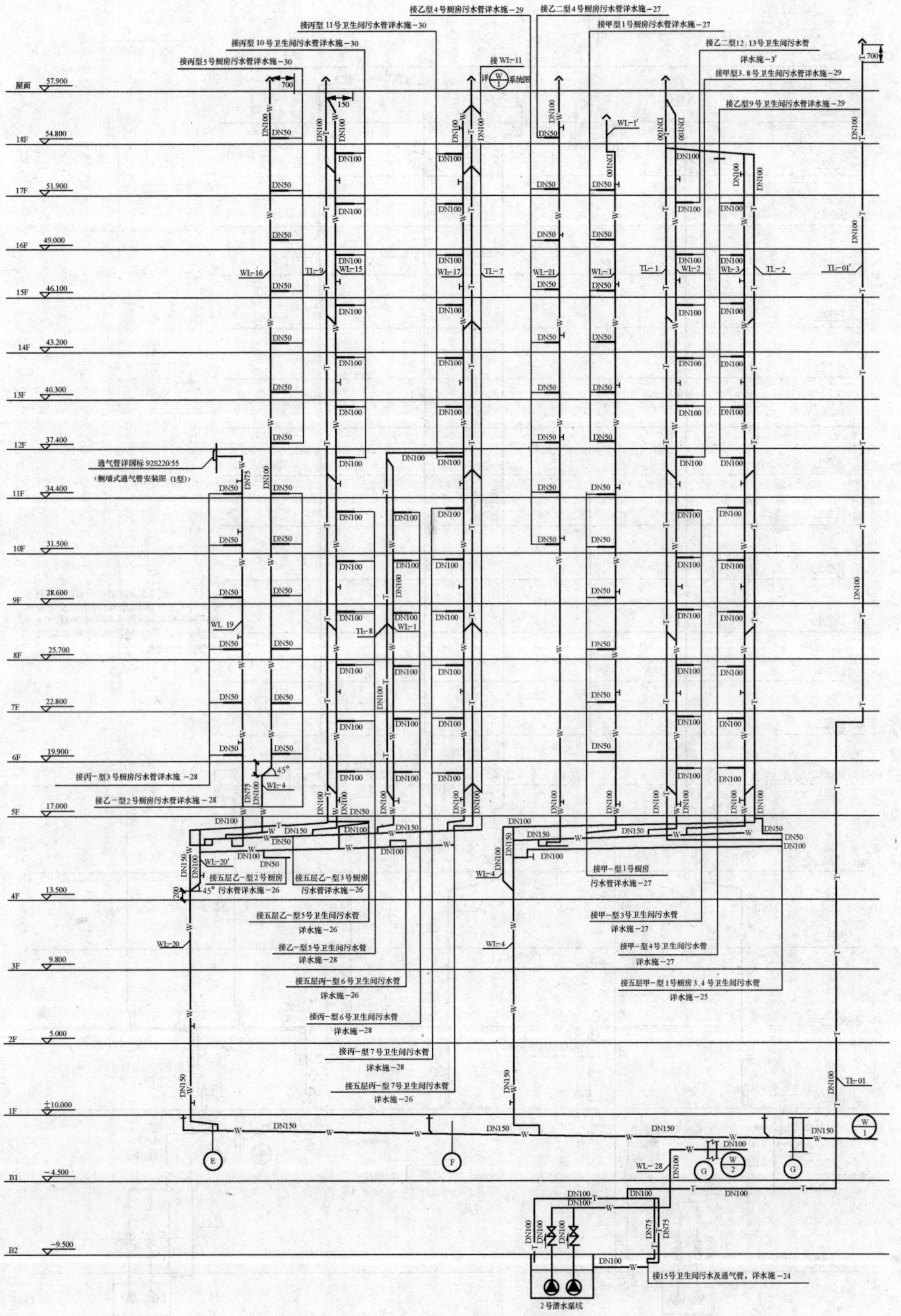

图 2－10　污水系统原理图

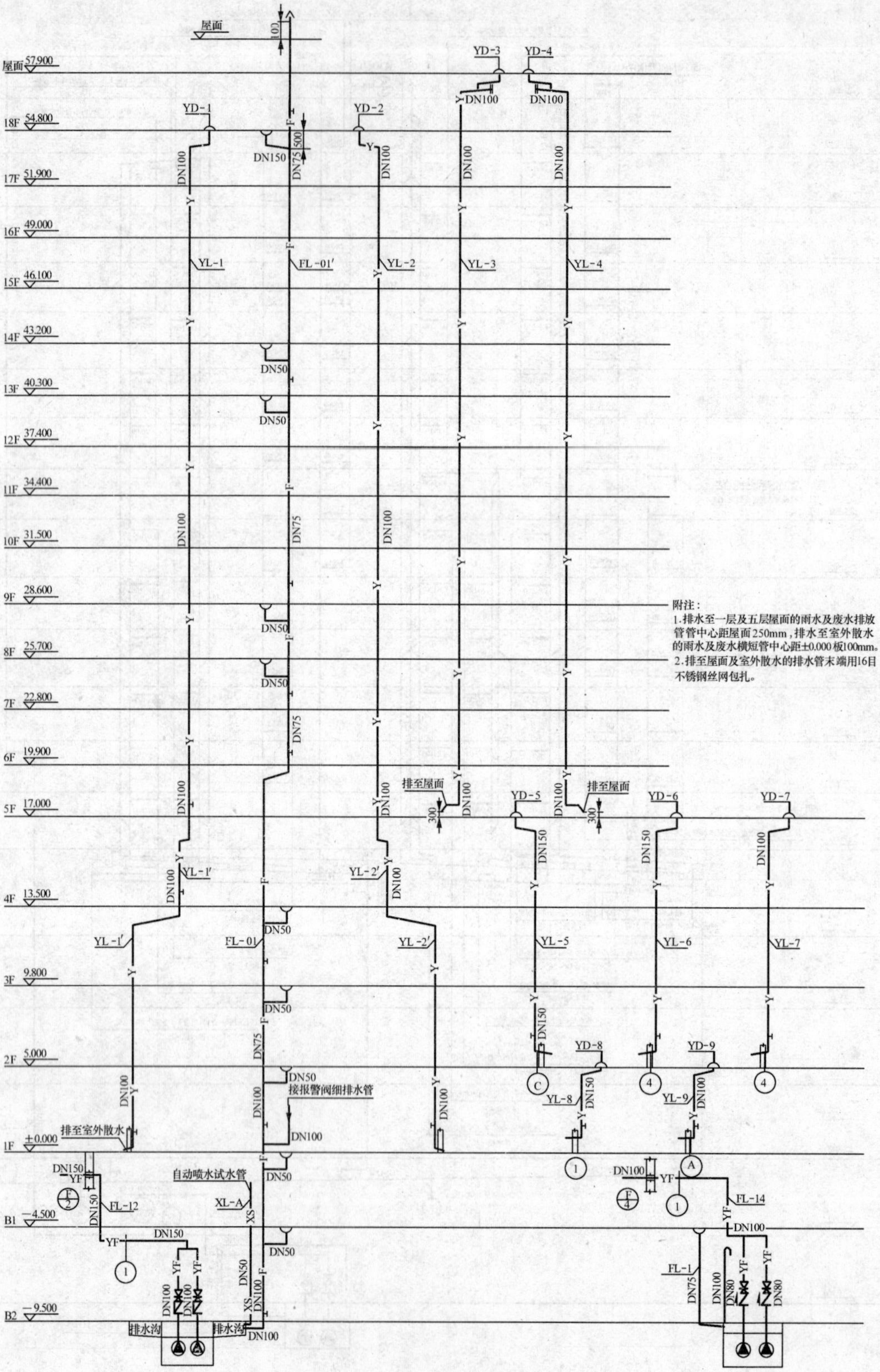

附注：
1.排水至一层及五层屋面的雨水及废水排放管管中心距屋面250mm，排水至室外散水的雨水及废水横短管中心距±0.000板100mm。
2.排至屋面及室外散水的排水管末端用16目不锈钢丝网包扎。

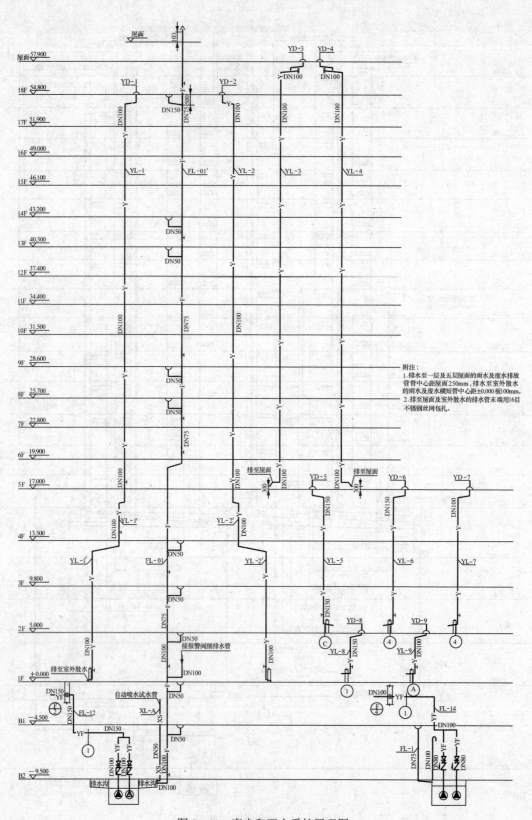

图 2－11　废水和雨水系统原理图

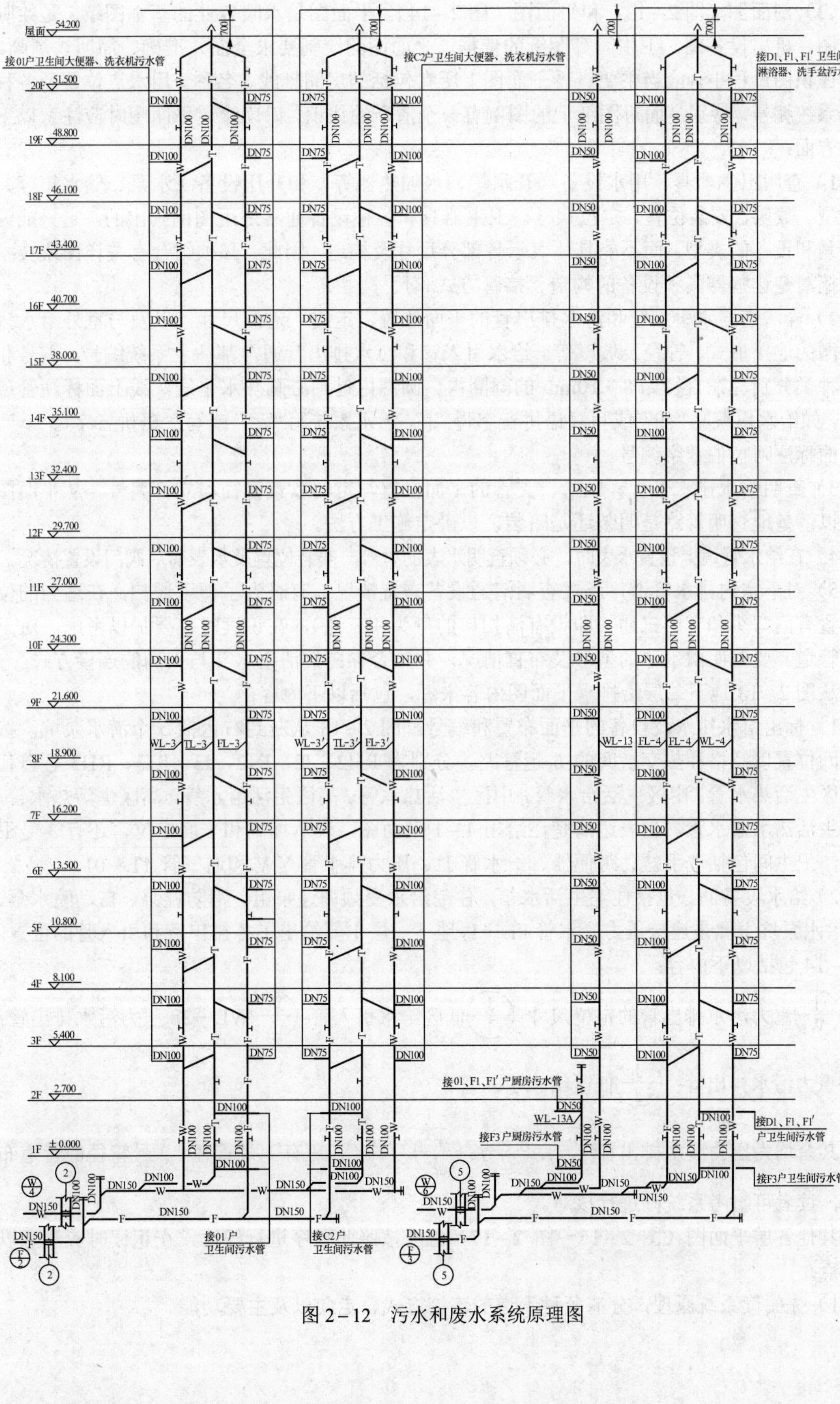

图 2-12 污水和废水系统原理图

（3）剖面图（图 2－13）和平面图（图 2－14）。平面图是水暖专业的基本图纸，是绘制系统图、机房设备图、卫生间等图纸的依据。平面图的绘制要求全面、准确、简明、清晰，因此在识图过程中，应当主要查看平面图上所有包括的房间轴线、名称。用水点位置及各种官道系统编号，特别是面对图纸上的图例有一个清晰的认识。识读管道平面图时应注意以下几个方面：

1）查明卫生器具、用水设备（开水炉、水加热器等）和升压设备（水泵、储水箱等）的类型、数量、安装位置、定位尺寸。卫生器具和各种设备通常是用图例画出的，它只能说明器具和设备的类型，而不能具体表示各部分尺寸及构造，因此，必须结合有关详图或技术资料搞清楚这些器具和设备的构造、接管方式和尺寸。

2）弄清楚给水引入管和污水排出管的平面位置、走向、定位尺寸，以及与室外给水排水管网的连接形式、管径及坡度等。给水引入管和污水排出管通常都注上系统编号，编号和管道种类分别写在直径为 8～10mm 的圆圈内。圆圈内过圆心画一水平线，线上面标注管道种类，如给水系统写“给”或写汉语拼音字母“J”，污水系统写“污”或写汉语拼音字母“w”，线下面标注阿拉伯数字编号。

3）查明给水排水干管、立管、支管的平面位置与走向以及管径与立管编号。从平面图上可以清楚地查明管路是明装还是暗装，以确定施工方法。

4）在给水管道上设置水表时，必须查明水表的型号、安装位置及水表前后阀门设置情况。

5）对于室内排水管道，还要查明清通设备布置情况。有时为了便于通扫，在适当的位置设置有门弯头和有门三通（即设有清扫口的弯头和三通），在识读时也要加以考虑。对于雨水管道，要查明雨水斗的型号及布置情况，并结合详图搞清雨水斗与天沟的连接方式。

从图 2－13 地下二层给排水平面图内容来看，包括以下内容：

1）标出给水排水及设备的平面布置和编号。图 2－13 从左到右包括 5 个潜水泵坑，按交换间位置以及格和热交换间的 6 趟管路，分别为 RH2、J2、RJ2、J3、RJ3、RH3 各自代表中区生活热水管，中区生活给水管，中区生活热水管。高区生活给水管，高区生活热水管，高区生活热水器水管，为表达清楚还给出 1－1 剖面图，表示标高和平面定位，还有 3 号卫生间，卫生间包括洗手盆、蹲便器、给水管 J1、压力排水管 YW 和通气管 TL－01。

2）给水设备间。包括住宅生活水箱，住宅给水变频调速泵组、消防栓泵、自动喷水泵，1 号潜水泵坑主要是连接压力废水管 FL—1，地下一层主要给出了各排出管和引入管的位置，图 2－14 包括以下内容：

$\frac{1}{W}$重力污水排出管的定位尺寸；$\frac{J}{1}$低区给水引入管；$\frac{W}{2}$WL—28 压力污水排出管；

$\frac{W}{3}$重力污水排出管；$\frac{J}{2}$低区给水引入管。

其余均为压力废水排出管$\frac{F}{1}$、$\frac{F}{2}$、$\frac{F}{3}$、$\frac{F}{4}$，还有 1 号管径、2 号管径的管道布置图，读者可参考系统图进行核对。

其他各层平面图（图 2－15～图 2－17）也应按照此顺序进行识读，在识读时应注意以下几点：

1）先阅读系统原理，分清各种管道的连接方式、走向以及主要功能。

2）在熟读系统原理图的基础上，识读平面图，将系统原理图的各种管道、设备附件对应到平面图上，弄清它们在平面图上的具体位置和关系在阅读过程中尤其应当注意各种设备和管道的定位尺寸，包括预留空洞的位置、大小等。

3）弄清引入管、排水管、水泵接口器等与建筑物的定位尺寸，注意穿建筑物外墙管道的标高、防水套管的形式等，同时结合局部放大平面图，来认识给、排水设备及管道较多的位置如泵房、水池、水箱间、热交换器站、水处理间等。

总之，在识图平面上，一定要结合系统原理图来看，应当反复阅读，最后将系统形成一个空间的立体图，这样对施工会有很大的帮助。

（4）系统图。给水排水管道系统图主要表明管道系统的立体走向。识读时应注意：

1）查明给水管道系统的具体走向，干管的敷设形式，管径尺寸及其变化情况，阀门的设置，引入管、干管及各支管的标高。

2）查明排水管道系统的具体走向、管路分支情况、管径尺寸与横管坡度、管道各部标高、存水弯形式、清通设备设置情况、弯头及三通的选用等。

3）系统图上对各楼层标高都有标明，识读时可据此分清管路是属于哪一层的。民用建筑的明装给水管通常采用管卡安装，识读时应清楚管卡的规格及安装方式。给排水管道轴测图给出了标准厨房和标准卫生间的管道系统轴测图，从图上可以很清楚地看到给水、排水管道的走向，同时图上给出了各种管道的管径、坡度和标高。识图时应当注意应当结合文字说明部分，从而从整体上把握图上内容。

（5）放大平、剖面图（图 2－18～图 2－23）。给排水放大平、剖面图主要是针对给水加压泵房、热力站换热间、净水处理后二次升压泵房等，一般平面图难以表达清楚其管道、设备的位置、走向而绘制的，因为这些图是向建筑、结构、暖通空调和电气提供设计配合资料的依据，所以这些图一般都十分准确和详细。

从图 2－18～图 2－23 上该水泵房水池平面放大图可以看出，图上主要画出了给水设备房间的各种设备和管道连接方式，包括住宅生活水箱，住宅给水变频调速泵组、消防栓泵、自动喷水泵、隔膜式气压水罐等。同时，还给出了各台水泵的相对位置，生活水箱和集水池的具体位置和做法等。具体如下；

1）3 台住宅给水变频调速泵组⒈Ⓐ⒈Ⓑ⒈Ⓒ，隔膜式气压水罐②，紫外线消毒器③，消火栓给水泵④Ⓐ④Ⓑ，自动喷水给水泵⑤Ⓐ⑤Ⓑ，潜水排水泵⑥Ⓐ⑥Ⓑ，超压池压阀⑦，生活生活水池一座，消防水池一座，3 号排水集水池一个。

另外该图 2－18 给出了各种管道与设备、水池等相互接管和标高入口关系、定位尺寸、标准管径、附件或预留接管的位置尺寸，具体如下：

2）从生活水池上来的给水管道 J1（DN150）先经过紫外线消毒后进入该水变频水泵⒈Ⓐ②Ⓐ③Ⓐ的吸入管，压出后成为 J3（DN100）经过气压水罐②的空压后变径为 DN80，接 3 区热水交换器给水管。

3）剖面图上一般给出水池的高度、形状、池壁厚度、最低水位、进出水池各种管道的标高、同时还给出设备、水池外形与建筑、结构的空间关系、设备基础的形式和厚度、地面排水沟截面形式等。

4）图 2－19 和图 2－20 可以看出，生活水池和消防水池的标高为－5.950m，包括与之连接的各种管道的标高，阀门的安装高度，隔膜式气压水罐、紫外线消毒器、潜水排污泵和

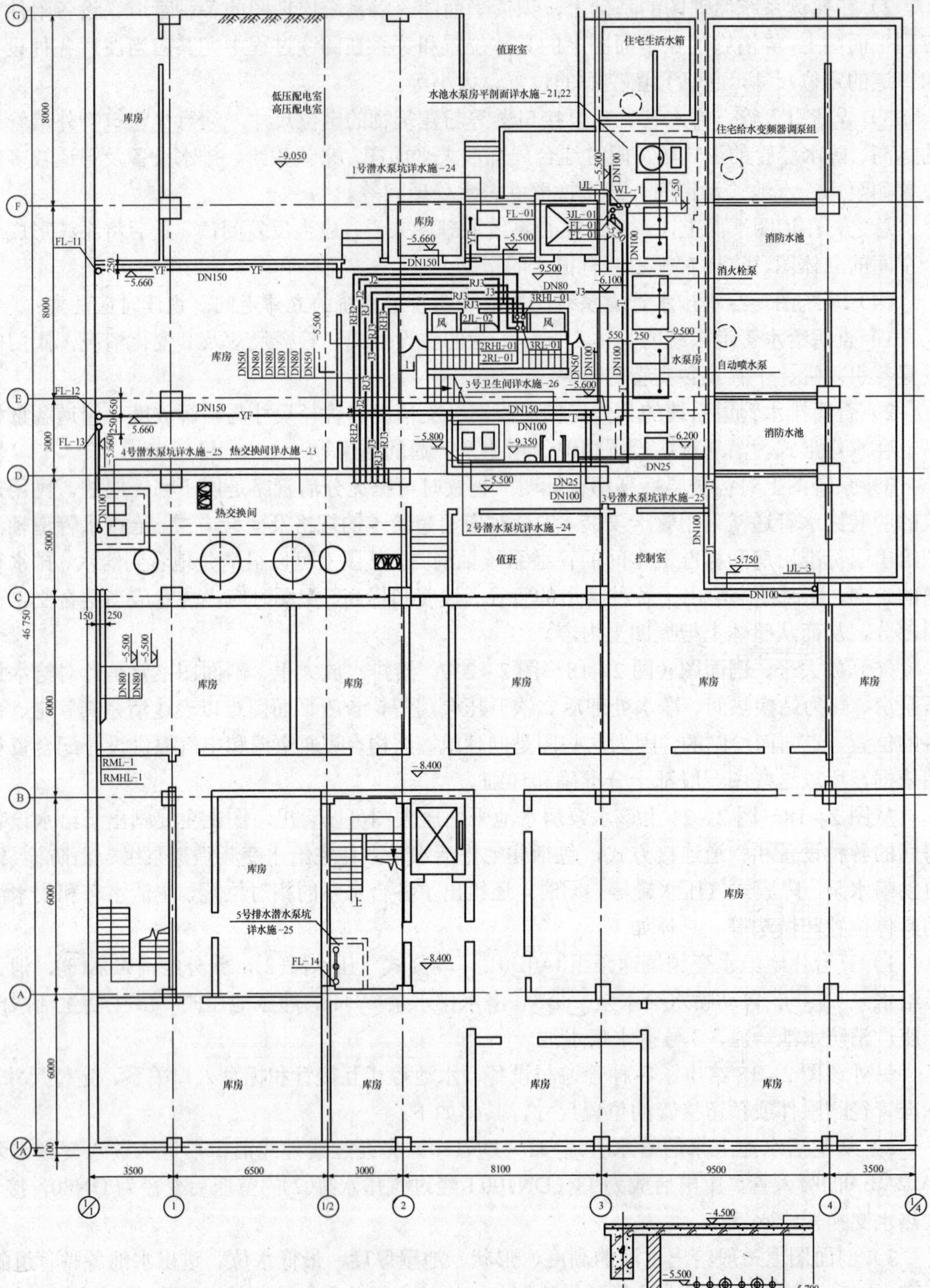

图 2-13　地下二层给排水剖面图

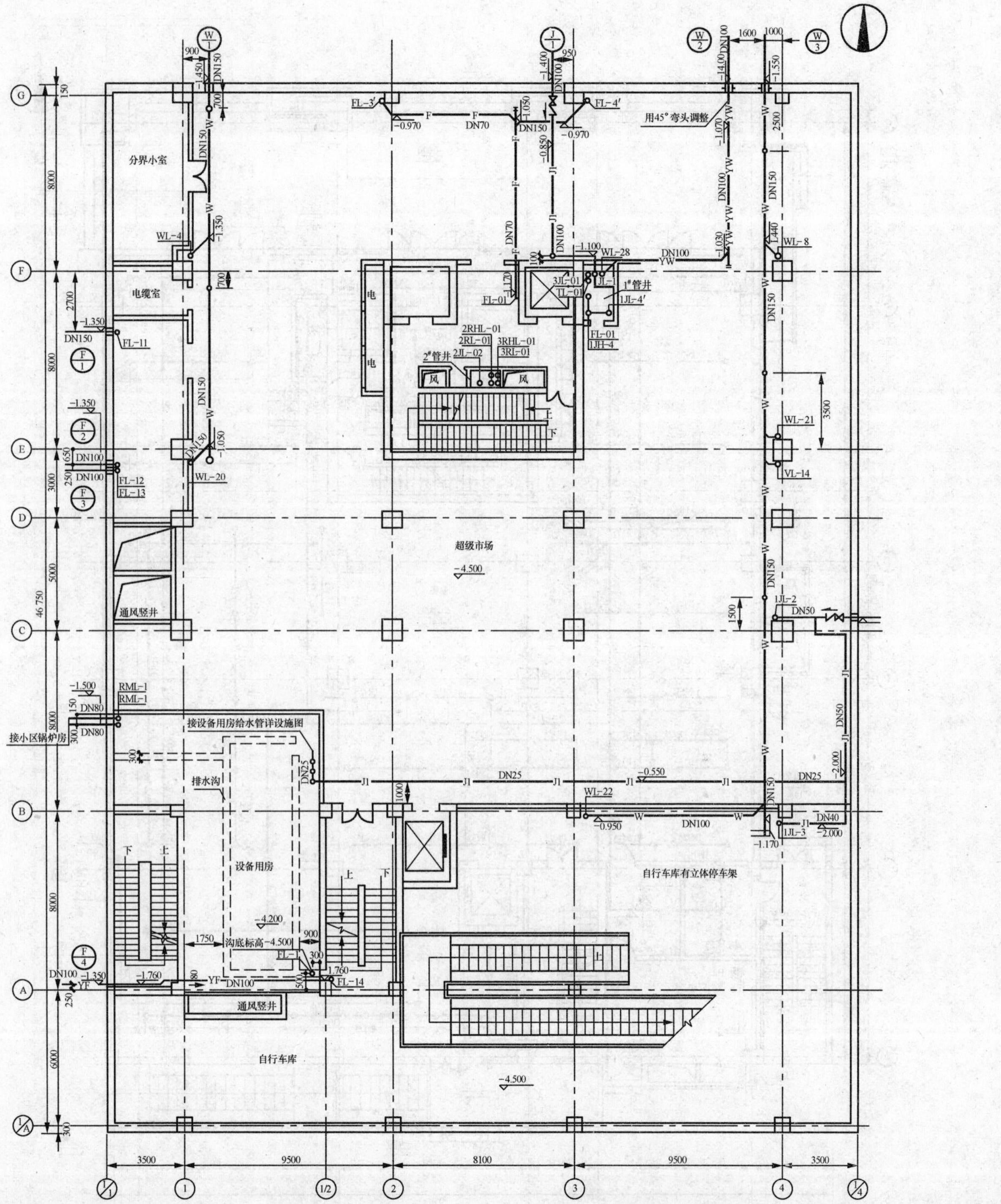

附注：

1. 压力排出管道上的清扫口采用法兰盖板，并衬橡胶垫。
2. 排出管穿梁预留套管，标高误差只允许负误差。
3. 自行车库的所有管道均采用50mm厚密度管道进行保温。

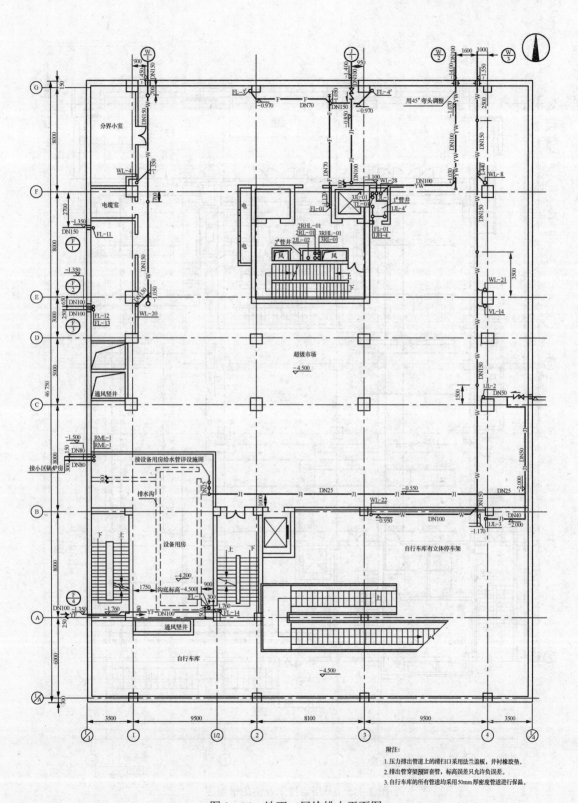

图 2－14　地下一层给排水平面图

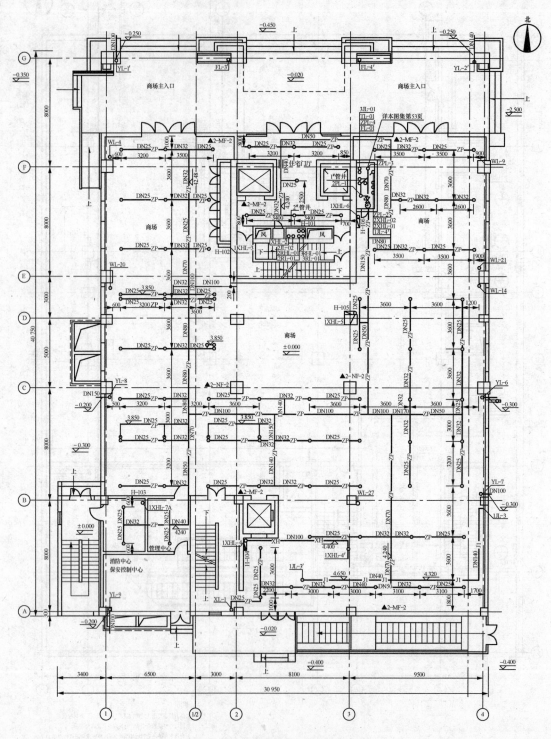

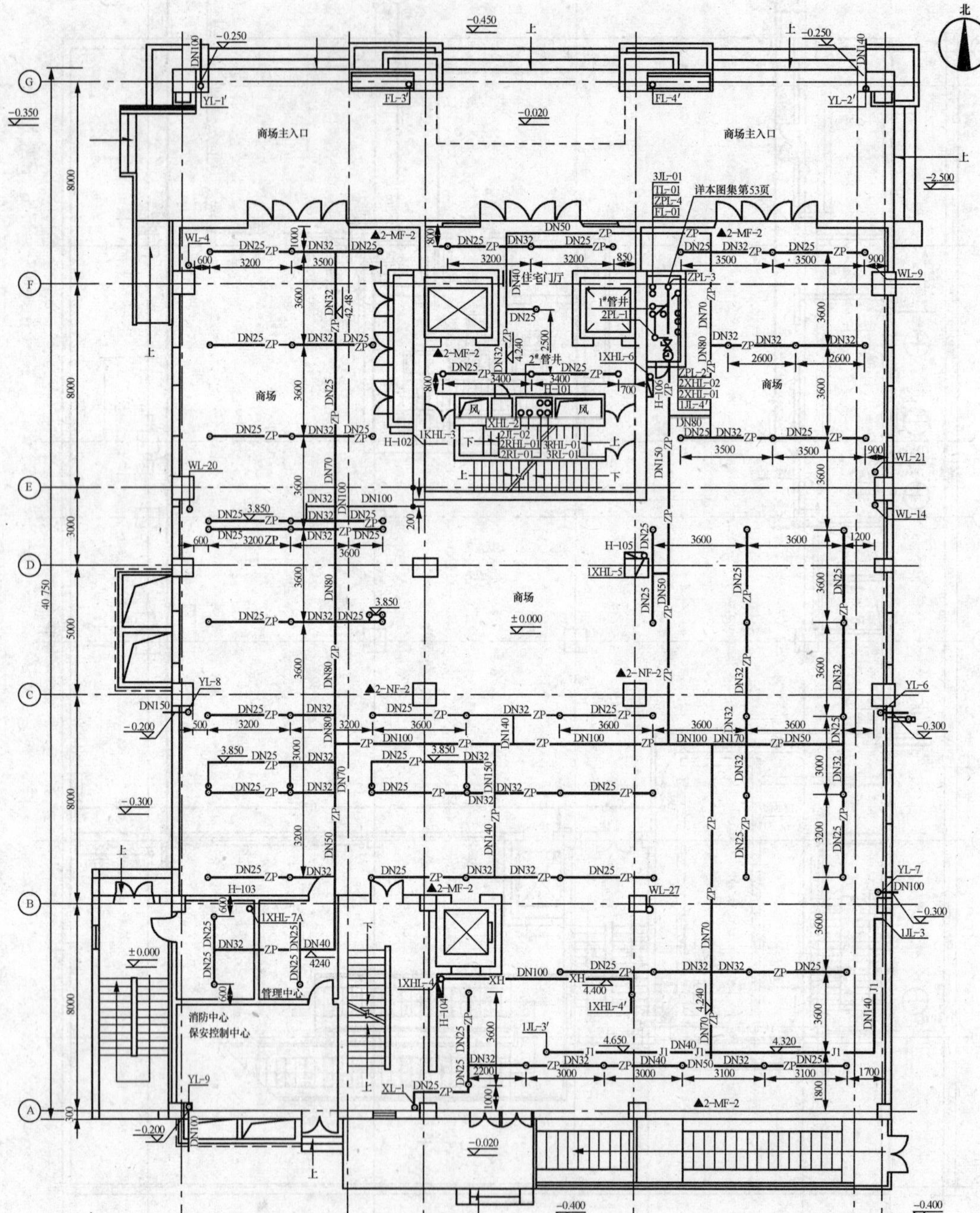

图 2-15　一层给排水及消防平面图

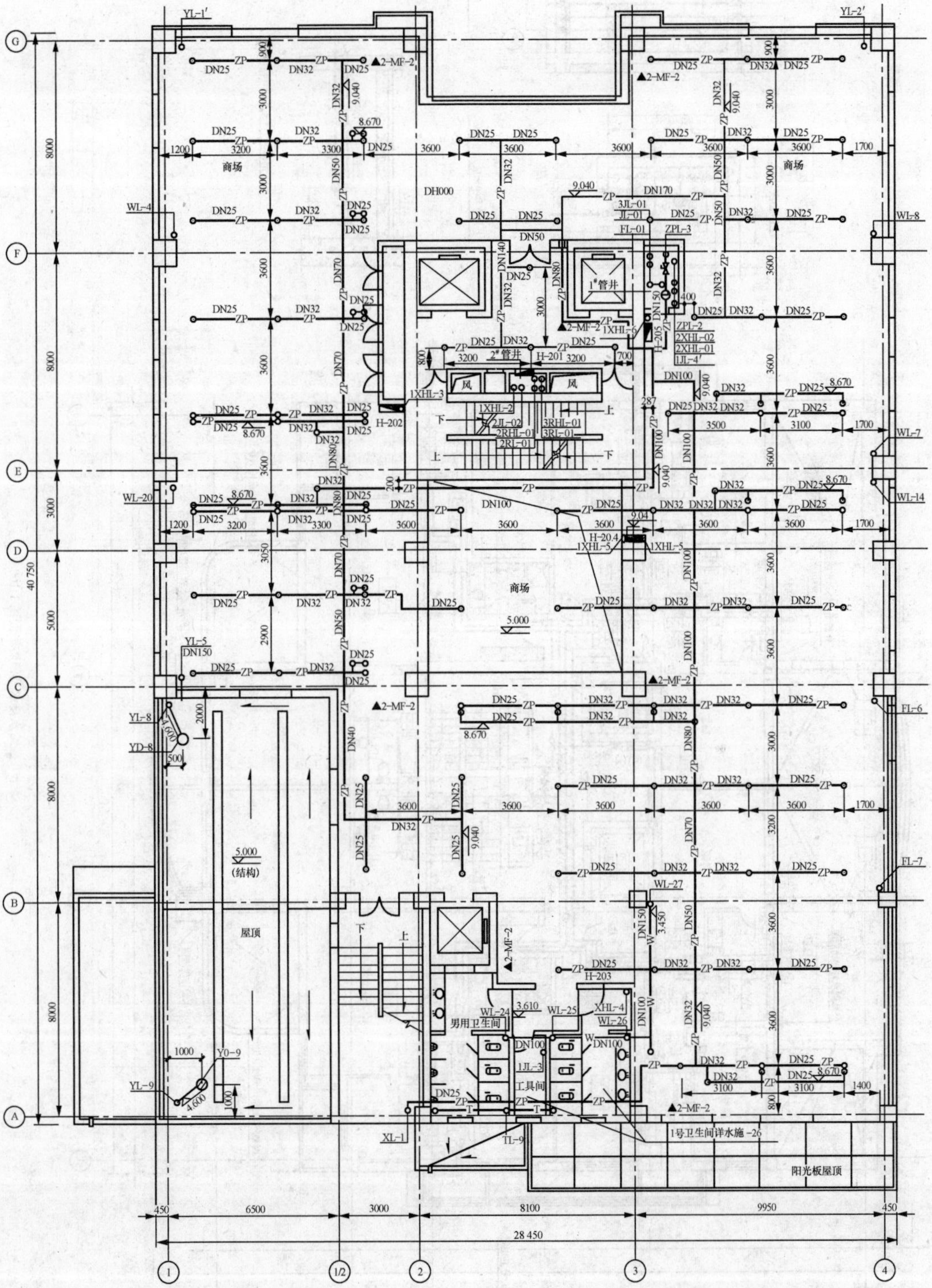

图 2－16　二层给排水及消防平面图

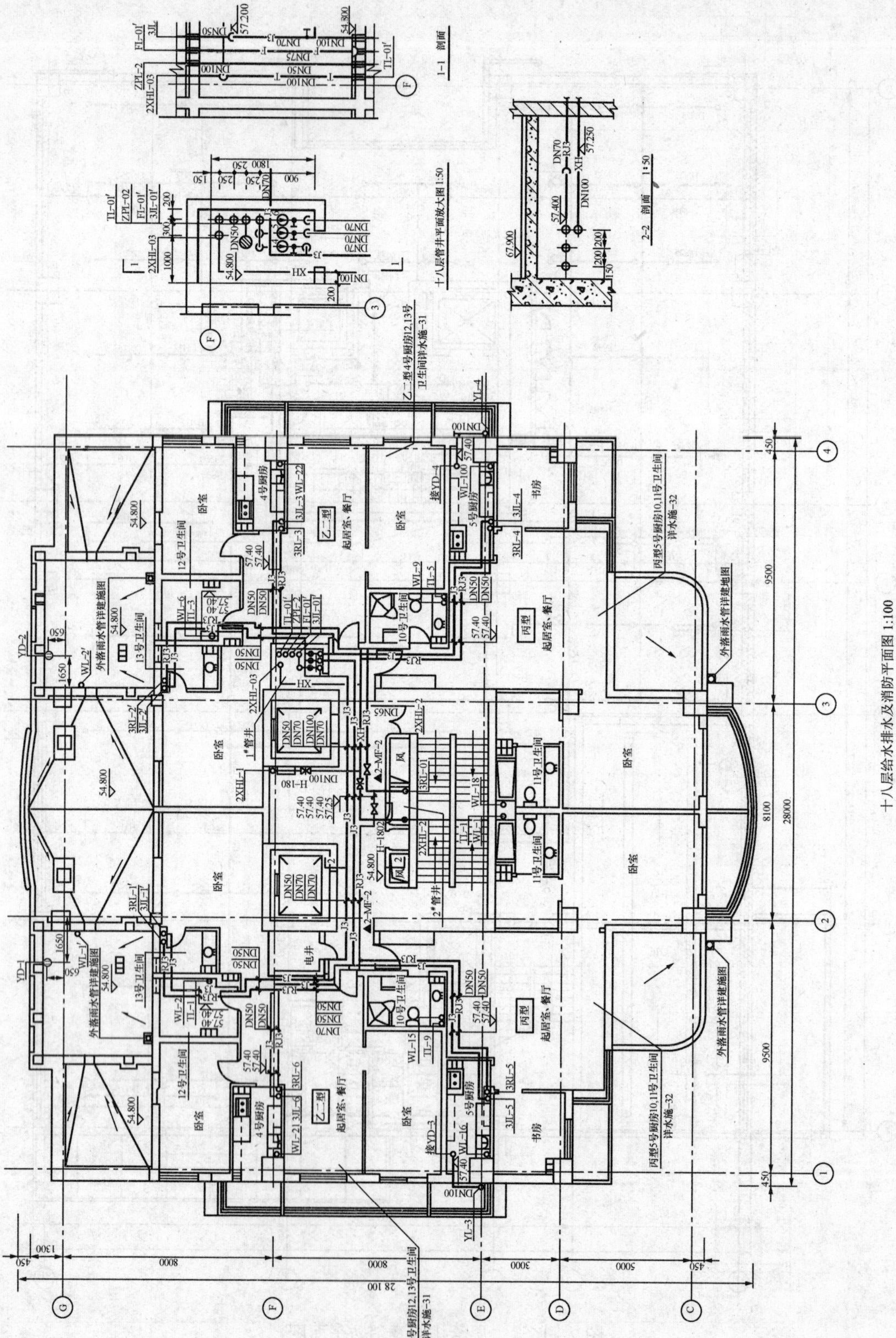

图 2-17　十八层给排水及消防平面图

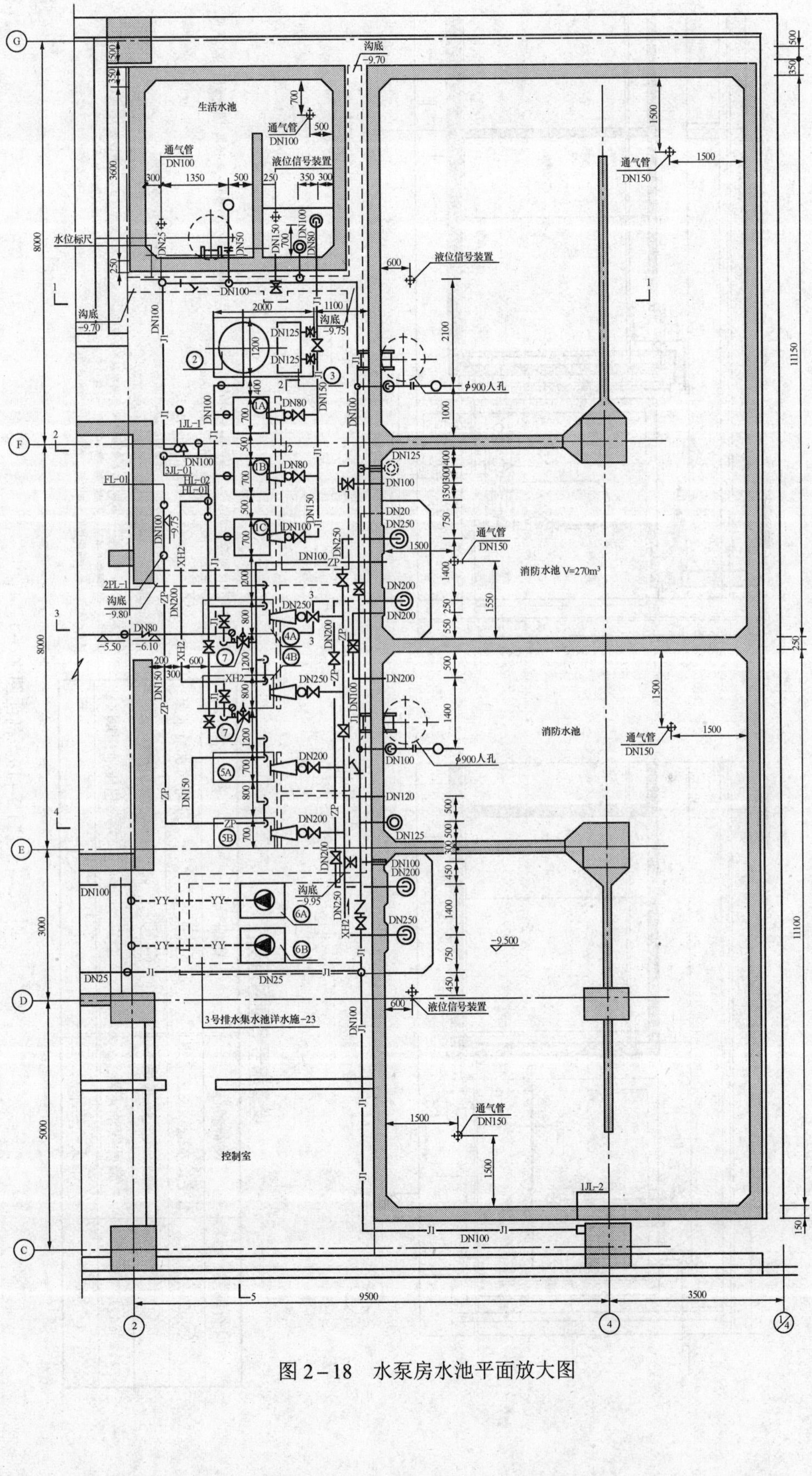

图 2－18　水泵房水池平面放大图

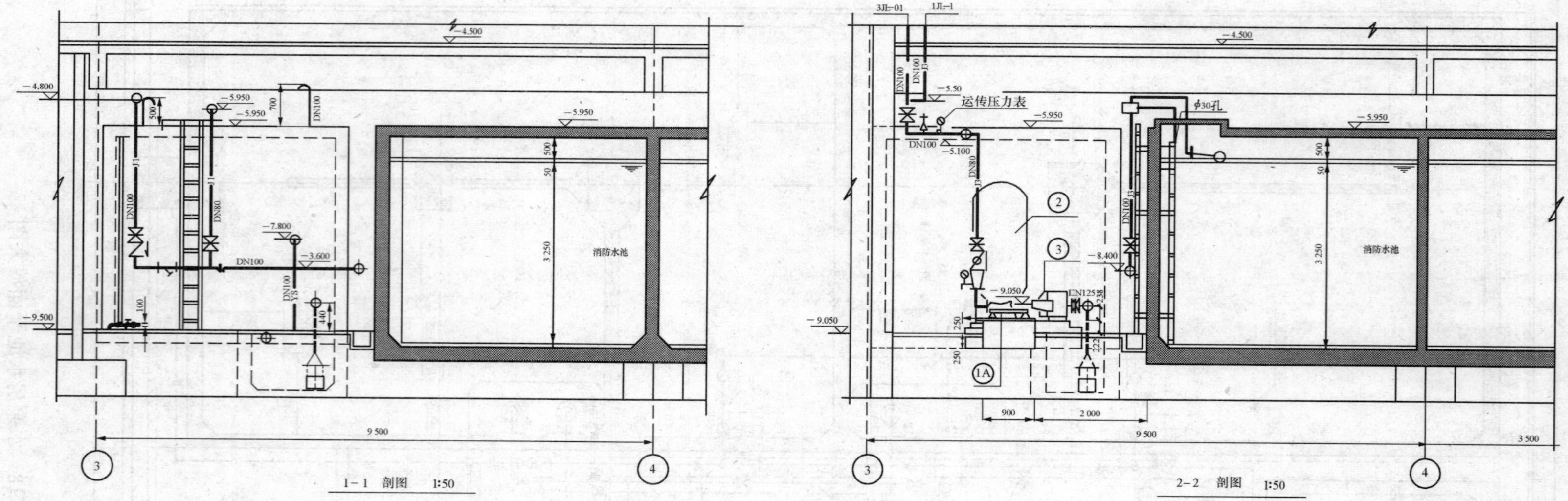

设备编号名称对照表

设备编号	设备名称	设备编号	设备名称
1A 1B 1C	住宅给水变频调速泵组	5A 5B	自动喷水给水泵
2	隔膜式气压水罐	6A 6B	潜水排污泵
3	紫外线消毒器	7	超压泄压阀
4A 4B	消火栓给水泵		

附注：

1.消防水池爬梯预埋件应在水池施工同时预埋，爬梯按国标 96S821/12-11《铁梯大样图》进行施工安装，水池内爬梯采用不锈钢爬梯。
2.水池做完水压试验后，池内壁及池内管道、金属附件刷瓷釉涂料。
3.通气管按国标 02S403/98《弯管型通气管》进行施工。
4.溢流喇叭口吊架安装按国标 04S803《圆形钢筋混凝土蓄水池》中有关穿墙管及水管吊架的内容进行。
5.人孔盖板采用FRK-90 型圆形带锁防水防臭密封铸铁井盖。
6.住宅给水泵组基础隔振器由水泵生产厂配套提供。所有水泵基础应以实际到货的水泵底座尺寸及隔振器型号预埋地脚螺栓。
7.泵房内管道采用弹性吊架、弹性托架、弹性支架，弹性吊架安装详国标03S402《室内管道支架及吊架》。
8.排水沟和设备基础做法详见建施图纸。液位信号装置由电专业选型。

图 2-19　剖面图（一）

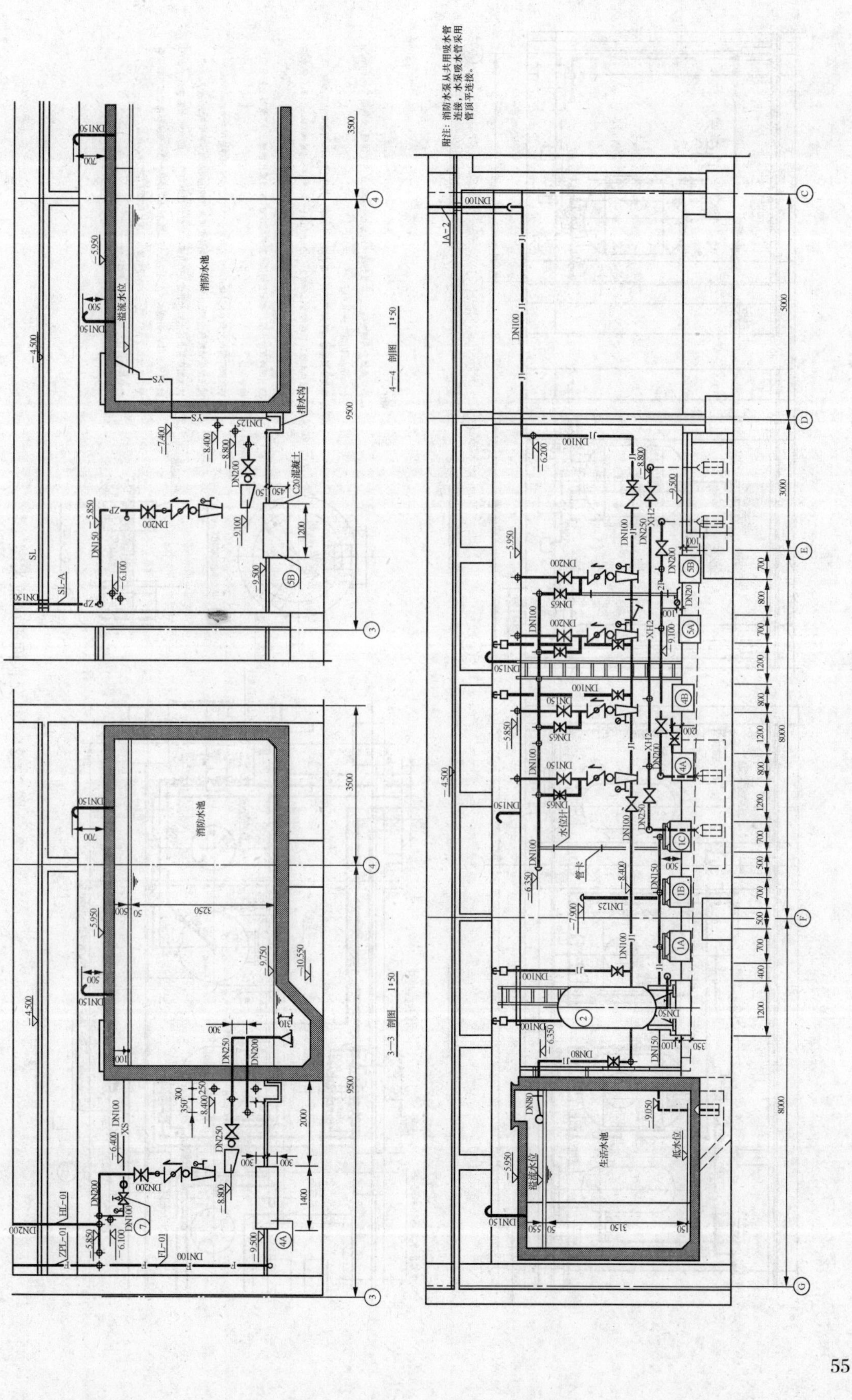
附注：消防水泵从共用吸水管连接，水泵吸水管采用管顶平连接。
3—3 剖图 1:50
4—4 剖图 1:50
消防水池
生活水池
溢流水位
低水位
排水沟
C20混凝土
水位计
管卡

图 2-20　剖面图（二）

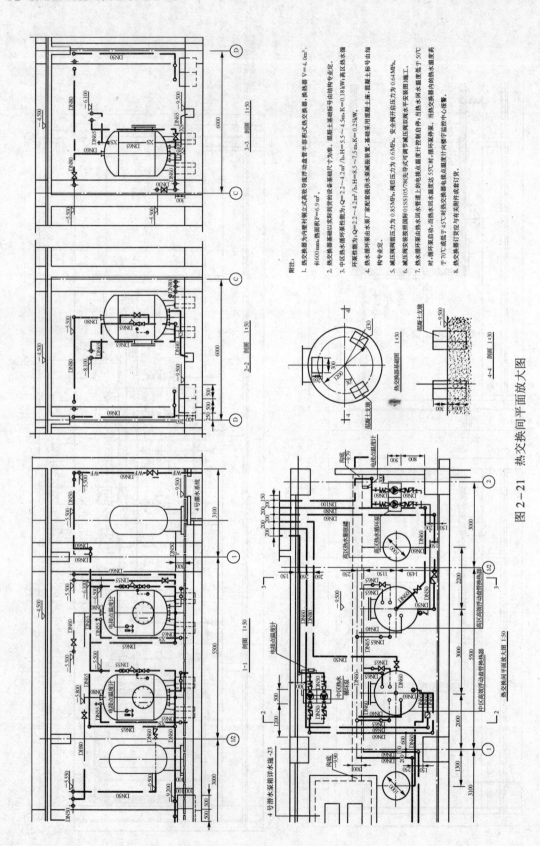

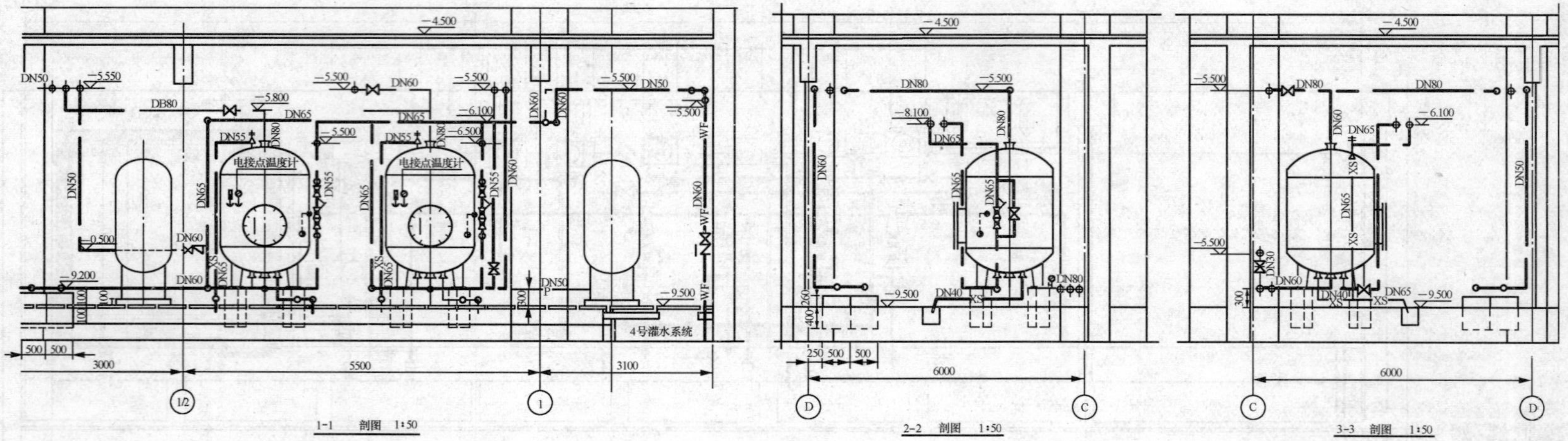

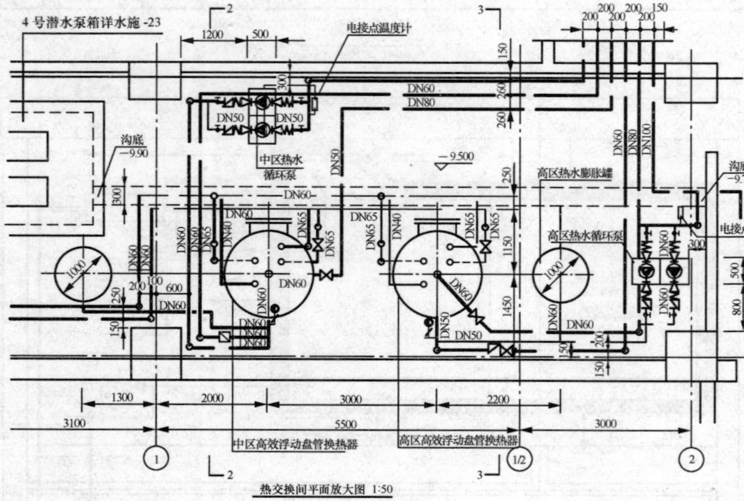

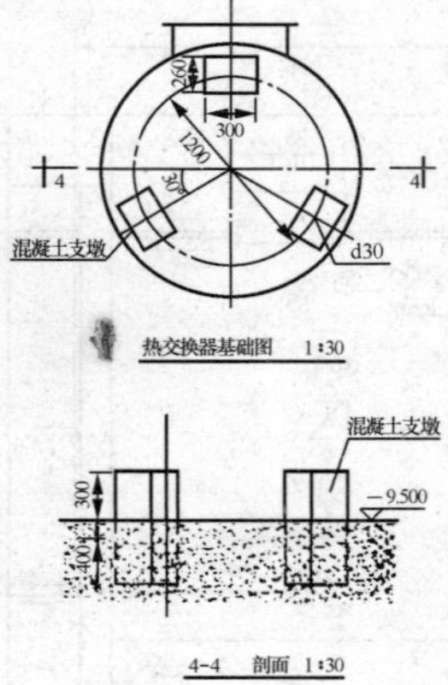

附注：

1. 热交换器为内壁衬铜立式高效导流浮动盘管半容积式热交换器，换热器 V=4.0m³，ϕ1600mm，热面积F=6.9m²。
2. 热交换器基础以实际到货的设备基础尺寸为准。混凝土基础标号由结构专业定。
3. 中区热水循环泵性能为：Q=2.2～4.2m³/h，H=5.5～4.5m，K=0.18kW；高区热水循环泵性能为：Q=2.2～4.2m³/h，H=8.5～7.5m，K=0.25kW。
4. 热水循环泵由水泵厂家配套提供水泵减振装置，基础采用混凝土座，混凝土标号由结构专业定。
5. 减压阀阀前压力为 0.85MPa，阀后压力为 0.6MPa。安全阀开启压力为 0.64MPa。
6. 减压阀安装按照国际01SS105/78(先导式可调节减压阀双阀水平安装图)施工。
7. 热水循环泵由热水回水管道上的电接点温度计控制启停；当热水回水温度低于 50℃时，循环泵启动，当热水回水温度达 55℃时，循环泵停泵。当热交换器内的热水温度高于70℃或低于45℃时热交换器电接点温度计向楼宇监控中心报警。
8. 热交换器订货应与有关附件成套订货。

图 2-21 热交换间平面放大图

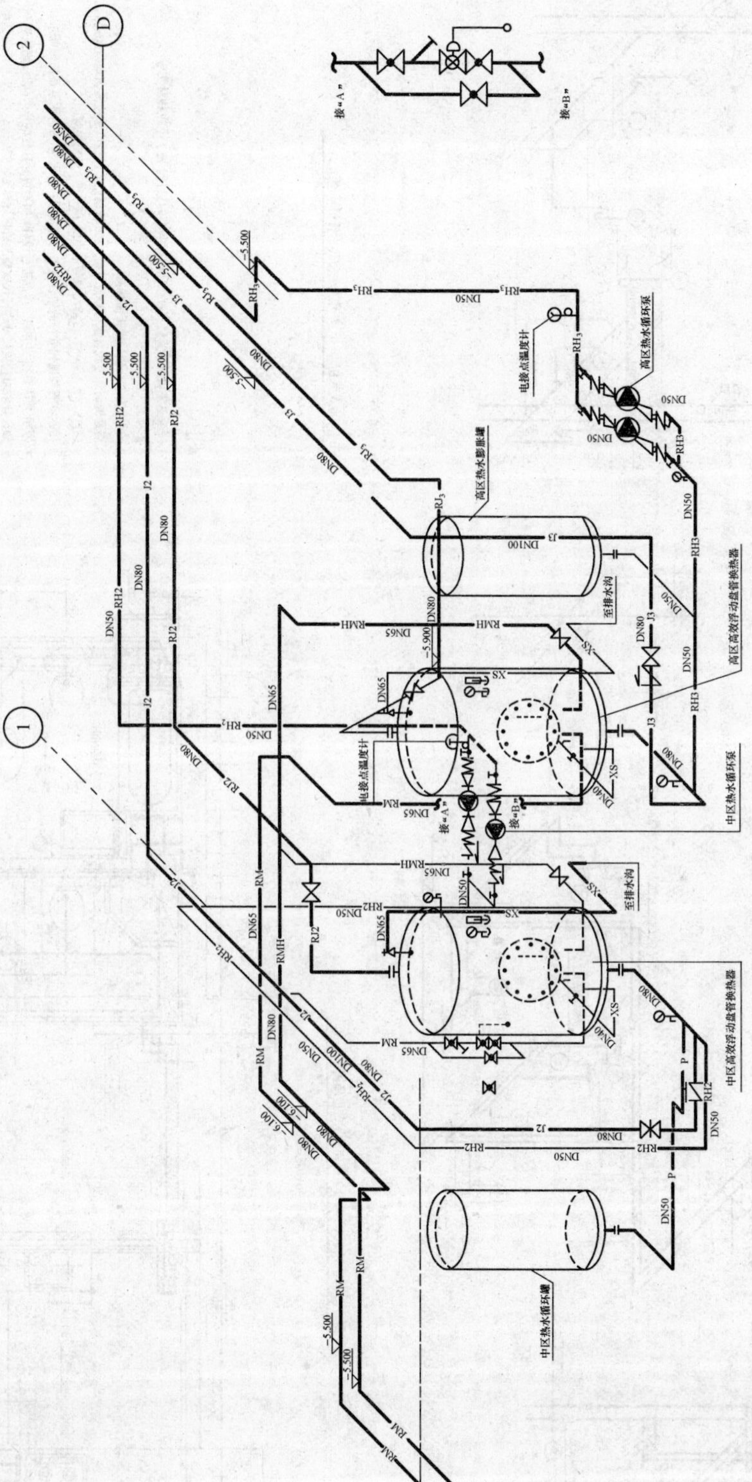

图 2-22　热交换间设备及管道系统图

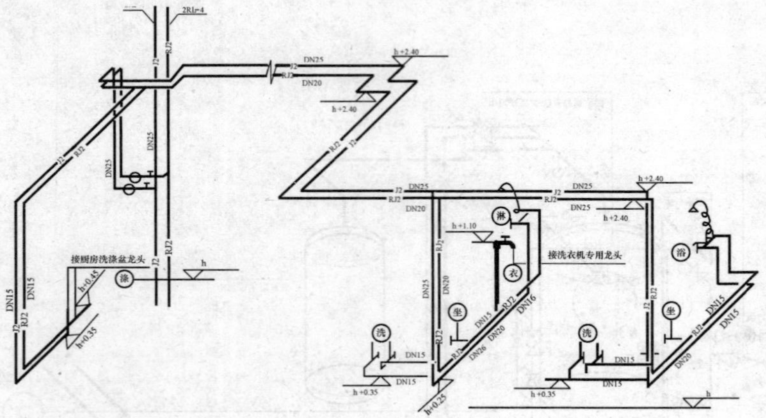

丙一型 3 号厨房、6、7 号卫生间给水管道轴测图 1:30

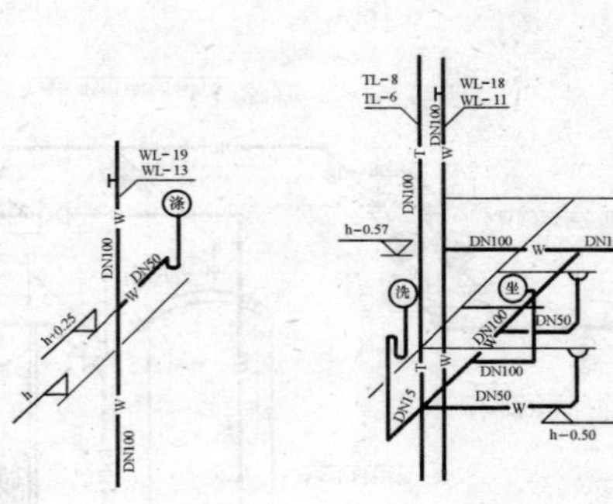

丙一型 3 号厨房、6、7 号卫生间污水管道轴测图 1:30

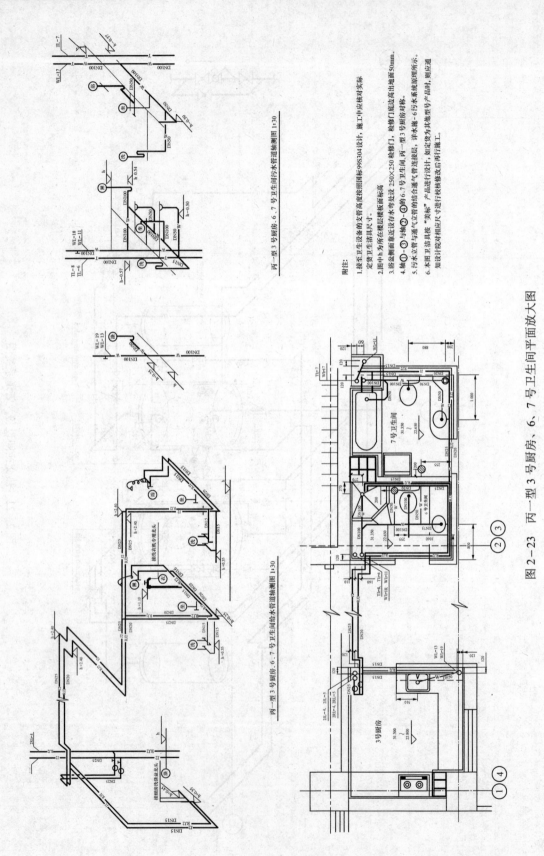

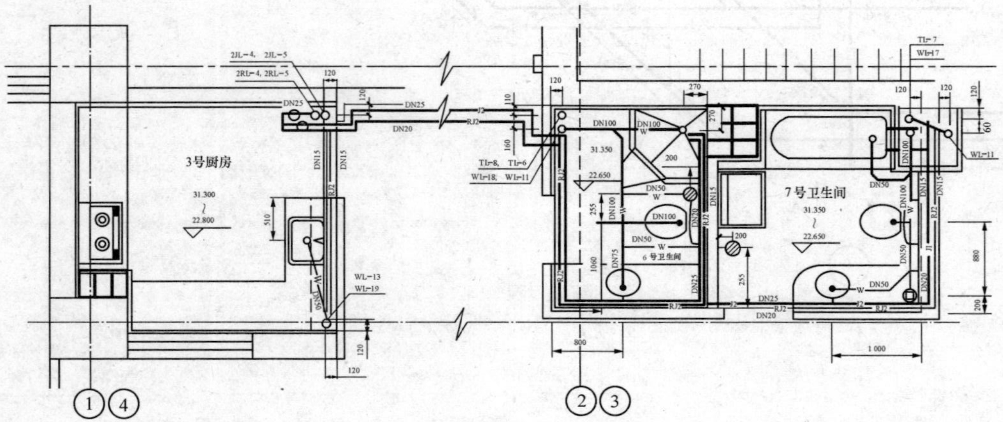

附注：

1.接至卫生设备的支管高度按照国标99S304设计，施工中应核对实际定货卫生洁具尺寸。

2.图中h为所在楼层楼板面标高

3.浴盆侧面靠近设存水弯处设 250×250 检修门，检修门底边高出地面50mm。

4.轴①-③与轴②-④的6、7号卫生间、丙一型3号厨房对称。

5.污水立管与通气立管的结合通气管连接层，详水施-6污水系统原理所示。

6.本图卫洁具按“美标”产品进行设计，如定货为其他型号产品时，则应通知设计院对相应尺寸进行校核修改后再行施工。

图 2-23　丙一型 3 号厨房、6、7 号卫生间平面放大图

消火栓给水泵等设备的安装高度。这些剖面图在反映水泵房水池各种管道和设备在空间上相互的位置关系起到了很好的补充作用。

同样，对于热交换间设备及管道图也一样，先看热交换间设备及管道轴侧图，具体如下：

1）图 2－22 包括 2 个高频浮动盘管换热器，2 个热水膨胀罐，锅炉房上来的热水管道 RM（DN65）接入到浮动盘管换热器，换热后由 RMH（DN65）管道返回到锅炉房，给水管道 J2、J3 分别选中区和高区换热器补水，RJ2 和 RH2 分别是中区热水的供回水管道 RJ3 和 RH3 是高区热水的供回水管道，在 RH2 和 RH3 回水管道上各装了两台热水循环泵、两个膨胀热水罐分别吸水，两个区多余的热水量在适当的时候补充系统的热水量。

2）图 2－21 热交换间平面放大图上则给出了热水换热间各种管道和设备的具体位置。

3）图 2－21 剖面图则给出了各种管道和设备的具体标高和连接形式，这里需要强调的是，设备间的平、剖面放大图由于管路多走向复杂必须结合在一起看，才能搞清楚各管道的空间走向，同时在看图时也要一趟管路一趟管路的找，这样才能将各种管道关系对应出来。

《《 第3章

空调通风安装工艺识图

在暖通空调工程设计与施工人员掌握了相关的制图和安装知识后，就可以根据这些基本常识进行系统的设计和施工，设计人员利用已有的设计规范要求进行计算，利用已有的图形符号进行图纸设计，施工人员根据已经经过会审的图纸进行施工，并根据相关的施工验收规范进行安装并最终通过验收交付使用。而实现这一过程的主要步骤就是施工图纸的识读，在这一过程中，施工图纸的正确与否关系到整个施工过程能否顺利实施，这就要求设计者将自己的设计内容用图纸表达出来，并且能够为人所读懂，同时要求施工者能根据图纸内容进行施工，最终实现设计者意图。

3.1 空调通风施工图常用图形符号

1. 一般规定

（1）管道、管路附件和管线设施的代号应用大写英文字母表示。

（2）不同的管道应用代号及管道规格来区别。管道采用单线绘制且根数较少时，可采用不同线型加注管道规格来区别，但应列出所用线型并加以注释。

（3）同一工程图样中所采用的代号和图形符号宜集中列出，并加以注释。

2. 管道代号

管道代号应符合表3-1的规定。

表3-1 水、汽管道代号

序号	代号	管道名称	备注
1	RG	采暖热水供水管	可附加1、2、3等表示一个代号、不同参数的多种管道
2	RH	采暖热水回水管	可通过实线、虚线表示供、回关系省略字母G、H
3	LG	空调冷水供水管	—
4	LH	空调冷水回水管	—
5	KRG	空调热水供水管	—
6	KRH	空调热水凹水管	—
7	LRG	空调冷、热水供水管	—
8	LRH	空调冷、热水回水管	—
9	LQG	冷却水供水管	—

续表

序号	代号	管道名称	备　注
10	LQH	冷却水回水管	—
11	n	空调冷凝水管	—
12	PZ	膨胀水管	—
13	BS	补水管	—
14	X	循环管	—
15	LM	冷媒管	—
16	YG	乙二醇供水管	—
17	YH	乙二醇回水管	—
18	BG	冰水供水管	—
19	BH	冰水回水管	—
20	ZG	过热蒸汽管	—
21	ZB	饱和蒸汽管	可附加 1、2、3 等表示一个代号、不同参数的多种管道
22	Z2	二次蒸汽管	—
23	N	凝结水管	—
24	J	给水管	—
25	SR	软化水管	—
26	CY	除氧水管	—
27	GG	锅炉进水管	—
28	JY	加药管	—
29	YS	盐溶液管	—
30	XI	连续排污管	—
31	XD	定期排污管	—
32	XS	泄水管	—
33	YS	溢水（油）管	—
34	R_1G	一次热水供水管	—
35	R_1H	一次热水回水管	—
36	F	放空管	—
37	FAQ	安全阀放空管	—
38	O1	柴油供油管	—
39	O2	柴油回油管	—
40	OZ1	重油供油管	—
41	OZ2	重油回油管	—
42	OP	排油管	—

3. 空调通风施工图图例符号

（1）符号。风管道施工图常用代号见表3-2。

表3-2　　风管道施工图常用代号

序号	代号	管道名称	备　注
1	SF	送风管	—
2	HF	回风管	一、二次回风可附加1、2区别
3	PF	排风管	—
4	XF	新风管	—
5	PY	消防排烟风管	—
6	ZY	加压送风管	—
7	P（Y）	排风排烟兼用风管	—
8	XB	消防补风风管	—
9	S（B）	送风兼消防补风风管	—

（2）图例。

1）风道、阀门及附件的图例宜按表3-3。

表3-3　　风道、阀门及附件图例

序号	名称	图例	备注
1	矩形风管	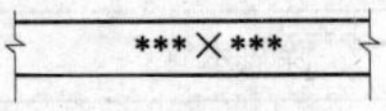	宽×高（mm）
2	圆形风管		φ直径（mm）
3	风管向上	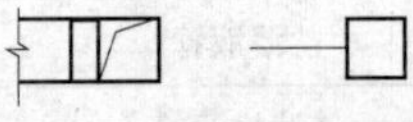	—
4	风管向下	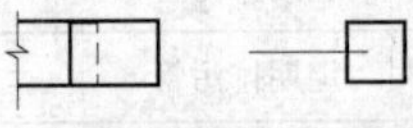	—
5	风管上升摇手弯	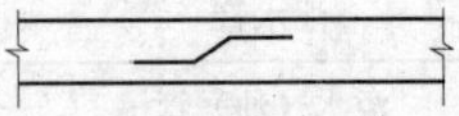	—
6	风管下降摇手弯	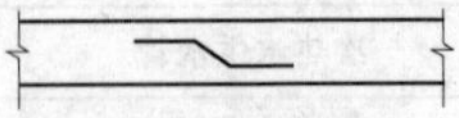	—
7	天圆地方	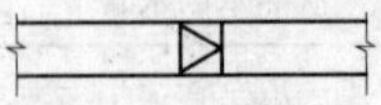	左接矩形风管，右接圆形风管
8	软风管		—
9	圆弧形弯头		—
10	带导流片的矩形弯头		—
11	消声器	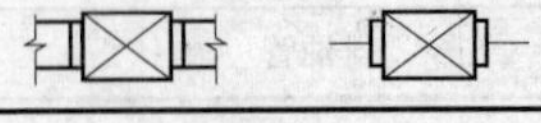	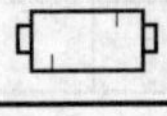

续表

序号	名称	图例	备注
12	消声弯头		—
13	消声静压箱		—
14	风管软接头	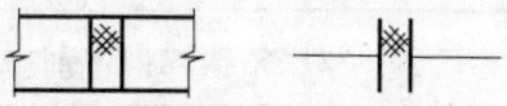	—
15	对开多叶调节风阀	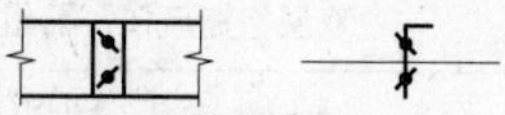	—
16	蝶阀	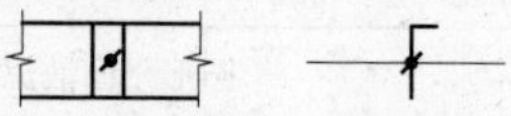	—
17	插板阀	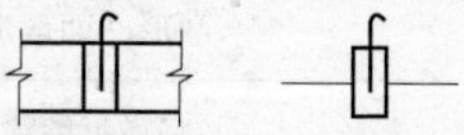	—
18	止回风阀	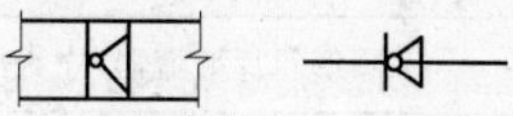	—
19	余压阀	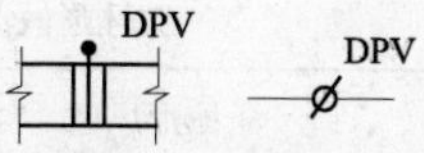	—
20	三通调节阀	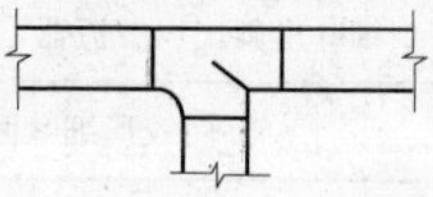	—
21	防烟、防火阀	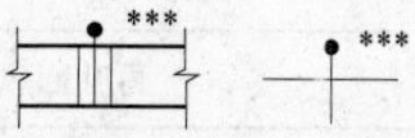	***表示防烟、防火阀名称代号，代号说明另见附录 A 防烟、防火阀功能表
22	方形风口	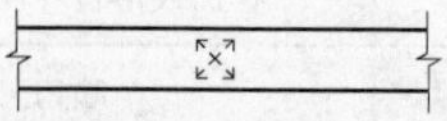	—
23	条缝形风口		—
24	矩形风口	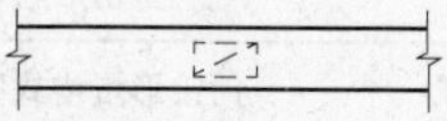	—
25	圆形风口		—
26	侧面风口	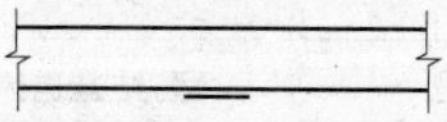	—
27	防筒百叶	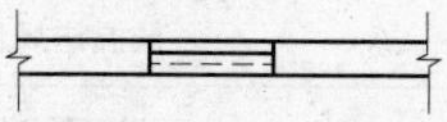	—
28	检修门	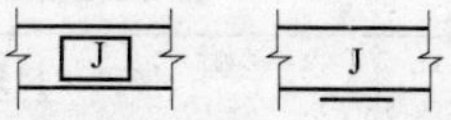	—
29	气流方向		左为通用表示法，中表示送风，右表示回风
30	远程手控盒		防排烟用
31	防雨罩	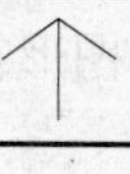	—

2）风口和附件代号见表 3-4。

表 3-4　风口和附件代号

序号	代号	图例	备注
1	AV	单层格栅风口，叶片垂直	—
2	AH	单层格栅风口，叶片水平	—
3	BV	双层格栅风口，前组叶片垂直	—
4	BH	双层格栅风口，前组叶片水平	—
5	C*	矩形散流器，*为出风面数量	—
6	DF	圆形平面散流器	—
7	DS	圆形凸面散流器	—
8	DP	圆盘形散流器	—
9	DX*	圆形斜片散流器，*为出风面数量	—
10	DH	圆环形散流器	—
11	E*	条缝形风口，*为条缝数	—
12	F*	细叶形斜出风散流器，*为出风面数量	—
13	FH	门铰形细叶回风口	—
14	G	扁叶形直出风散流器	—
15	H	百叶回风口	—
16	HH	门铰形百叶回风口	—
17	J	喷口	—
18	SD	旋流风口	—
19	K	蛋格形风口	—
20	KH	门铰形蛋格式回风口	—
21	L	花板回风口	—
22	CB	自垂百叶	—
23	N	防结露送风口	冠于所用类型风口代号前
24	T	低温送风口	冠于所用类型风口代号前
25	W	防雨百叶	—
26	B	带风口风箱	—
27	D	带风阀	—
28	F	带过滤网	—

3）阀门、控制元件和执行机构的图形符号见表 3-5。

表 3-5　　　　阀门、控制元件和执行机构的图形符号

名称	图形符号	名称	图形符号
阀门（通用）		快速排污阀	
截止阀		疏水器	
节流阀		烟风管道手动调节阀	
球阀		烟风管道蝶阀	
减压阀		烟风管道插板阀	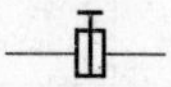
安全阀（通用）		插板式煤闸门	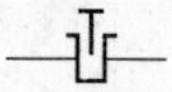
角阀		插管式煤闸门	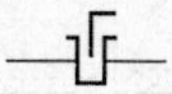
三通阀		呼吸阀	
四通阀		自力式压力调节阀	
止回阀（通用）		自力式温度调节阀	
升降式止回阀		自力式压差调节阀	
旋启式止回阀		手动执行机构	
调节阀（通用）		自动执行机构（通用）	
旋塞阀		电动执行机构	
隔膜阀		电磁执行机构	
闸阀		气动执行机构	
蝶阀		液动执行机构	
柱塞阀		浮球元件	
平衡阀		重锤元件	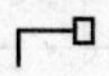
底阀	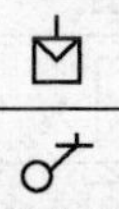	弹簧元件	
浮球阀			

注：1. 阀门（通用）图形符号是用于在一张图中不需要区别阀门类型的情况。

2. 减压阀图形符号的小三角形为高压端。

3. 止回阀（通用）和升降式止回阀图形符号表示介质由空白三角形流向非空白三角形。

4. 旋启式止回阀图形符号表示介质由黑点流向无黑点方向。

5. 呼吸阀图形符号表示左进右出。

4. 空调通风设备

空调通风设备的图例宜按表 3-6 采用。

表 3-6　空调通风设备图例

序号	名称	图例	备注
1	散热器及手动放气阀	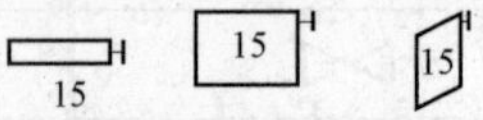	左为平面图画法，中为剖面图画法，右为系统图（Y 轴侧）画法
2	散热器及温控阀	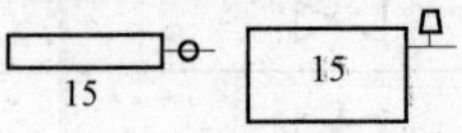	—
3	轴流风机	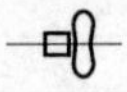	—
4	轴（混）流式管道风机	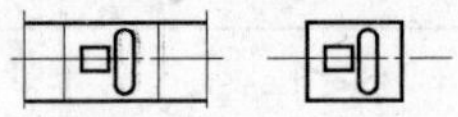	—
5	离心式管道风机	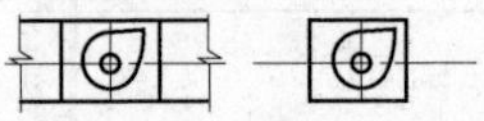	—
6	吊顶式排气扇	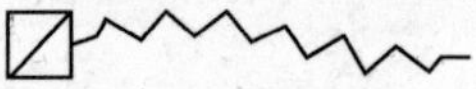	—
7	水泵	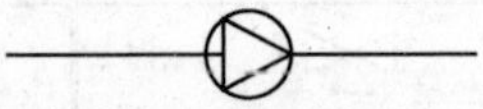	—
8	手摇泵	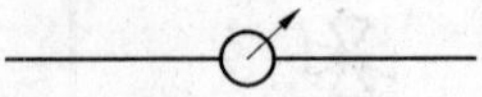	—
9	变风量末端	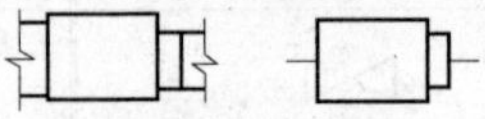	—
10	空调机组加热、冷却盘管		从左到右分别为加热、冷却及双功能盘管
11	空气过滤器		从左至右分别为粗效、中效及高效
12	挡水板		—
13	加湿器		—
14	电加热器		—
15	板式换热器	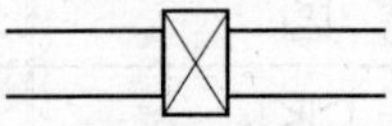	—
16	立式明装风机盘管		—
17	立式暗装风机盘管		—
18	卧式明装风机盘管	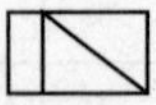	—
19	卧式暗装风机盘管	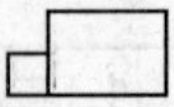	—
20	窗式空调器	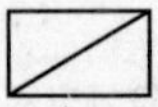	—
21	分体空调器	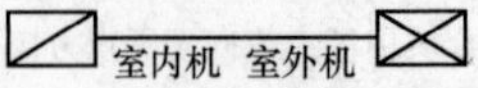	—
22	射流诱导风机	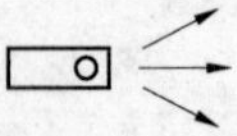	—
23	减振器		左为平面图画法，右为剖面图画法

5. 调控装置及仪表

调控装置及仪表的图例宜按表 3-7 采用。

表 3-7　　调控装置及仪表的图例

序号	名　称	图　例
1	温度传感器	T
2	湿度传感器	H
3	压力传感器	P
4	压差传感器	ΔP
5	流量传感器	F
6	烟感器	S
7	流量开关	FS
8	控制器	C
9	极顶式温度感应器	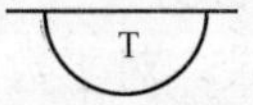
10	温度计	
11	压力表	
12	流量计	
13	能量计	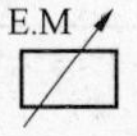
14	弹簧执行机构	
15	重力执行机构	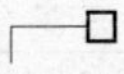
16	记录仪	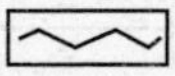
17	电磁（双位）执行机构	
18	电动（双位）执行机构	
19	电动（调节）执行机构	
20	气动执行机构	

续表

序号	名　　称	图　　例
21	浮力执行机构	
22	数字输入量	DI
23	数字输出量	DO
24	模拟输入量	AI
25	模拟输出量	AO

注：各种执行机构可与风阀、水阀组合表示相应功能的控制阀门。

3.2　空调通风施工图的构成

通风空调工程施工图一般由两大部分组成：文字部分与图纸部分。文字部分包括图纸目录、设计施工说明、设备及主要材料表。图纸部分包括两大部分：基本图和详图。基本图包括水暖系统的平面图、剖面图、轴测图、原理图等。详图包括系统中某局部或部件的放大图、加工图、施工图等。如果详图中采用了标准图或其他工程图纸，那么在图纸目录中必须附有说明。

1. 文字说明部分

（1）图纸目录。对于数量较多的施工图纸，设计人员把它们按一定的图名和顺序编排成图纸目录，以便查阅工程设计单位、建设单位、工程名称、地点、编号，图纸名称等。图纸目录包括在该工程中使用的标准图纸或其他工程图纸目录，和该工程的设计图纸目录。在图纸目录中，必须完整地列出该工程设计图纸名称、图号、工程号、图幅大小、备注等。表3－8是某工程图纸目录的范例。

表3－8　　某工程图纸目录的范例

××××设计院		工程名称	××综合楼		设计号B98－28	
		项　目	主楼		共2页　第1页	
序号	图别图号	图纸名称	采用标准图或重复使用图		图纸尺寸	备注
			图集编号或工程编号	图别图号		
1	暖施—1	施工总说明			2	
2	暖施—2	订购设备或材料表			4	
3	暖施—3	地下二层通风平面图			2	
4	暖施—4	地下一层通风平面图			2	
5	暖施—5	地下一层机房平面图			2	
6	暖施—6	底层空调机房平剖面图			2	
7	暖施—7	五层空调平面图			2	
8	暖施—8	六、七、十层空调平面图			2	
9	暖施—9	八层空调平面图			2	

续表

××××设计院		工程名称	××综合楼		设计号 B98－28	
		项　目	主楼		共 2 页　第 1 页	
序号	图别图号	图纸名称	采用标准图或重复使用图		图纸尺寸	备注
			图集编号或工程编号	图别图号		
10	暖施—10	九层空调平面图			2	
11	暖施—11	十一层空调平面图			2	
12	暖施—12	十二层空调平面图			2	
13	暖施—13	十三层空调平面图			2	
14	暖施—14	十四层空调平面图			2	
15	暖施—15	十四层通风平面图			2	
16	暖施—16	十五至二十五层客房暖通平面图			2	
17	暖施—17	二十六层办公空调平面图			2	
18	暖施—18	二十七、二十八层办公空调平面图			2	
19	暖施—19	二十九层办公空调平面图			2	
20	暖施—20	三十层空调通风平面图			2	
21	暖施—21	三十一层机房平剖面图			2	
22	暖施—22	三十二层空调平面图			2	
23	暖施—23	三十二层通风平面图			2	
24	暖施—24	地下室通风系统图			2	
25	暖施—25	五层、十二层空调系统图			2	
26	暖施—26	八、九、十一、十三空调系统图			2	
27	暖施—27	三十层空调系统图			3	
28	暖施—28	客房及办公室新风系统图			2	

（2）设计施工说明。凡在图样上无法表示出来而又非要施工人员知道的一些技术和质量方面的要求，用施工图说明加以表述。内容包括工程的主要技术数据、施工和验收要求及注意事项。设计施工说明包括采用的气象数据，空调通风系统的划分及具体施工要求等。有时还附有设备的明细表。具体地说，包括以下内容：

1）需要空调通风系统的建筑概况。

2）空调通风系统采用的室内外设计气象参数。

3）空调房间的设计条件。包括冬季、夏季的空调房间内空气的温度、相对温度（或湿球温度）、平均风速、新风量、噪音等级、含尘量等。

4）空调系统的划分与组成。包括系统编号、系统所服务的区域、送风量、设计负荷、空调方式、气流组织等。

5）空调系统的设计运行工况，系统形式和控制方法。

6）风管系统。包括统一规定、风管材料及加工方法、支吊架要求、阀门安装要求、减振做法、保温等。

7）水管系统。包括统一规定、管材、连接方式、支吊架做法、减振做法、保温要求、阀门安装、管道试压、清洗等。

8）设备。包括制冷设备、空调设备、供暖设备、水泵等的安装要求及做法。

9）油漆。包括风管、水管、设备、支吊架等的除锈、油漆要求及做法。

10）调试和试运行方法及步骤。

11）施工说明应明确设计中使用的材料和附件，系统的工作压力和试压要求；施工安装要求及注意事项等。

12）应遵守的施工规范、规定等。

下面以某大厦建筑空调通风及防排烟设计及施工说明为例，给出一个完整地施工说明。

××大厦空调通风防排烟设计说明

（1）工程概况。本工程位于北京市，建筑面积 80 498m^2，地下四层，面积为 27 176m^2，地上十七层，建筑檐高 58.80m，总高度 65.00m，主要为公寓楼和地上部分商业用房，地下室内设有停车库、变配电间和消控、监控室及电信、有线电视机房，一～四层设有商业、餐厅、展览用房。五～十七层为公寓。安装内容有给排水、电气、暖通、消防、智能建筑、电梯及相关的设备安装。

（2）设计采用的气象数据。

1）空调室外计算干球温度：夏季 33.5℃，冬季 −9.9℃。

2）夏季空调室外计算湿球温度：26.4℃。

3）冬季空调室外计算相对湿度：44%。

4）大气压力：冬季 101 696Pa，夏季 99 720Pa。

（3）空调房间的设计条件。本工程空调房间的设计条件见表 3−9。

表 3−9　　空调房间的设计条件

房间类型	人员密度/（m^2/人）	夏季			冬季			新风量/[m^3/（h·人）]	空气中含尘浓度/（mg/m^3）
		温度/℃	相对湿度（%）	风速/（m/s）	温度/℃	相对湿度（%）	风速/（m/s）		
客房	15	25	≤65	≤0.25	22	≥30	≤0.15	50	≤0.15
宴会、多功能厅	1.4	24	≤65	≤0.25	21	≥40	≤0.15	20	≤0.15
娱乐	4	Z6	≤65	≤0.25	20	≥35	≤0.2	30	≤0.15
办公	4	26	≤65	≤0.25	20	≥30	≤0.2	25	≤0.15
门厅	10	26	≤65	≤0.30	20	≥30	≤0.3	15	≤0.25

（4）空调系统的划分与组成见表 3−10。

表 3−10　　空调系统的划分与组成

系统编号	服务区域	送风量/（m^3/h）	设计负荷/W	空调方式	气流组织形式
K1	门厅	16 000	75 000	全空气方式	上侧送上回
K—2	一层娱乐、商务、办公	新风 8000		风机盘管加独立新风	上送上回
K3	多功能厅	12 000	87 500	全空气方式	上送上回
K—4	宴会厅	15 000	105 000	全空气方式	上送上回

续表

系统编号	服务区域	送风量/（m^3/h）	设计负荷/W	空调方式	气流组织形式
K—5	公寓	新风 4000		风机盘管加独立新风	上送下回
K7～13	三至九层客房	新风 4000/层	风机盘管加新风	上送上回	
K14	厨房送、排风	24 000	全新风	上排	
K—15	厨房送、排回	7200	全新风	上排	
K—16	地下室送、排风	30 000	通风	上送上排	
K17	客房排风	16 000	通风	由卫生间上排	

1）空调、水系统。

a. 冷温水系统为一次泵变流量系统，管路为两管制，夏季供冷、冬季供热。

b. 冷温水系统定压方式为密闭膨胀水箱定压，密闭膨胀水箱设于地下室制冷机房内。

c. 冷温水和冷却水采用软化水，软化水由地下室制冷机房内的软化设备供给。

2）空调系统自动控制。

a. 风机盘管控制。每台风机盘管冷温水回水管路上装双位控制电动两通阀，用一个室内冷热共用型恒温器探测室内温度并控制电动两通阀开闭。

b. 冷温水循环水泵控制。冷温水循环水泵采用变频控制，当系统负荷减少，温差增大时，循环泵转速变小，循环流量减小；反之，当系统负荷增大，温差减少时，循环泵转速变快，循环流量增大。

c. 制冷机即负荷控制。制冷机供，回水总管上装有温度计，由供回水温差和冷温水设计温度比较便可知，制冷机的供冷量与系统实际需要量之间是过剩还是不足，以此来控制制冷机的运行台数。

3）防排烟系统。

a. 本工程均设防排烟系统，排烟量为每平方米 $60m^3$。

b. 排烟风机设于屋顶上。排烟风机前设排烟防火阀。

c. 所有排烟系统排烟口及排烟风机前排烟阀均设 280℃温度熔断器自动关闭。

d. 消防楼梯间及电梯前室均设机械加压送风系统，送风口及送风机前防火阀均设 280℃。温度熔断器自动关闭。

××大厦空调通风防排烟施工说明如下。

1）材料的选用及安装，见表 3－11 和表 3－12。

表 3－11　　管　材　表

序号	系统类别	管材	连接方式
1	空调冷温水管、软水管蒸汽凝结水管、污水管	热镀锌钢管	DN≤50 丝接；DN＞70 管卡连接
2	蒸汽管	无缝钢管	焊接
3	空调凝结水管	UPVC 排水塑料管	承插粘接

表 3－12　　通风管材表及技术数据

序号	系统类别	管材	矩形管长边 A	厚度	连接方式
1	排烟风管	钢板		δ=1.5mm	法兰连接ϕ8 石棉绳
2	通风管道	不燃无机玻璃钢	A<300	δ=3mm	法兰连接采用阻燃性密封胶带
			A=320～500	δ=4mm	
			A=530～1000	δ=5mm	
			A=1060～1500	δ=6mm	
			A=1600～1900	δ=7mm	
			A≥2000	δ=8mm	

2）保温材料的选用及技术数据，见表 3－13。

表 3－13　　保温材料选用及技术数据

序号	名称	保温材料	管径	保温层厚度	保温作法
1	明设或管、井吊顶内冷温水管，分集水器	闭泡橡塑保温管	DN≤100	δ=28mm	胶水粘接
		闭泡橡塑保温板	DN>100	δ=32mm	
2	埋地冷温水管	聚氨泡沫塑料（氰聚塑）		δ=40mm	
3	蒸汽管 分汽缸	室内：超细玻璃棉 室外：硅酸铝纤维＋微孔硅酸钙＋聚氨酯		δ=80mm δ=10＋80＋34mm	外缠玻璃布两层在做白铁皮保护 外做ϕ480×7 保护管
4	空调凝结水管	闭泡橡塑保温管		δ=20mm	胶水粘接
5	空调送风管	闭泡橡塑保温板		δ=14mm	
6	新风机房内的水管	闭泡橡塑保温管		δ=40mm	

保温材料及其制品应有产品合格证书，由施工单位对产品质量确认，保温应在管道试压及涂漆合格后进行，阀门法兰等部位宜采用可拆式保温结构。

3）阀门。

管道上配用的阀门应根据系统介质性质、温度、工作压力分别选择手动蝶阀、截止阀等。管径 DN>50，除注明之外的一律采用蝶阀。

① 阀门：DN<50 采用截止阀 J11H－16C；DN>50 采用 D43H－16C 手动碟阀。平衡阀：SP45F－16。

② 冷温水立管及干管末端设自动放风门 ZP－II。

（5）建筑负荷及冷热源设备。

本工程建筑面积为 80 498m^2，夏季设计冷负荷为 7843kW，冬季设计热负荷为 4423kW。空调冷源为 3 台离心式冷水机组，空调热源为市政热网。

（6）风管系统。

1）图中所注风管标高，对于圆形风管，以中心线为准：对于矩形风管，以风管底面为准（不包括保温层）。

2）空调风管采用镀锌钢板制作，厨房排风管采用不锈钢板制作，厚度和加工方法按《通风与空调工程施工质量验收规范》（GB 50243—2016）的规定确定。

3）风机、空调箱的进、出口与风管连接处，均设置长度为200～300mm的人造革软接头。

4）所有风管必须配有支、吊架或托架。支、吊架间距不应超过3m，其结构形式和安装部位由安装单位在保证牢固、可靠的原则下，根据现场情况选定。具体形式见国标图集91SB－5。

5）风管支、吊架或托架应放在保温层外部，并在与风管接触处用防腐木块垫上，垫木应比保温层厚10mm，同时，应避免在法兰、阀门处设置支、吊架和托集。

6）防火阀的安装必须与设计相符，气流方向应与设计一致，严禁反向，并且必须单独配置支、吊架。

7）在调节阀等调节配件安装时，必须注意将操作手柄安装于便于操作的位置。

8）空调送、回风管和排风管，均以带铝箔离心玻璃棉板保温，厚度为30mm，做法见国际图集91SB。

（7）水管系统。

1）图中所注管道标高，均以管中心为准。

2）管材：管径小于或等于100mm，采用镀锌钢管，丝扣连接；管径大于100mm，采用无缝钢管，法兰或焊接连接，需二次安装并镀锌。

3）水管路系统最高点，配置DN20自动放气阀；在系统最低点，配置DN25泄水管。

4）管道支、吊架间距不应超过表3－14给出的数值。

表3－14　　管道支、吊架间距

公称直径/mm		15	20	25	32	40	50	70	80	100
支架最大间距/m	保温管	2	2.5	2.5	2.5	3	3	4	4	4.5
	不保温	2.5	3	3.5	4	4.5	5	6	6	6.5

5）管道支、吊、托架的具体形式和设置位置，由安装单位根据现场情况确定。

6）管道支、吊、托架必须设于保温层外部，在支、吊、托架与水管之间，设置高度不小于保温层厚度的防腐垫木。

7）冷（热）水供水管、回水管、阀门、凝结水管，均以带铝箔离心玻璃棉管瓦保温。对供、回水管，保温层厚度为：当管道公称直径DN≤50mm时δ=40mm；当管径DN＞50mm时δ=50mm。对凝结水管，保温层厚度δ=20mm。保温层外部，先用玻璃丝布包扎，再用带胶铝箔包扎作为保护层。对露天管道，在保温层外用厚0.5mm铝板作保护层。

8）管道安装完工后，应进行水压试验，试验压力按系统最大工作压力的1.25倍采用，在5min内压降不大于20kPa为合格。

9）经试压合格后，应对系统反复冲洗，至合格为止。管路系统冲洗时，水流不得经过所有设备（空调箱、风机盘管）和过滤器、控制阀等。

（8）油漆。低碳钢板风管，金属支、吊架及托架，不保温无缝钢管，在表面除锈后，刷防锈底漆和红丹防锈漆各两遍。

（9）设备。

1）制冷机、锅炉、热交换器、水泵、风机等设备的基础，必须待设备到货、并对地脚螺栓核实后才能进行浇捣。

2）热交换器的保温材料采用无孔硅酸铝，厚度 δ = 60mm，外扎镀锌钢丝网后，再抹石棉水泥保护壳。

3）设备与基础之间必须安装减振器或减振橡胶板等，具体做法参见详图。

（10）施工的具体要求。其他各项施工要求，应严格遵守《通风与空调工程施工质量验收规范》（GB 50243—2016）、《建筑给水排水及采暖工程施工质量验收规范》（GB 50242—2002）的有关规定。

以上即为该工程的详细的施工说明，可见通过施工说明就可以全面地了解到工程概况，包括建筑、设计、施工方面的各项参数与要求，它是对图纸部分的一个重要的文字说明，是识图与施工的基础。

（11）设备、材料明细表。指该项工程所需的各种设备和各类管道、管件、阀门及防腐、保温材料的名称、规格、型号、数量明细表，见表 3-15。

表 3-15　设备、材料明细表

序号	名称	规格及型号	单位	数量	备注
1	通风排烟风机	DTF-SI-B×，No11，N=17/8kW，L=48 824/36 369m³/h，P=594/329Pa	台	2	
2	排烟防火阀	FPY-5（BSFD），ϕ1100，L=1100	个	2	
3	微穿孔复合消声器	WX，2000×500，L=1800	个	2	
4	排烟口	PYK-02YSD，500×500	个	13	
5	防火阀	1800×400，L=400	个	2	
6	微穿孔复合消声器	WX，1800×400，L=1800	个	2	
7	低噪声风机箱	DTP-II，No20-B-1，N=5.5/4.5kW，Q=20 500/13 000m³/h，P=480/210Pa	台	2	
8	低噪声风机箱	DTP-I，No9-B-1，N=0.55kW，L=2600m³/h，P=390Pa	台	2	
9	防火调节阀	FFH-2，700×200，L=320	个	2	
10	微穿孔复合消声器	WX，700×200，L=1800	个	2	
11	防火调节阀	FFH-2，1200×200，L=320	个	2	
12	防火调节阀	FFH-2，1200×150，L=320	个	15	
13	防火调节阀	FFH-2，400×200，L=320	个	1	
14	微穿孔复合消声器	WX，1600×600，L=1800×ϕ1000，L=1000	个	1	
15	排烟防火阀	FPY-5（BSFD），1600×600，L=600	个	1	
16	轴流风机	FT-35-11，No4，N=0.12kW，L=3920m³/h，P=90Pa	台	2	
17	厨房通风排烟风机	DTF-10-SI-L-BX，N=12/5.5kW，L=38 377/28 578m³/h，P=607/337Pa	台	1	
18	厨房通风风机	BDW--87-4，No4，N=0.55kW，L=650～2500m³/h，P=40～180Pa	台	1	
19	组合新风空调机组	ZKXW-25-8，N=15kW，L=25 000m³/h，P=863Pa	台	2	
20	防火调节阀	FFH-2，1800×400，L=320	个	2	

续表

序号	名称	规格及型号	单位	数量	备注
21	微穿孔复合消声器	WX，1800×400，$L=1800$	个	1	
22	防火调节阀	FFH－2，1700×400，$L=320$	个	1	
23	异型微穿孔复合消声器	WX，1500×400，$L=1800$	个	1	
24	防火调节阀	FFH－2，1400×400，$L=320$	个	1	
25	防火调节阀	FFH－2，600×150，$L=320$	个	10	
26	轴流风机	FT－35－11，No2.8，$N=0.04\text{kW}$，$L=1494\text{m}^3/\text{h}$，$P=49\text{Pa}$	台	1	
27	防火调节阀	FFH－2，630×800，$L=320$	个	1	
28	微穿孔复合消声弯头	WX，630×800，$R=300$	个	1	
29	组合新风空调机组	ZKXW－15－8，$N=7.5\text{kW}$，$L=15\,000\text{m}^3/\text{h}$，$P=667\text{Pa}$	台	1	
30	组合新风空调机组	ZKXW－40－8，$N=18.5\text{kW}$，$L=40\,000\text{m}^3/\text{h}$，$P=8334\text{Pa}$	台	1	
31	防火调节阀	FFH－2，1560×900，$L=320$	个	1	
32	微穿孔复合消声弯头	WX，1560×900，$R=300$	个	1	
33	加压送风机	DTF－I，No7，$L=22\,985\text{m}^3/\text{h}$，$P=3852\text{Pa}$，$N=15\text{kW}$	台	4	
34	排烟防火阀	FPY－5（BSFD），$\phi700$，$L=700$	个	4	
35	排烟风机	DTF－II，No12，$L=63\,530\text{m}^3/\text{h}$，$P=1023\text{Pa}$，$N=30\text{kW}$	台	2	
36	排烟防火阀	FPY－5（BSFD），$\phi1200$，$L=1260$	个	2	

2. 图纸部分

（1）平面图。平面图是施工图中最基本的图样，主要表示建（构）筑物和设备的平面分布，各种管路的走向、排列和各部分的长宽尺寸，以及每根管子的坡度和坡向、管径和标高等具体数据。平面图包括建筑物各层面空调通风系统的平面图、各种设备机房平面图、各种冷热媒管道的布置、各种阀的具体位置等，平面图上本专业所需的建筑物轮廓应与建筑图一致。平面图包括建筑物各层面的整体布局。空调通风平面图包括建筑物各层面各空调通风系统的平面图、空调机房平面图、制冷机房平面图等。

1）空调通风系统平面图。空调通风系统平面图主要包括通风空调系统的设备、通风管道、冷热媒管道、凝结水管道以及各种阀门的平面布置。它的内容主要包括：

a. 风管系统。一般以双线绘出。包括风管系统的构成、布置及风管上各部件、设备的位置，例如异径管、三通接头、四通接头、弯管、检查孔、测定孔、调节阀、防火阀、送风口、排风口等。并且注明系统编号、送回风口的空气流动方向。

b. 水管系统。一般以单线绘出。包括冷、热媒管道、凝结水管道的构成、布置及水管上各部件、设备的位置，例如异径管、三通接头、四通接头、弯管、温度计、压力表、调节阀等。并且注明冷、热媒管道内的水流动方向、坡度。

c. 空气处理设备。包括各设备的轮廓、位置。

d. 尺寸标注。包括各种管道、设备、部件的尺寸大小、定位尺寸以及设备基础的主要尺寸。还有各设备、部件的名称、型号、规格等，消声器、调节阀、防火阀等各种部件位置及风管、风口的气流方向。

2）空调机房平面图。空调机房平面图一般包括以下内容：

a. 空气处理设备。注明按标准图集或产品样本要求所采用的空调器组合段代号，空调箱内风机、加热器、表冷器、加湿器等设备的型号、数量，以及该设备的定位尺寸。

b. 风管系统。用双线表示，包括与空调箱相连接的送风管、回风管、新风管。

c. 水管系统。用单线表示，包括与空调箱相连接的冷、热媒管道，凝结水管道。

d. 尺寸标注。包括各管道、设备、部件的尺寸大小、定位尺寸。

其他的还有消声设备、柔性短管、防火阀、调节阀门的位置尺寸。

3）冷冻机房平面图。冷冻机房与空调机房是两个不同概念，冷冻机房内的主要设备为空调机房内的主要设备——空调箱提供冷媒或热媒，也就是说与空调箱相连接的冷、热媒管道内的液体来自冷冻机房，而且最终又回到冷冻机房。因此冷冻机房平面图的内容主要有：制冷机组型号与台数、冷冻水泵、冷凝水泵的型号与台数、冷（热）媒管道的布置、以及各设备、管道和管道上的配件（如过滤器、阀门等）的尺寸大小和定位尺寸。

（2）剖面图。剖面图总是与平面图相对应的，用来说明平面图上无法表明的事情。因此，与平面图相对应，空调通风施工图中剖面图主要有空调通风系统剖面图、空调通风机房剖面图、冷冻机房剖面图等。至于剖面和位置，在平面图上都有说明。由此可见剖面图上的内容与平面图上的内容是一致的，有所区别的一点是：剖面图上还标注有设备、管道及配件的高度。

（3）系统图（轴测图）。系统图采用的坐标是三维的。它的作用是从总体上表明水暖系统在整体上连接的情况，包括管道的尺寸、各种设备的型号、数量等，系统图主要是来表明连接于各设备之间的管道在空间的曲折、交叉、走向和尺寸，同时应注明各趟管道的标号。

系统轴测图的作用主要是从总体上表明所讨论的系统构成情况及各种尺寸、型号、数量等。它应当包括系统中设备、配件、尺寸、定位尺寸、数量以及连接于各设备之间的管道在空间的曲折、交叉、走向和尺寸、定位尺寸等。系统轴测图上还应注明该系统的编号。系统图的基本要素应与平面图相对应。系统图有时也能替代主面图或剖面图，如室内空调工程图主要由平面图和系统图组成。在识图时应注意以下几个问题：

1）空调通风系统图宜采用单线绘制。

2）空调通风系统图宜采用与相对应的平面图相同的比例绘制。

3）空调通风系统图中的重叠，密集处可断开引出绘制。相应的断开处宜用相同的小写拉丁字母注明。

（4）流程图（或原理图）。流程图一般包括系统的原理和流程，流程图是对一项工程整个工艺过程的表示，通过它可对设备的位号、建（构）筑物的名称及整个系统的仪表控制点有全面的了解，同时对管道的规格、编号及其输送的介质、流向，以及主要控制阀门等也有确切的了解。系统流程图应绘制出设备、阀门、控制仪表、配件、标注介质流向、管井及设备编号。流程图可不按照比例绘制，但管路分支应与平面图相符。水管路竖向输送时，应绘制立管图，并编号，注明管径、坡向、标高等。流程图可不按照比例和投影规则绘制。

空调原理图主要包括以下内容：系统的原理和流程：空调房间的设计参数、冷热源、空气处理和输送方式；控制系统之间的相互关系；系统中的管道、设备、仪表、部件；整个系统控制点与测点间的联系；控制方案及控制点参数；用图例表示的仪表、控翻元件型号等。

（5）详图。表示一组设备的配管或一组管配件组合安装的详图。详图的特点是用双线图表示，对物体有真实感，并对组装体各部位详细尺寸都作了注记。系统的各种设备及零部件施工安装，应注明采用的标准图、通用图的图名图号，如果没有现成图纸，且需要交代设计意图的，均需绘制详图。简单的详图，可就图引出，绘局部详图；制作详图或安装复杂的详图应单独绘制。

（6）立面图和剖面图。立面图和剖面图主要表达建（构）筑物和设备的立面分布，管线垂直方向上的排列和走向，以及每路管线的编号、管径和标高等具体数据。

（7）节点图。节点图表示某一部分管道的详细结构及尺寸，是对平面图及其他施工图所不能反映清楚的某点图形的放大。节点用代号表示它所在部位。

（8）标准图。标准图是一种具有通用性质的图样，图中标有成组管道、设备或部件的具体图形和详细尺寸，一般不能作为单独施工的图纸，只能做某些施工图的组成部分。其一般由有关单位出版标准图集，作为国家标准或者标准予以颁发，对于引用标准图集的图纸，还应注明所用的通用图、标准图索引号。对于恒温恒湿房间，应注明房间各参数的基准值和精度要求。

3.3　空调通风安装工艺识图

1．空调通风施工图的特点

（1）空调通风施工图的图例。空调通风施工图上的图形有时不能反映实物的具体形象和结构，它采用了国家统一规定的图例符号来表示，因此，对于每一个施工者来说，阅读前，应当了解并掌握与图纸有关的图例符号所代表的含义。图例符号应当按照相关规定进行绘制，并在图纸上明确给出，图例应当涵盖整套图纸中所涉及的内容，个别出现较少的内容可在图中用文字表示。

（2）空调通风系统环路的独立性。在空调通风系统施工图上包括有许多环路，如风管环路（进风、排风、排烟、防烟），水管环路（冷凝水、冷冻水、冷却水），这些环路在实际运行时都按照自己的特点流动，具备相应的独立性。

（3）空调通风系统的多样性和复杂性。由于空调通风系统安装的内容较多，如各种水管、各类风管、各种设备、各种阀门等等，决定其施工图内容的复杂性，因此一般情况下，在绘制空调通风图时，往往按照土建的建筑图分别给出其通风平面图、空调平面图、机房平面图，同时为表达清楚，还要给出相应的流程图、剖面图、详图等等，更为准确的表达图纸的内容。

（4）与各专业施工的密切性。安装通风空调系统中的各种管道、设备及各种配件都需要和土建的围护结构发生关联，同时，在施工中各种管道（如：水、暖、电、通风）相互之间也要发生交叉碰撞，因此，施工人员不仅能够看懂本专业的图纸，还应当适当掌握其他专业的图纸内容，避免施工中一些不必要的麻烦。

2．空调通风施工图的识图方法

（1）空调通风施工图识图的基础。

1）空调通风的基本原理和基本理论。这些是识图的理论基础，没有这些基本知识，纵使有很高的识图能力，也无法读懂空调通风施工图的内容。因为空调通风施工图是专业性图纸，包括很多设计计算的原理和参数选择基本内容，因此没有专业知识作为铺垫，就不可能读懂图纸。

2）投影与视图的基本理论。关于投影与视图的基本理论是任何图纸绘制的基础，也是任何图纸识图的前提。

3）空调通风施工图的基本规定。空调通风施工图的一些基本规定，如线型、图例符号、尺寸标注等，直接反映在图上，有时并没有辅助说明，因此掌握这些规定有助于识图过程的顺利完成，不仅帮助我们认识空调通风施工图，而且有助于提高识图的速度。

（2）空调通风施工图的识图方法与步骤。

1）识图方法。先识读平面图，再对照系统流程图识读，最后识读详图和标准图。

a. 室内平面图识读。读图时先识读底层平面图，然后识读各层平面图。识读底层平面图时，先识读机房设备和各种空调设备等，再识读水管路系统进水管和出水管、凝结水管，连接冷却塔的冷却水进水管和出水管，最后识读通风系统的送风管、排风排烟管。

b. 空调系统图识读。读图时先将空调系统流程图与平面图对照，找出系统图中与平面图中相同编号的引管和立管，然后按引入管及立、干、支管顺序识读。

c. 通风系统图识读。读图时先将通风系统流程图与平面图对照，找出系统流程图中与平面图中相同编号的排风排烟管、进风管，然后按支、干、立管及排出管顺序识读。

2）步骤。

a. 阅读图纸目录。根据图纸目录了解该工程图纸的概况，包括图纸张数、图幅大小及名称、编号等信息。

b. 阅读施工说明。根据施工说明了解该工程概况，包括空调通风系统的形式、划分及主要设备布置等信息，在这基础上，确定哪些图纸是代表着该工程的特点、是这些图纸中的典型或重要部分，图纸的阅读就从这些重要图纸开始。

c. 阅读有代表性的图纸。在第二步中确定了代表该工程特点的图纸，现在就根据图纸目录，确定这些图纸的编号，并找出这些图纸进行阅读。

d. 阅读辅助性图纸。对于平面图上没有表达清楚的地方，就要根据平面图上的提示（如剖面位置）和图纸目录找出该平面图的辅助图纸进行阅读，这包括立面图、侧立面图、剖面图等。对于整个系统可参考系统轴测图。

e. 阅读其他内容。在读懂整个空调通风系统的前提下，再进一步阅读施工说明与设备及主要材料表，了解空调通风系统的详细安装情况，同时参考加工、安装详图，从而完全掌握图纸的全部内容。

3.4 空调通风制冷安装工艺识图分析

1. 空调通风安装工艺识图分析

下面按照某施工图的目录顺序介绍其内容

（1）图纸目录（图 3-1）。本图目录先给出新绘制的设计图纸，后列出选用的标准图及通用图。

序号	图号	图纸名称	图幅	备注
1	设施—1	图纸目录、使用标准图纸目录	A1	
2	设施—2	图例	A1	本图集略
3	设施—3	设计及施工说明	A1	
4	设施—4	设备表	A1	本图集略
5	设施—5	空调水路系统流程图（一）	A1	
6	设施—6	空调水路系统流程图（二）	A1	
7	设施—7	通风空调风路系统流程图	A1	
8	设施—8	防排烟系统流程图	A1	本图集略
9	设施—9	空调自控原理图	A1	
10	设施—10	地下二层通风平面图	A1	本图集略
11	设施—11	地下二层空调水路平面图	A1	本图集略
12	设施—12	地下一层通风平面图	A1	本图集略
13	设施—13	地下一层空调水路平面图	A1	本图集略
14	设施—14	一层空调风路平面图	A1	本图集略
15	设施—15	一层空调水路平面图	A1	本图集略
16	设施—16	二层空调风路平面图	A1	本图集略
17	设施—17	二层空调水路平面图	A1	本图集略
18	设施—18	三层空调风路平面图	A1	本图集略
19	设施—19	三层空调水路平面图	A1	本图集略
20	设施—20	四层空调风路平面图	A1	本图集略
21	设施—21	四层空调水路平面图	A1	本图集略
22	设施—22	五层空调通风平面图	A1	本图集略
23	设施—23	五层空调水路平面图	A1	本图集略
24	设施—24	六层空调通风平面图	A1	
25	设施—25	六层空调水路平面图	A1	
26	设施—26	七层空调通风平面图	A1	本图集略
27	设施—27	七层空调水路平面图	A1	本图集略
28	设施—28	屋顶通风平面图	A1	本图集略
29	设施—29	制冷机房平面放大图	A1	本图集略
30	设施—30	制冷机房剖面图及部件详图	A1	本图集略
31	设施—31	新风空调机房放大图（一）	A1	本图集略
32	设施—32	新风空调机房放大图（二）	A1	

使用标准图纸目录

序号	标准图集编号	标准图集名称	页次	备注
1	01K403	风机盘管安装	3、5、16	
2	99K103	防、排烟设备安装图	全册	

图 3－1　图纸目录

（2）设计及施工说明。

1）设计内容及设计依据

a. 设计内容。

① 本工程为北京某综合业务楼，地上七层，地下两层，总建筑高度为22.9m，总建筑面积为18 000m^2。

② 本施工图设计内容包括北京某某综合业务楼的空调，通风，自动控制及防排烟系统的设计。

b. 设计依据。

① 《民用建筑供暖通风与空气调节设计规范》（GB 50736—2012）；

② 《建筑设计防火规范》（GB 50016—2014）；

③ 《人民防空地下室设计规范》（GB 50038—2005）；

④ 业主对本工程的使用要求及业主与设计院的有关协商纪要。

2）室内外设计计算参数

a. 室外计算参数。

① 夏季：空调干球温度33.2℃，空调湿球温度26.4℃，通风温度30℃，室外风速1.9m/s。

② 冬季：空调干球温度－12℃，相对湿度45%，通风温度－5℃，室外风速2.8m/s。

b. 室内空调设计参数见表3－16。

表3－16　　室内空调设计参数

房间	夏季		冬季		新风量/[m^3/（h·人）]	噪声/[dB（A）]
	t/℃	ϕ（%）	t/℃	ϕ（%）		
办公	24～26	50～60	20～22	＞35	30	40
会议	24～26	50～60	20～22	＞35	40	40
图书馆展厅	25～27	50～60	20～22	＞35	25	40
餐厅	23～25	50～60	20～22	＞35	25	45
走廊门厅	26～28	50～60	18～20	＞35	10	45

3）空调冷热源。

a. 空调夏季集中冷源为设于地下二层的两台螺杆式冷水机组，供回水温度为7/12℃，与其配合使用的冷水泵和冷却水泵各三台（其中各一台备用）。

b. 空调冬季集中热源的一次热水来自城市热网，一次热水供回水温度为110/70℃，流量为35.35m^3/h，供回水压差不小于6kPa。热交换后的二次热水供回水温度为60/50℃，热交换间设地下二层，内设热水循环泵三台（其中一台备用）。

c. 另外在冷冻机房控制室、配电室、消防控制中心及电梯机房设置独立的分体空调机共设7台。

d. 空调夏季总冷负荷为1716.3kW，冷指标为95.4W/m^2。

e. 空调冬季总热负荷为1644.2kW，热指标为91.3W/m^2。

4）空调水系统。

a. 空调水系统为一次泵变水量双管制系统。

b. 空调冷热水系统采用膨胀水箱定压，由膨胀水箱浮球液位计高低水位。信号控制补水泵启停，补水采用软化水，全自动软化补水系统设在冷冻机房内。

5）空调风系统。

a. 空调房间采用风机盘管加新风的空调方式。

b. 全楼共设新风空调系统十六个，北楼 X1－1～X5－1，东楼 X1－2～X7－2 餐厅 X1－3～X4－3。

c. 冬季采用高压喷雾及湿膜对新风进行加湿处理，全楼加湿量为 355kg/h。

6）通风系统。

a. 全楼共设机械排风系统 23 个（台）。

b. 全楼共设机械进风系统 6 个（台）。

c. 室内通风换气次数（次/h）。

卫生间：10，厨房：40，洗碗间：6，设备机房：5，配电：4，地下车库：6。

d. 一层各外门内门斗处设置循环空气幕。

e. 本设计中厨房灶具排风量按房间换气次数 40 次/h 考虑，厨房机械进风量为其灶具排风量的 90%，其余补风为邻近房间的自然补风。厨房内还设有平时的全面通风换气系统供灶具排风不开时使用。

f. 由于无厨房工艺配合，本设计图中厨房的送排风管及风口位置以及排风量均只能作为参考，不能作为正式的施工依据。此部分应以厨房工艺承包商最终确定并进行相应的调整。厨房工艺承包商还应配套灶具排烟罩及油烟过滤器。

7）联锁、节能及自控。

a. 根据业主对本工程的使用要求及为更多的节省能源，本设计设有与本工程级别相适应的空调通风自动控制系统。

b. 本工程的空调自动控制系统采用直接数字控制系统（DDC 系统），由中央电脑等终端设备加上若干现场控制分站和传感器。执行器等组成。控制系统的软件功能应包括：最优化起停。PID 控制。时间通道。设备台数控制。动态图形显示。各控制点状态显示。报警及打印。能耗统计。各分站的联络及通信等功能。

c. 冷水机组、冷水泵、冷却水泵、冷却塔风机及其进水电动蝶阀应进行电气联锁启停，其起动顺序为：冷却塔进水电动蝶阀—冷却水泵—冷水泵—冷却塔风机—冷水机组，系统停车时顺序与上述相反。

d. 冷水系统采用冷量来控制冷水机组及其对应的水泵、冷却塔的运行台数；冷却塔风机的运行台数则由冷却水回水温度控制。

e. 热水系统采用热量来控制换热器及其对应的水泵的运行台数；

f. 本工程空调水系统为一次泵变水量系统，通过冷水（热水）供、回水管间的电动旁通阀（两组）控制冷（热）水系统供回水总管的压差，使系统稳定。要求旁通阀的理想特性为直线型特性，常闭型。

g. 新风空调机的风机、电动水阀及电动新风阀应进行电气联锁。启动顺序为：水阀—电动新风阀及风机，停车时顺序相反，

h. 新风空调机控制送风温度及典型房间的相对湿度；送风温度通过控制冷热水回水电动二通阀来实现，电动二通阀的理想流量特性为等百分比特性，常闭型。典型房间的相对湿度

通过控制加湿器的电动二通阀来实现，电动二通阀采用双位式，常闭型。

i. 新风空调机设冬季盘管防冻保护控制。

j. 风机盘管的控制由室温调节器加风机三速开关及电动二通阀组成。电动二通阀采用双位式，常闭型，弹簧复位。

k. 所有设备均能就地启停。同时，除少数就地使用的风机（或排风扇）、风机盘管及分体空调机外，大部分设备也能在自控室中通过中央电脑进行远距离启停。

l. 有关 DDC 控制系统的具体要求（包括设备的技术性能，控制功能及控制参数，管理功能等）应待业主确定供货厂商后，由业主、设计单位和厂商三方共同协商而定。

8）防火及防排烟。

a. 消防控制系统应与空调 DDC 控制系统兼容及通讯，在火灾时应通过消防控制系统直接启停进入 DDC 系统的设备。

b. 所有进出新风空调机房的风管；穿过防火墙的风管（排烟管除外）、穿越楼板的主立风管与支风管相连处的支风管上均设 70℃防火调节阀。排烟系统应在风机入口处设置 280℃防火调节阀。

c. 全楼共设置四个排烟系统，其中两个为排风兼排烟系统。

d. 一旦发生火灾，消防中心应能立即停止所有运行中的空调通风设备。

9）施工安装。

a. 所有设备基础均应在设备到货且校核其尺寸无误后方可施工。基础施工时，应按设备的要求预留地脚螺栓孔（二次浇注）。

b. 尺寸较大的设备应在其机房墙未砌之前先放入机房内。

c. 冷水机组由厂家配橡胶减振垫，离心风机由厂家配弹簧减振器，空调机的减振采用 TJ1－1 型橡胶减振垫，减振垫数量，布置方式详机房放大图，水泵由厂家配减振器，吊装风机减振采用 TJ10 弹簧减振器。

d. 本设计图中所注的散流器风口尺寸均指其颈口接管尺寸，风口材质除装修要求外，本工程所有风口均采用铝合金风口，颜色按装修图要求选用。

e. 本设计图中所示的管道式风机仅表示其安装位置，风机安装时应注意风机的气流方向与本图所要求的方向相一致。

f.本设计按装修吊顶为可拆卸的活吊顶考虑。若装修设计中某些部分吊顶不能方便拆卸，则应在风阀。水阀及风机盘管等需要检修的设备及附件下部的吊顶上预留 600×600 吊顶检修孔。

g. 防火调节阀采用 FVD 型（分 70℃和 280℃两种，安装时切勿混淆），带电信号输出，尺寸按所接风管的尺寸采用。

h. 风管与空调机和进排风机进、出口连接处应采用复合铝箔柔性玻纤软管，设于负压侧时，长度为 100mm，设于正压侧时，长度为 150mm，凡用于空调送风的软管均要求配有外保温（25mm）。

i. 厨房排风管安装时，应顺气流方向做 0.3%的下行坡度并在风管的最低处设置泄水阀。

j. 消声器采用阻抗复合消声器。消声器的接口尺寸与所接风管尺寸相同。

k. 除图中特殊注明外，本设计图中所注标高为：矩形风管及风口注顶标高，水管、圆形风管及管道式风机注中心标高。无论平剖面，矩形风管尺寸均以宽×高标注除特殊注明外，本设计图中的标高均为相对于本层地面的相对标高。

l. 凝结水管安装时，应按排水方向做不小于 0.008 的下行坡度。机房内的新风机凝结水管排至该机房地漏处，其管径按到货机组所带的实际管径配管，凝结水出口处应做存水弯，其水封高度不小于 80mm。

m. 风机盘管冷热水进出水管采用铜截止阀，回水管口处设手动跑风，凝结水管口与水管相连时，设 200mm 长的透明塑料软管。

n. 水路软接头采用橡胶软接头。

o. 所有水路设备和附件的工作压力应不小于 1.0MPa。

p. 空气凝结水管采用镀锌钢管，其他水管当管径＜DN100 时采用焊接钢管，当管径≥DN100 水管采用无缝钢管，无缝钢管的规格尺寸如下：DN100—D108×4.5，DN125—D133×4.5，DN150—D159×5.0，DN200—D219×6.0，DN250—D273×7，DN300—D325×8。

q. 本工程空调新风送风管设保温。风管的保温均采用超细玻璃棉毡，容重为 48kg/m^3。导热系数不大于 0.035W/m℃。保温厚度见国标 98T902。

r. 空调冷热水管、风机盘管凝结水管、膨胀管、循环水管和位于屋顶（室外部分）的空调冷却水供回水管应做保温，上列水管（凝结水管除外）保温采用难燃 B1 级聚乙烯管壳，厚度为：管径≤DN100 时，用 30mm；DN100＜管径≤D250 时，用 40mm；管径＞DN250 时，用 50mm。凝结水管保温厚度为 15mm。室外冷却水管保温完后应用 0.5mm 的镀锌钢板做保护外壳。

s. 水管保温前应先除锈和清洁表面，然后刷防锈漆两道，再做保温。空调冷水供、回水管与其支吊架之间应采用与保温层厚度相同的经过防腐处理的木垫块，安装完成后，支吊架应做保温喷涂。

t. 冷热水及冷却水管道每隔 2m 做一色环（300mm 宽），并用同一颜色箭头标明管内水流方向。各管道及其颜色如下：

冷热水供水管——浅蓝色　　　冷热水回水管——深蓝色

冷却水供水管——浅绿色　　　冷却水回水管——深绿色

除上述之外，其余管道均为银白色。

u. 系统试压。

空调冷热水系统试验压力均为 0.75MPa，冷却水系统试验压力为 0.75MPa，上述均指系统最低点压力。

v. 凡以上未说明之处，如管道支吊架间距，管道焊接，管道穿楼板的防水做法，风管所用钢板厚度及法兰配用等，均应按照《通风与空调工程施工质量验收规范》（GB 50243—2016），《建筑给水排水及采暖工程施工质量验收规范》（GB 50242—2002），《制冷设备、空气分离设备安装工程施工及验收规范》（GB 50274—2010）进行施工。

（3）空调水路系统流程图（图 3－2 和图 3－3）。对于空气调节系统来说，处理空气的空调箱需要供给冷媒水或蒸汽、热水等冷热媒。要制造冷媒水就要制冷设备。制冷机房制造的冷媒水，用水管送到空调机房的空气处理室中和房间的风机盘管内，而使用过的冷媒水，仍由水管送回制冷机房经过再处理后循环使用。由此可见，制冷机房、空调机房和空调房间都有许多粗细不同的管子，它们分别与各种设备相连接。要把这些管子和相连设备的情况表示清楚，以便施工，在表示管道之间相互关系、介质流向、管径及设备编号时，要用到系统流程图。

空调水路系统流程图（一）图 3-2 以下简称水流（一），空调水路系统流程图（二）图 3-3 以下简称水流（二）画出了空调水系统的管路及设备布置情形，也表明了系统中冷热媒的工作运行情况。从水流（一）这部分的管路系统来看，从制冷机组 L-1，L-2 制出的冷媒水经 L 空调冷水供水管道、三通后，送到分水器中，分出 6 趟供冷干管，其中右面 3 趟管道分别供 GL-3、GL-4，左面两趟分别供 GL-1 和 GL-2，另外，还有一趟 DN200 的热水干管直接接到分水器上，集水器上共有 6 趟管道分别收集 HL-1，HL-2，HL-3，HL-4，HL-5 的冷冻回水，最后通过冷冻回水管道 L，通过 3 台水泵 B-1、B-2、B-3 的加压作用，回到冷水机组 L-1 和 L-2 中；冷却水管道 LQ 通过 3 台水泵 b-1、b-2、b-3 的加压后，经过冷水机组 L-1 和 L-2 和冷却水回水管道接到冷却塔，其中供水管道还通过了两个水处理器 SCL-1，SCL-2 中；换热站部分的自来水通过全自动软水器进入到软化水箱，再通过 2 台水泵 Bb-1，Bb-2 的加压进入到管道 b 中，最后连到 3 台水泵 B-1、B-2、B-3 的吸入口中.完成本次循环.水流（二）中从左到右供水立管的标号分别为 GL-1 GL-2 GL-3 GL-4，回水立管的标号分别为 HL-1，HL-2，HL-3，HL-4，HL-5.其中 GL-1 和 HL-1 为一组分别接到每层相应的新风机组上；GL-2 和 HL-2 为一组，分别接到每层的风机盘管上，每层的风机盘管共有 6 个；GL-3 和 HL-3 为一组，它们连接 1～4 层的风机盘管；GL-4 和 HL-4 为一组，每层连接 8 个风机盘管；GL-4 和 HL-5 为一组，1～4 层每层连接 2 个新风机组，5～7 层每层连接 1 个新风机组。

（4）空调通风风路系统流程图（图 3-4）。左面排风管路将卫生间的空气通过 500×400 的管道经过屋顶风机 P-0601 P-0602 排向室外；1 层～B2 层车库的排风通过 P-B101 和 P-B201，1250×100 的管道排向室外，其中每个风机都有两个 280℃防火阀，送风管道由风机 J-B104 和 J-B201，管道 1250×100 以及 70℃防火阀组成，每层的新风机组都和新风管道连接后经过消声器和 70℃防火阀送到每层的办公室内，其他各风路基本与此相同。

（5）空调平面图。

1）空调风路平面图。近年来，一些建筑对客房的空气调节采用风机盘管为末端冷热交换设备，只要用直径较小的水管送人冷水或热水，即可起到降温或升温的作用。另外，在建筑物每层设置（或几层合设）独立的新风管道系统，把采用体积较小的变风量空调箱处理过的空气用小截面管道送入房间作为补充的新风。这样，在建筑内同时就存在用于空气调节的水管和风管两种管道系统。在空调中称为空气一水系统。因此，当一个平面图中不能清晰地表达两种管道系统时，则应分别画成两个平面图。

六层空调风路平面图（图 3-5）所采用风机盘管作为末端空调设备的新风系统布置图。风机盘管只能使室内空气进行热交换循环作用，故需补充一定量的新鲜空气。本系统的新风进口设在一个能使室外空气进入的房间内，是与下层房间的系统共用的，它主要在管道起始处装一个变风量空调器。这个变风量空调箱外形为矩形箱体，进风口处有过滤网，箱内有热交换器和通风机，空气经处理后即送人管道系统。本层风管系自建筑右面的房间接来，风管截面为 630mm×200mm，到达本层 5 轴分出一支 250mm×120mm 管路，4 轴处分为二支截面为 320mm×200mm 的干管沿走廊并行装设，向上的一支向右分出一支 160×120mm 的管路，接入到各风机盘管中，直接走的一支干管转弯后截面变小为 160mm×120mm 接入风机盘管中。由干管再分出一些截面为 120mm×120mm 的支风管把空气送入办公室的风机盘管中。

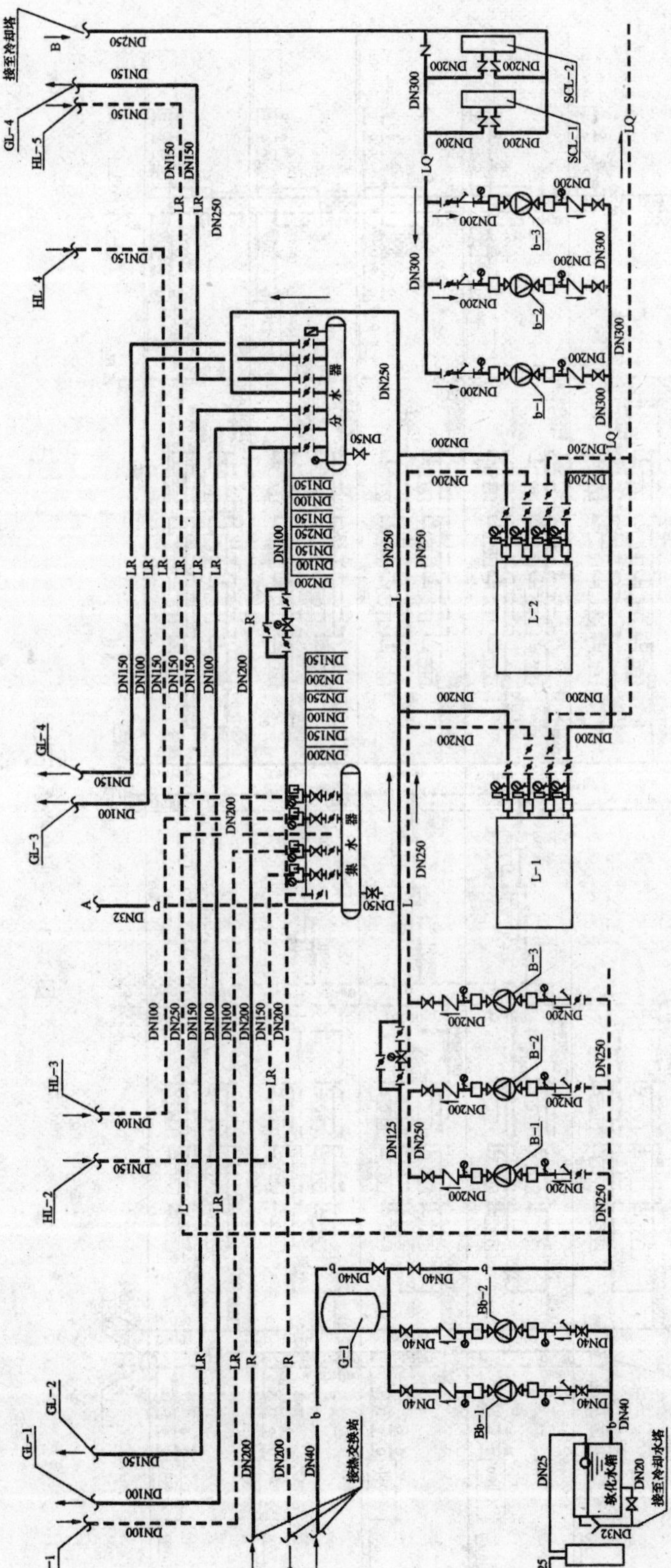

图 3-2　空调水路系统流程图（一）

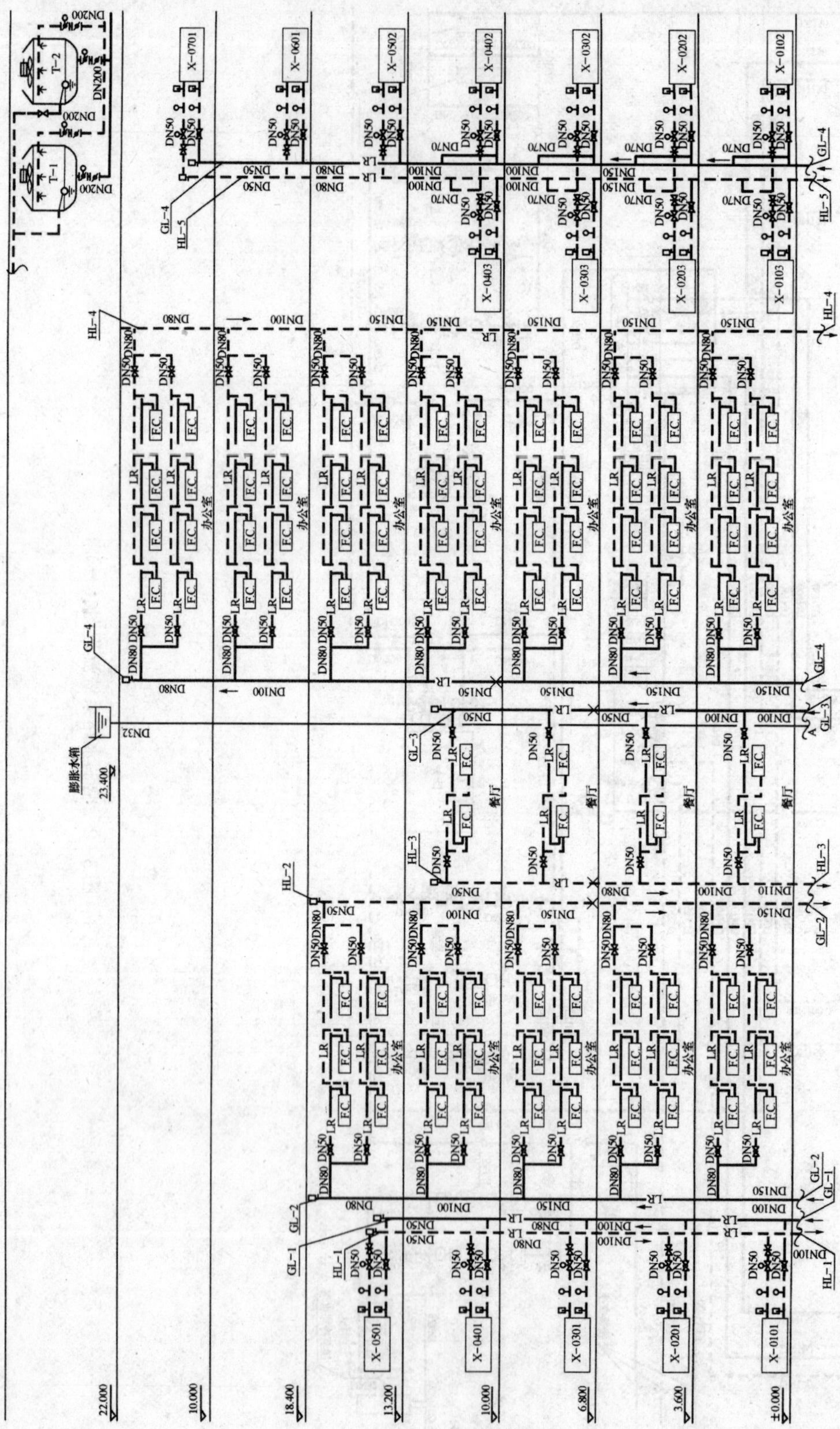

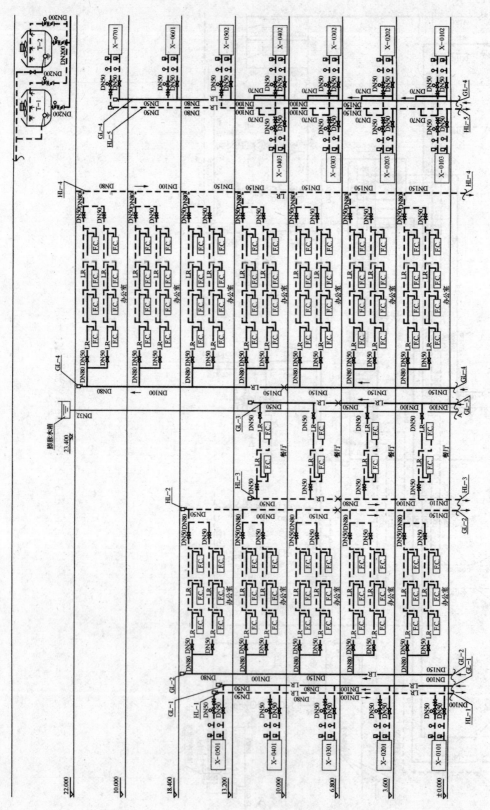

图 3－3　空调水路系统流程图（二）

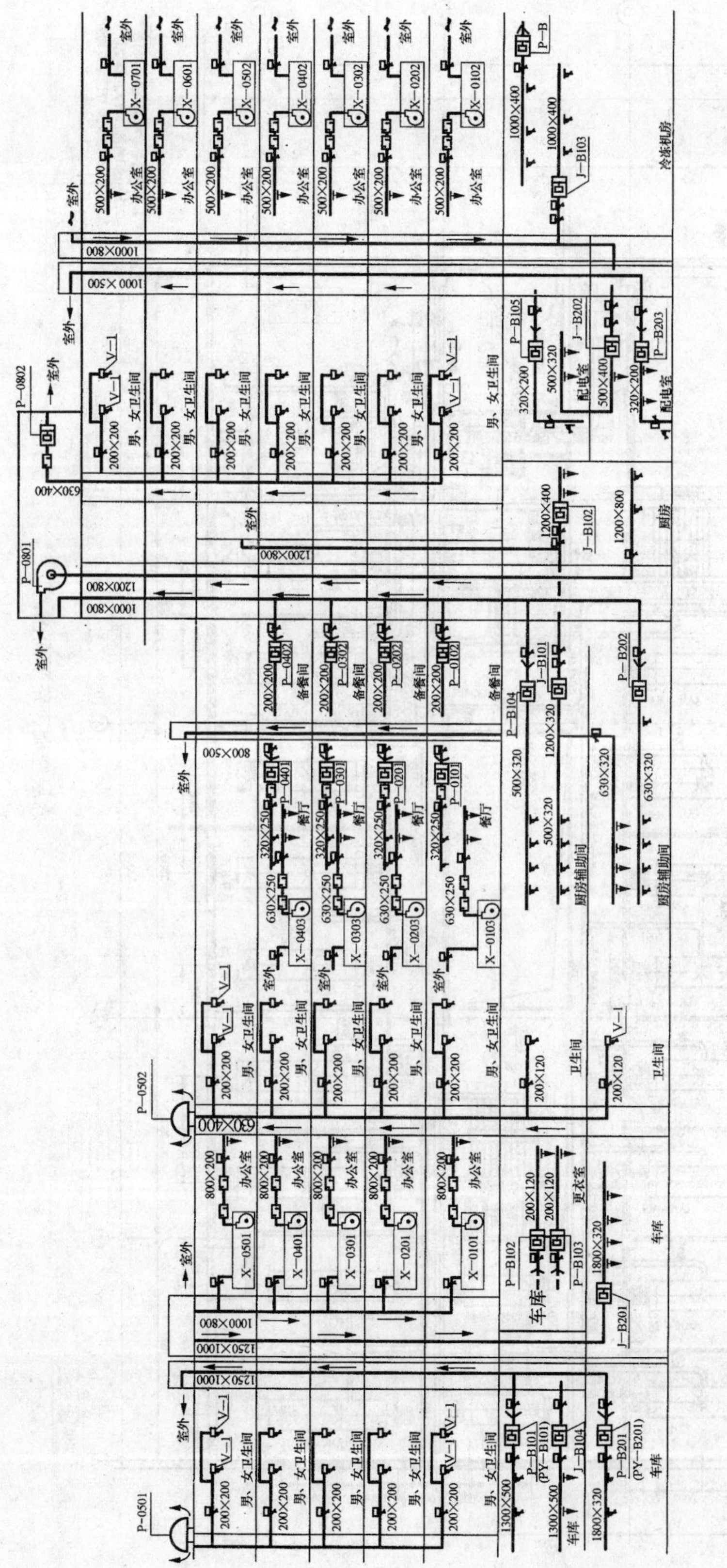

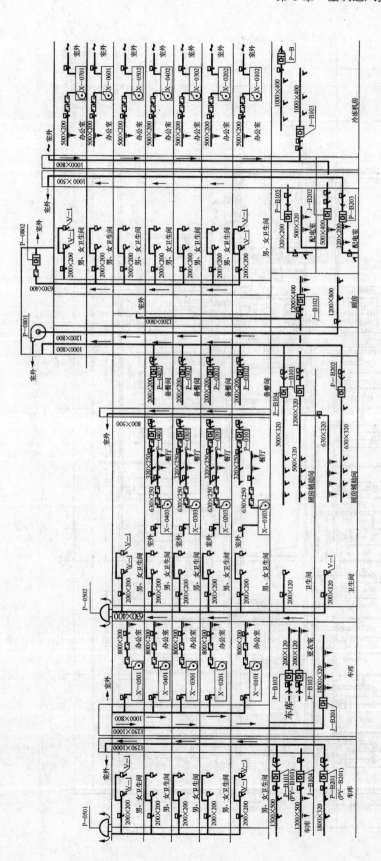

图 3-4　空调通风风路系统流程图

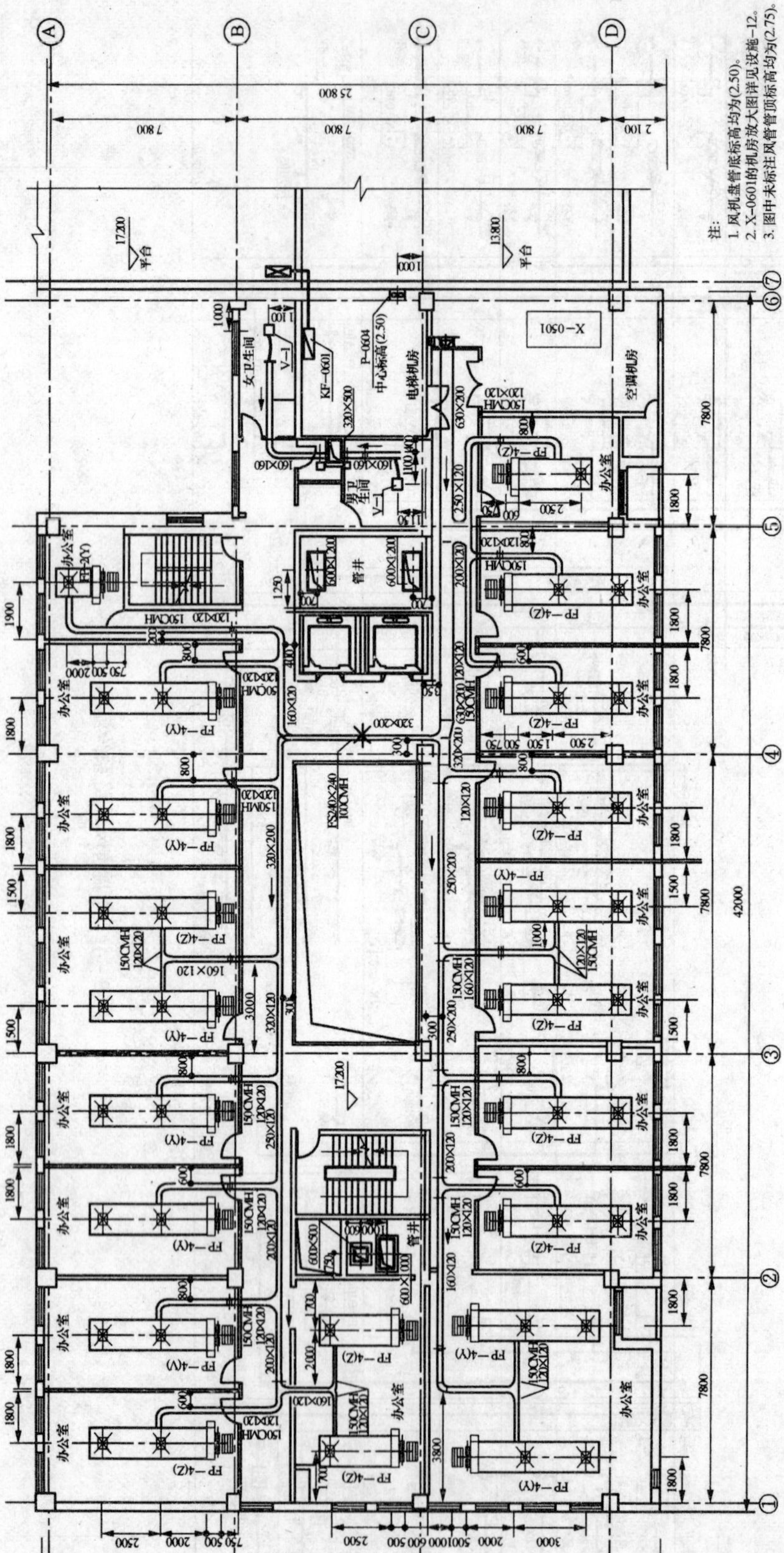

注：
1. 风机盘管底标高均为(2.50)。
2. X-0601的机房放大图详见设施-12。
3. 图中未标注风管管顶标高均为(2.75)。

图 3-5　六层空调风路平面图

2）空调水路平面图。如图3－6所示为六层风机盘管水管系统布置平面图。供水及回水干管都自建筑右后部位空调机房GL－4垂直干管接来，水平供水干管沿机房装设，分为两趟干管沿走廊敷设，并分出许多DN20的支管向风机盘管供水。由盘管出来的回水用DN20的支管接到水平回水干管，再接到管道竖井中垂直干管HL－4回流到制冷机房，经冷热处理后再次利用。另外，在盘管的降温过程中，产生由空气中析出的凝结水，先集中到盘管下方的一个水盘内，再由接在水盘的DN15凝结水管n接往管道竖井中。将凝结水接往建筑底层，汇合后通往下水道。

（6）新风机房放大图（图3－7）。从新风机房放大图上可以看出，室外空气通过防雨百叶——消声静压箱——管道（630×320），进入到新风机组中（X－0601），在经过管道（630×200）——两个消声器——风路调节阀——进入到管道中；供回水管为两趟DN50的管道；从A－A，B－B剖面图上可以看到风管的高度，进出水管的连接位置，消声器的高度以及各水管的标高等。

（7）通风平面图。一层空调风路平面图（图3－8），空气经过空调机房新风机组K－0101的处理后，经过防火阀——管道（1300×320）高度4m，到5轴处分成两路，一路为700×250，最后由9个320×250的风口将空气送入到大堂内；另一路1000×250又分为两路，一路700×250，由7个320×250风口将空气送入到大堂内；另一路630×250，由4个320×250风口将空气送入到大堂内。

地下三层空调风路平面图（图3－9），主要是通风系统的布置，从图上可以看出，整个地下三层由一趟J－B301风机系统组成的630×250的送风系统，一趟有P－B301风机组成的630×250的排风系统，从而保持系统的风量平衡；另外，在两边的楼梯间内分别设置一趟400×320加压送风系统，在电梯前室设置一趟500×320的加压送风系统。

防排烟系统原理图如图3－10所示，该图给出了各种防排烟楼梯间和消防电梯间的加压送风系统和每层走廊所设的排烟系统，中庭部分设有屋顶排风机等。

（8）空调机房放大图（图3－11～图3－14）。K－0505机房放大图，室内回风——管道700×500标高2.85（见B－B）——两个消声器（L＝1000标高3.10见A－A）——管道风机（H－0503）——三通——一路800×400——排风竖井；另一路800×400标高3.05——静压箱汇和另一路新风系统（防雨百叶——消声静压箱——调节阀——消声器——静压箱）进入到新风机组K－0505中，空气经过处理后通过送风口——管道700×500——两个静压箱L＝1000标高3.10——送风管，完成本次循环。两趟水管沿21轴处向上经过F轴后向右，最后连到新风机组K－0505上。需要注意的是，这两趟管道在水平转弯时，需要在转弯处加装自动排气阀。

（9）客房放大图（图3－15）。风管路部分：新风通过管道320mm×120mm——分支管道120mm×120mm标高2.40m——房间中。卫生间空气通过排风扇V－1——排风管道120×120标高2.35，和另一个卫生间的排风管道120mm×120mm标高2.35m汇合后——排风管道630mm×200mm。室内回风通过可拆过滤回风百业DB600mm×400mm——风机盘管FP－3——保温金属软管——铝合金风口SB1100mm×120mm——室内。

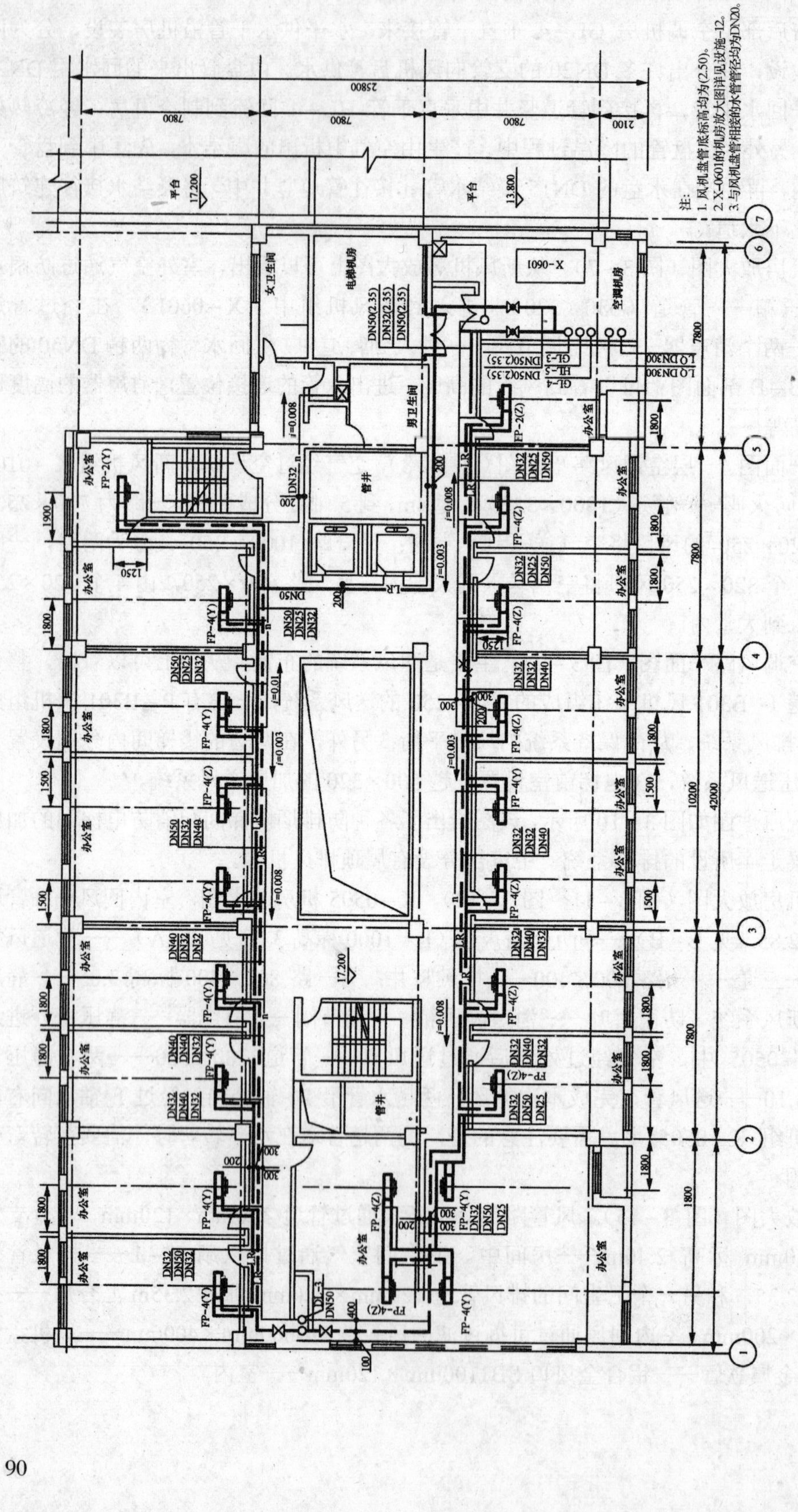

图3-6 六层风机盘管水管平面图

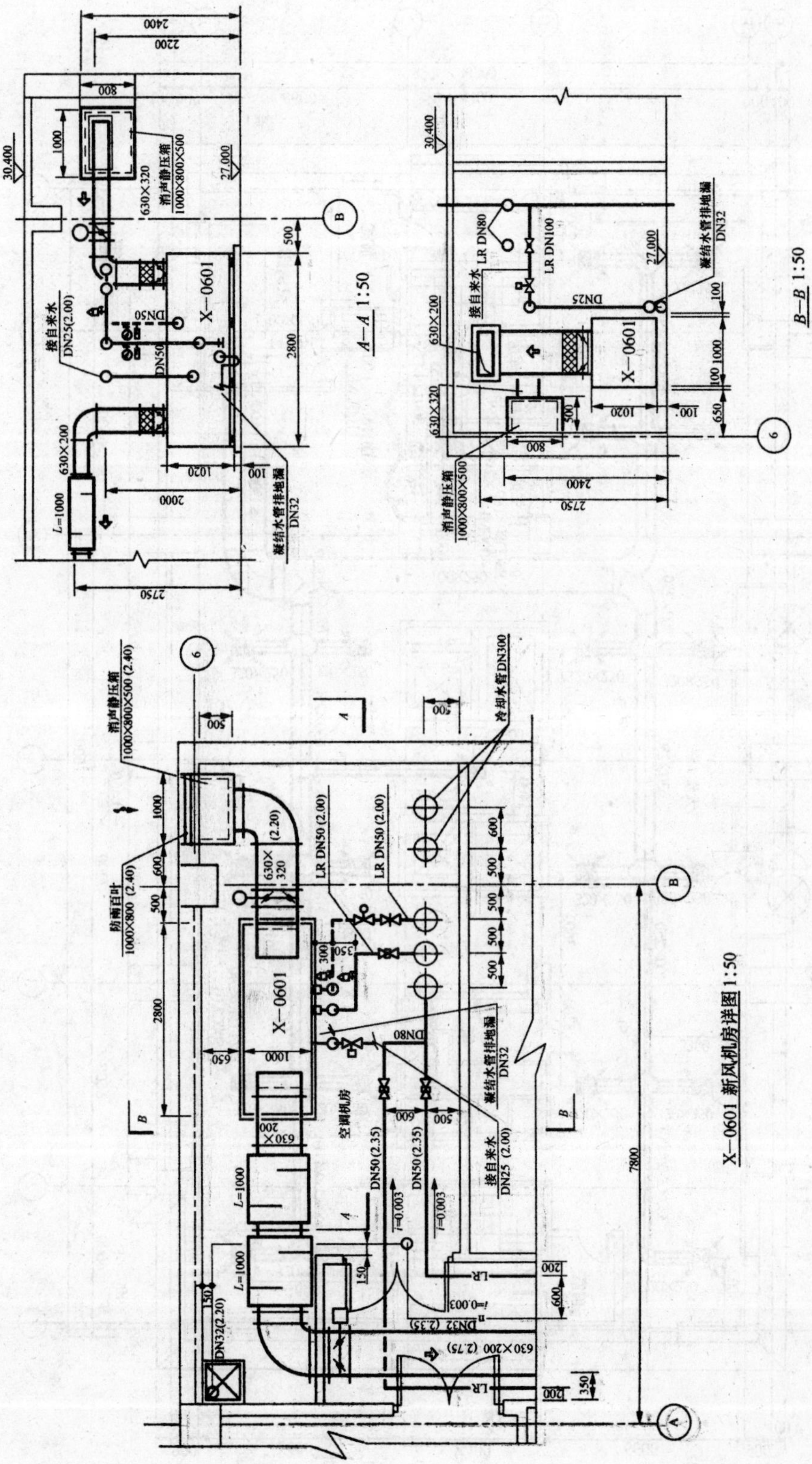
A—A 1:50
B—B 1:50
X—0601 新风机房详图 1:50
X—0601
消声静压箱
1000×800×500
接自来水
凝结水管排地漏
DN32
冷却水管 DN300
防雨百叶
空调机房
30.400
27.000
2750
2400
2200
7800

图 3－7　新风机房放大图

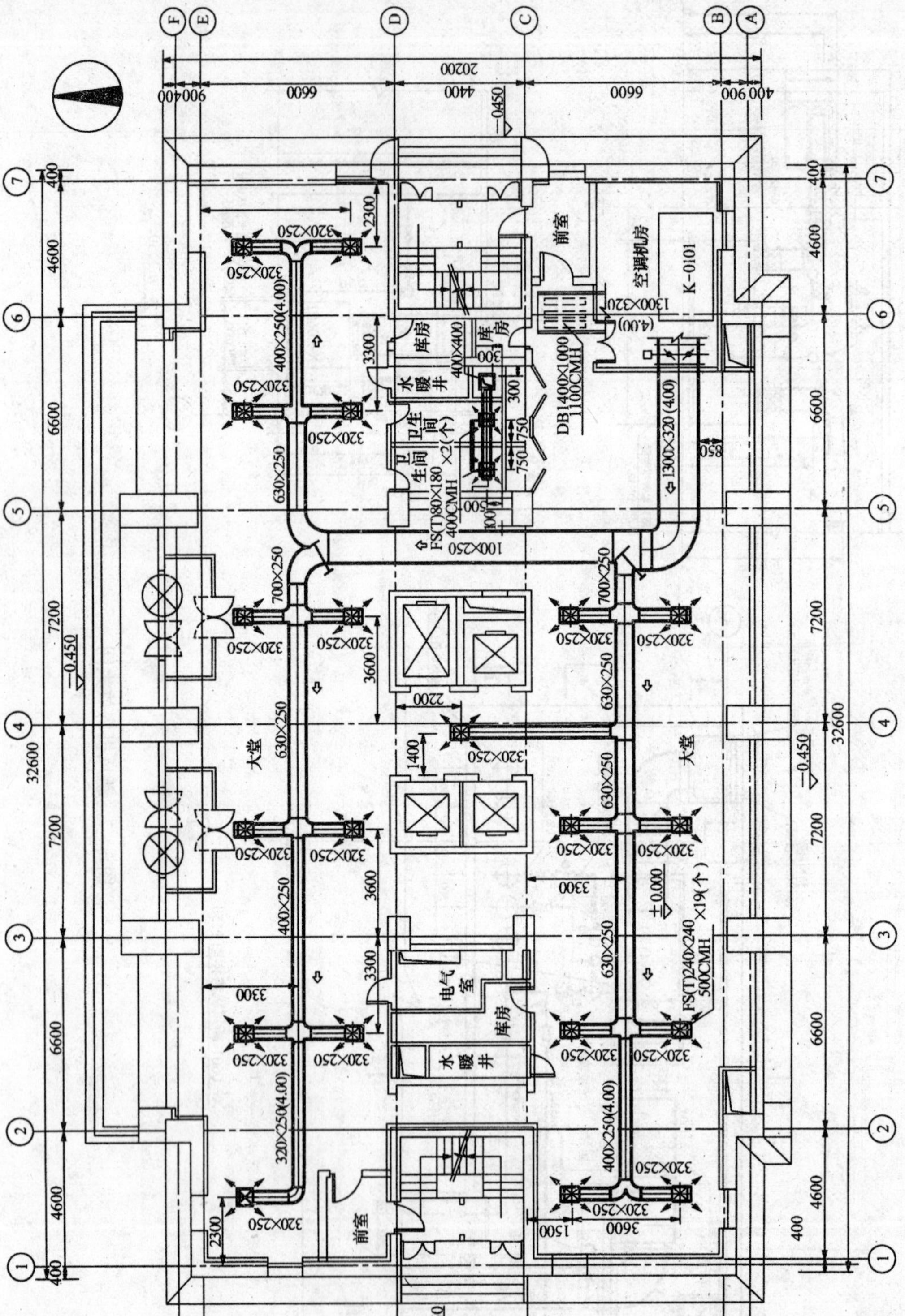

图 3－8　一层空调风路平面图

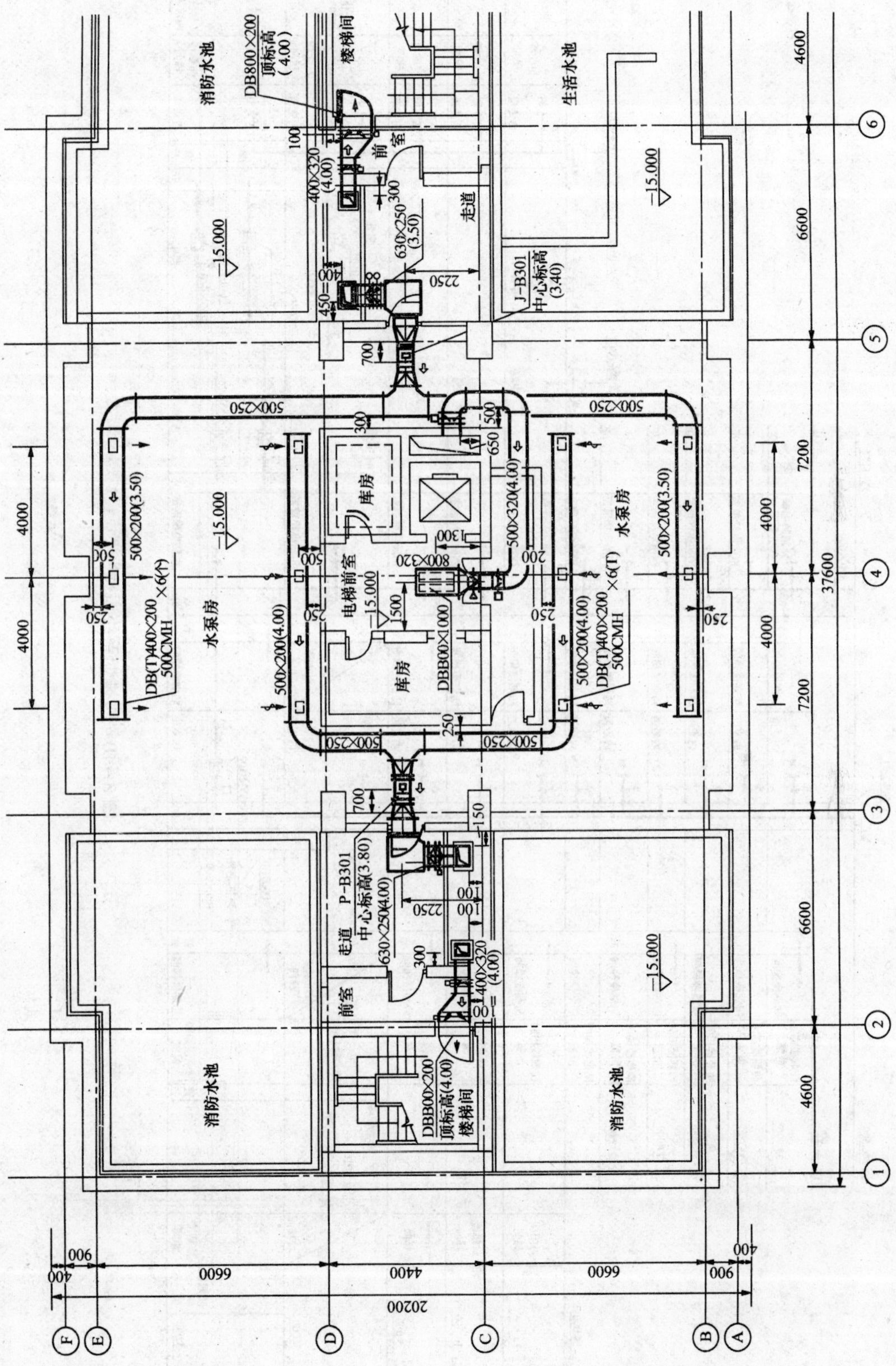

图 3－9　地下三层空调风路平面图

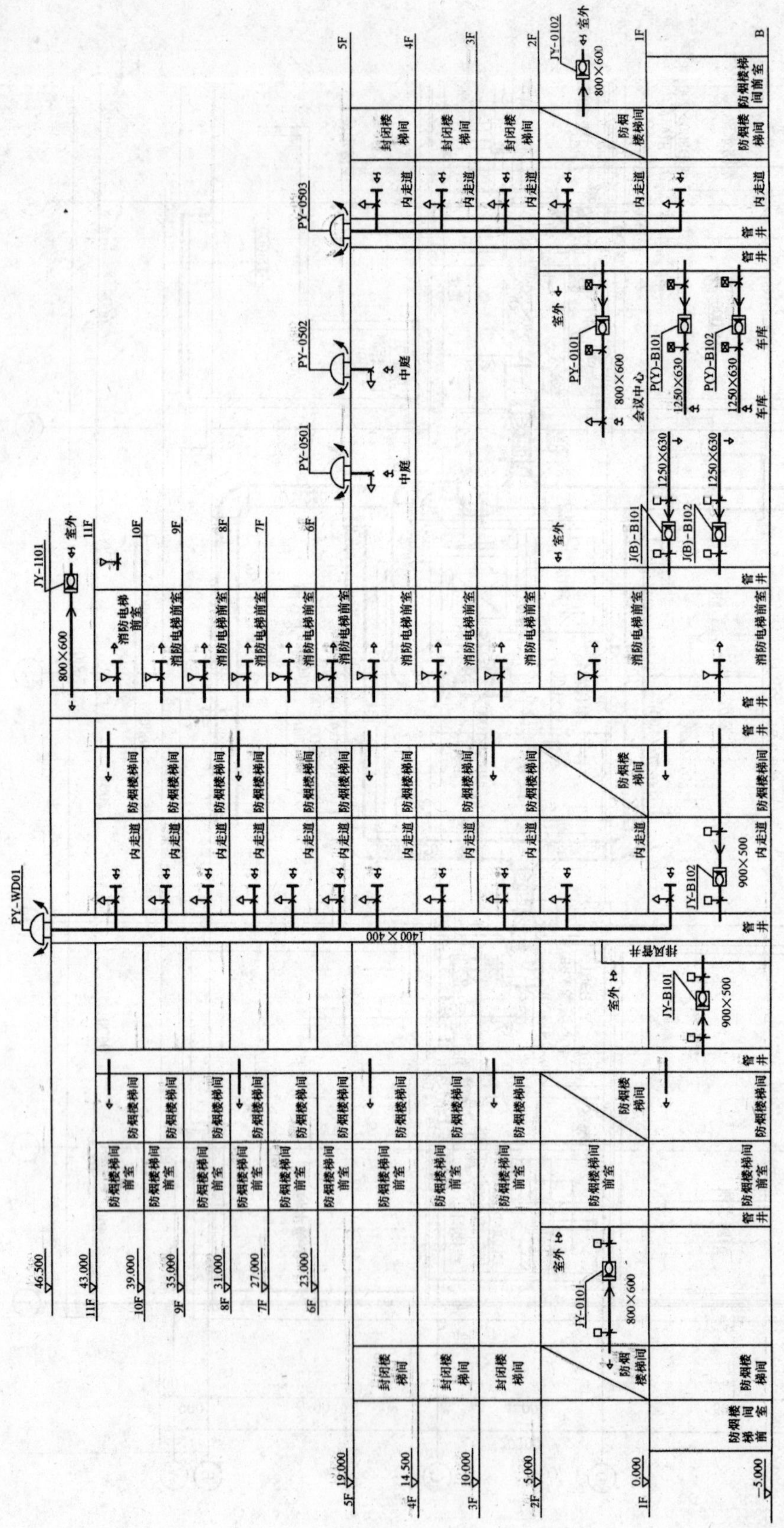

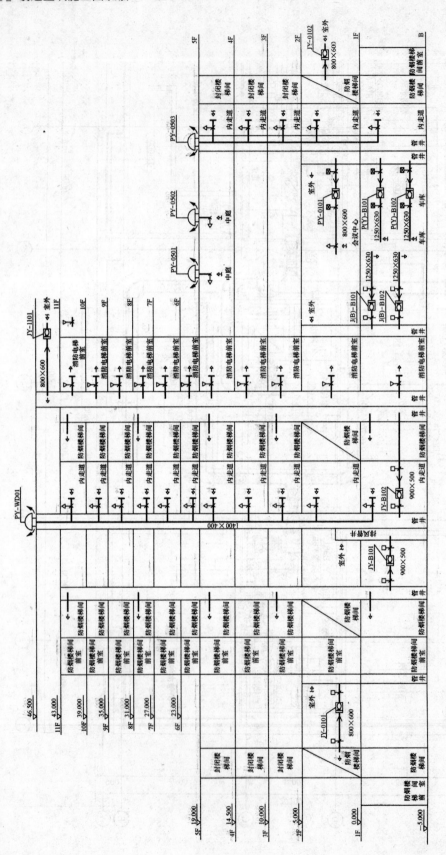

图3-10　防排烟系统原理图

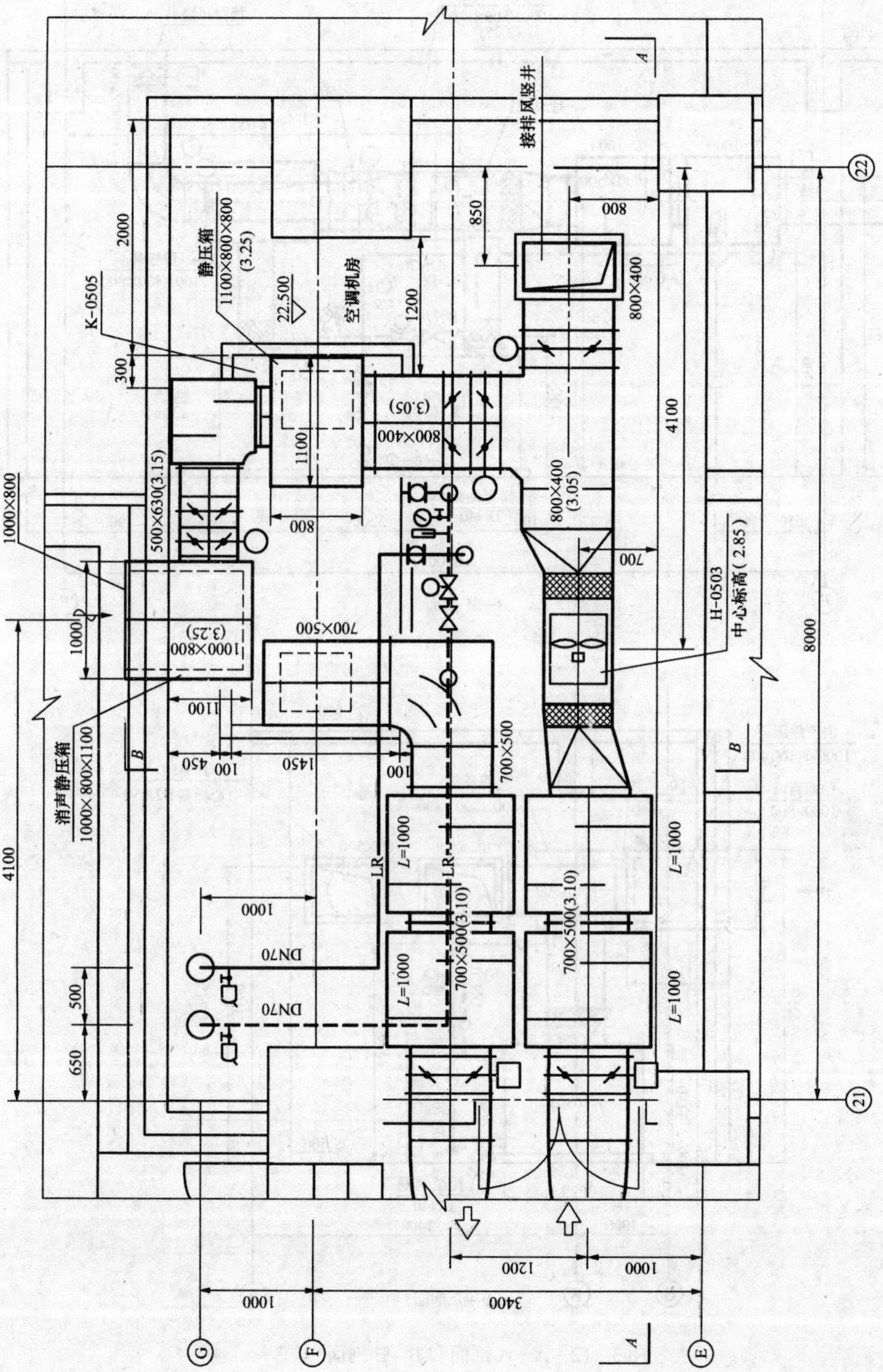

图 3－11　空调机房放大图

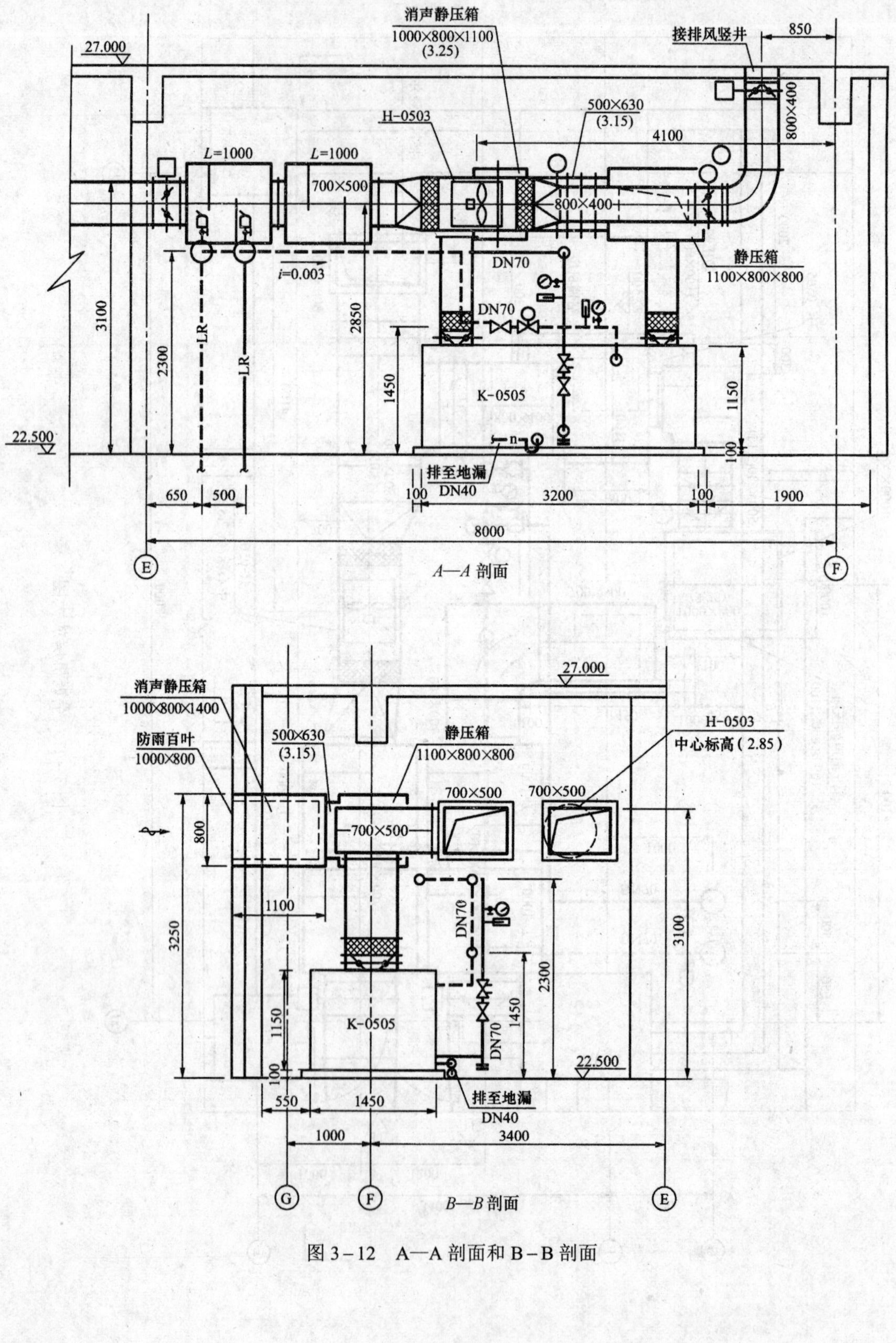

图3-12 A—A 剖面和 B-B 剖面

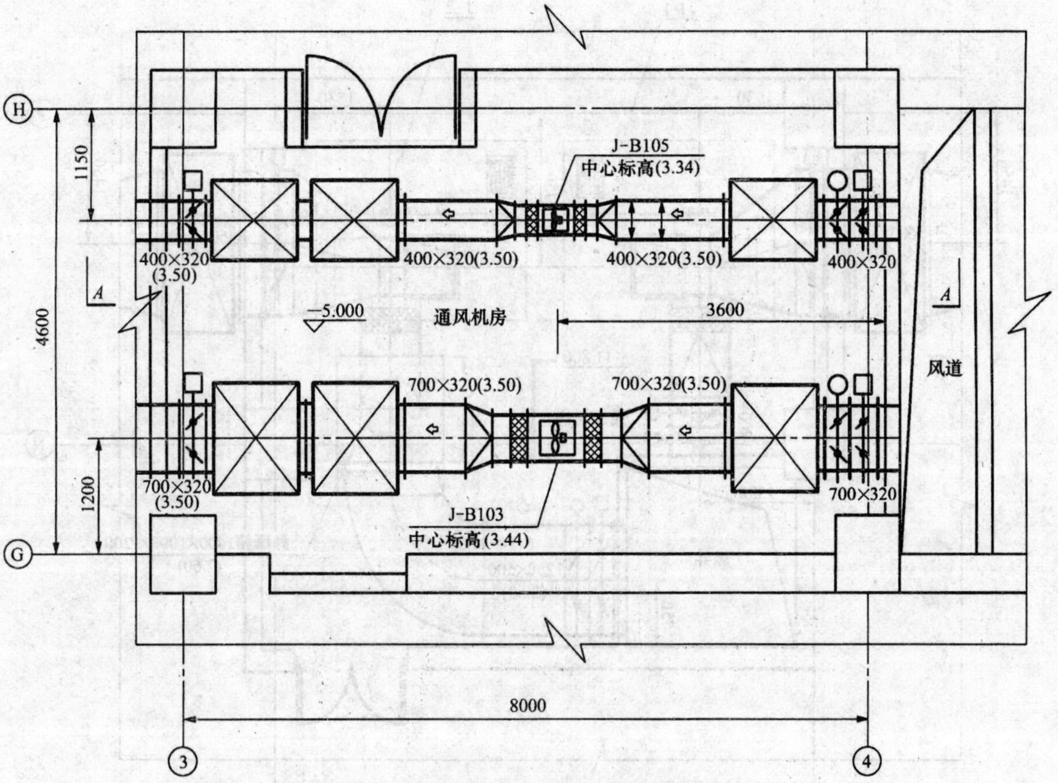

J-B103，J-B105 风机房放大图 1:50

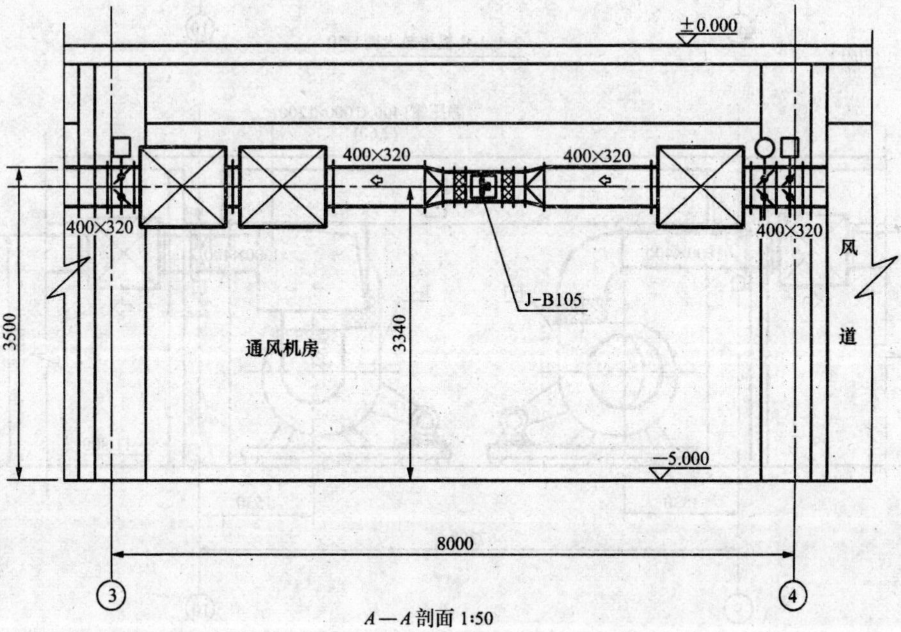

A—*A* 剖面 1:50

图 3－13　机房放大图（一）

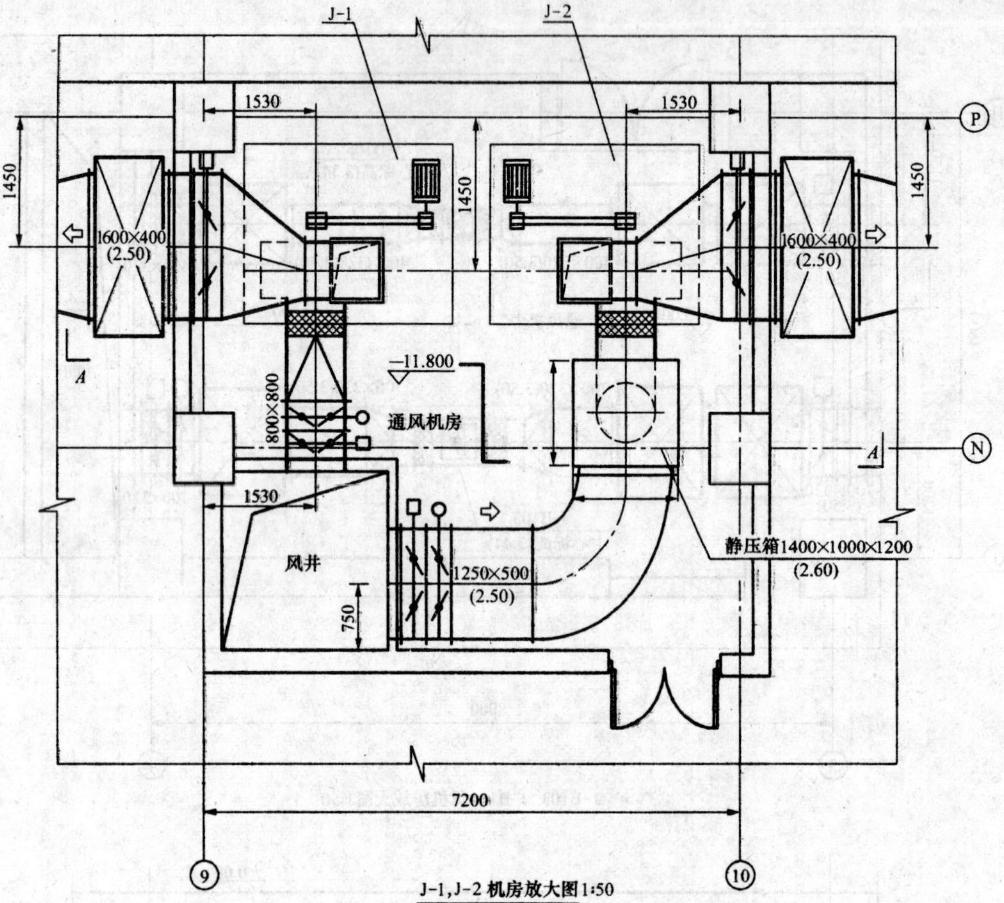

J-1，J-2 机房放大图 1:50

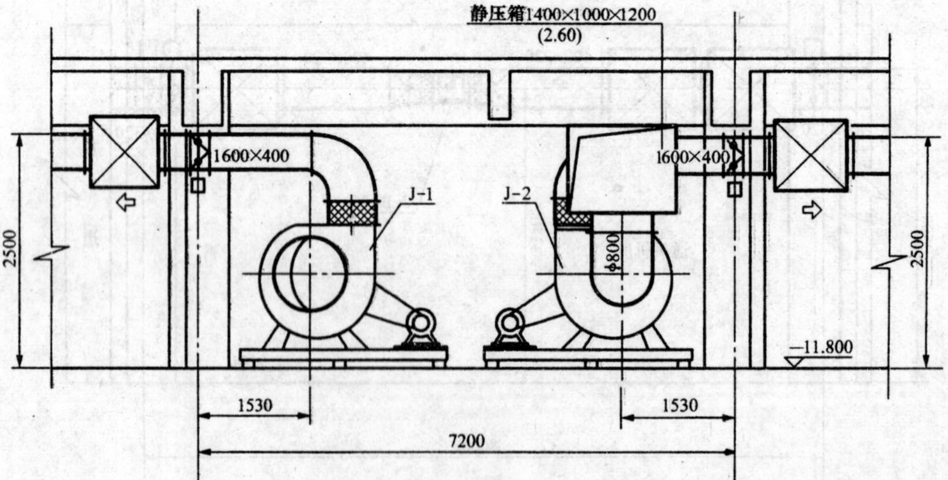

图 3－14　机房放大图（二）

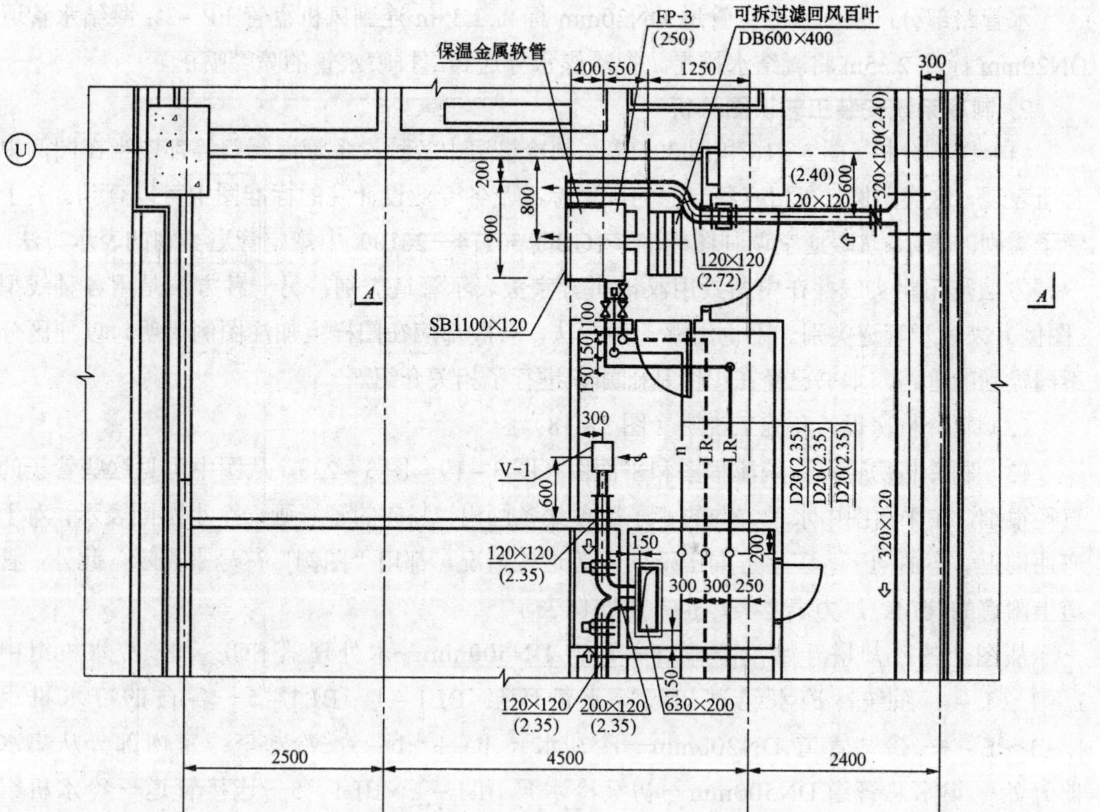

客房放大图 1:50

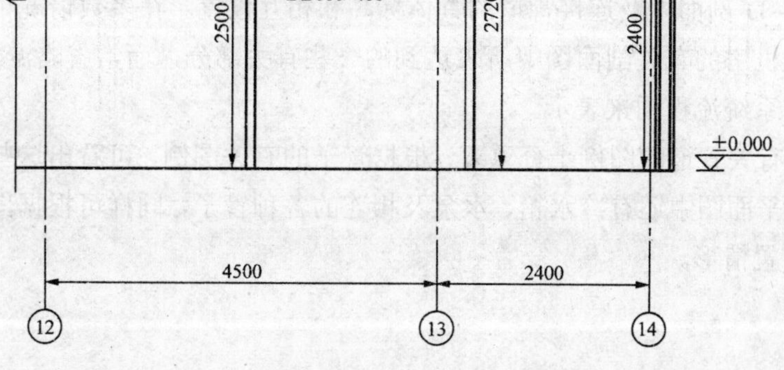

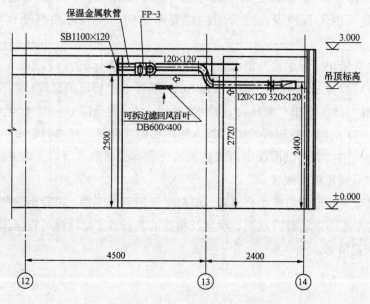

图 3－15　客房放大图

水管路部分：供回水分支管道 DN20mm 标高 2.35m 连到风机盘管 FP－3，凝结水管道 DN20mm 标高 2.35m 将凝结水排走。把冷媒水分送到二排喷水管的喷嘴喷出。

2. 制冷系统安装工艺识图分析

（1）图例分析（图 3－16 和图 3－17）。制冷机房中各种设备管道阀门等都应当在图例中有所表现，这类图例，在相应各专业的国家标准及各专业设计院的标准图中可以查到。关于管子类别的表示，《暖通空调制图标准》（GB/T 50114—2010）中规定管道类别的表示方法：一种方法是用粗实线并在中断处用汉语拼音字头表示管道类别；另一种方法是用各种线型（图例）来表示管道类别。不论用哪一种方法，一般都应在图样上加注图例说明，以便区分不同类别的管路，本书已经在识图基础知识进行了相关介绍。

（2）制冷机房设计和施工说明（图 3－18）。

（3）制冷机房管路系统流程图和平面图（图 3－19～图 3－23）。从图中可见这些管子的直径很细，在平面图中水平方向的管子用单线条画出；竖向的管子画一个小圆圈表示；对于弯曲向上、弯曲向下、丁字形向上及向下等这些情况，都用“图例”符号来表示。此外，管道上附有的阀门、压力表之类，也要用图例表示。

从图上的冷却塔开始，冷却塔—管道 DN500mm—水处理器 SCL－1—冷水机组中 L－1～L－4 系统冷冻水经过初级冷水循环泵 BL1－1～BL1－5—各自的冷水机组 L－1～L－4—冷却管道 DN200mm—冷却水泵 b－1～b－5—冷却塔；室内部分从集水器开始—集水总管道 DN500mm—初级冷水泵 BL1－1～BL1－5—连接管道—冷水机组 L－1～L－4—连接管道—次级冷水泵 BL2－1～BL2－3—供水总管 DN500mm—分水器中；补水系统由全自动软水器—连接管道 DN32mm—软化水箱—连接管道 DN50mm—补水泵 Bb－1，Bb－2—定压罐定压—集水器中；平面系统放大图的管道走向和流程图是一样的，只是画出了各种设备及管道的位置和走向，读者可根据流程图来对应其具体位置。

各剖面图分别给出了分水器、集水器和连接管道的具体标高 A－A 剖面；次级循环水泵 BL2－1～BL2－3、冷水机组 L－1、软化水器 SCL－1 和连接管道的具体标高和位置 B－B 剖面；初级水泵 BL1－5、冷却水泵 b－5、冷水机组 L－4、定压罐 G－1、软化水器 SCL－1，C－C 剖面和 D－D 剖面以及连接管道的具体标高和相互位置。在多数情况下，可利用已在空调机房和制冷机房的有关剖面图中所表达到的一些有关部分，而常省略专门画的剖面图，只要用平面图和系统流程图来表示。

另外，熟悉有关管道的图例十分重要，根据管子的有关图例，可看出这些管子的布置情况。在制冷机房平面图中还有冷水箱、水泵及相连的各种管子，同样可根据图例来阅读和分析这些管子的布置情形。

图　例	名　　称
L-	冷水机组
b-	冷却水泵
R-	电热热水锅炉
T-	冷却塔
HR-	板式换热器
BL1-	初级冷水泵
BL2-	次级冷水泵
BR-	热水循环泵
BL-	冷水循环泵
B-	冷热水循环泵
Bb-	补水泵
KB-	可变冷媒流量空调机组室外机
KB-××/××	可变冷媒流量空调机组室内机
K-	空调机组及系统编号
X-	新风空调机组及系统编号
P-	排风机及系统编号
H-	回风机及系统编号
J	进风机及系统编号

图　例	名　　称
JY-	加压风机及系统编号
PY-	排烟风机及系统编号
FP-	风机盘管
KF-	分体式空调机组
RSQ-	全自动软水器
G-	密闭式定压罐
HQ-	新风换气机
SCL-	水处理器
V-	排气扇
GL-	供水立管编号
HL-	回水立管编号
nL-	空气凝结水立管编号
—— LR ——	冷热水供水管
- - - LR - - -	冷热水回水管
—— LQ ——	冷却水供水管
- - - LQ - - -	冷却水回水管
—— L ——	空调冷水供水管
- - - L - - -	空调冷水回水管

图　例	名　　称
—— R ——	空调热水供水管
- - - R - - -	空调热水回水管
—— f ——	一组冷媒管
—— n ——	空气凝结水管
—— RS ——	软化水管
—— b ——	补水管
—— P ——	膨胀管
—— XS ——	泄水管
	水泵(系统图上表示)
	管道坡度及坡向
	管道固定支架
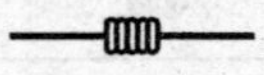	波纹管补偿器
	水路自动排气阀
	压力表
	温度计
	变径管
	水路软接头
	Y 型过滤器

图 3-16　图例（一）

图　例	名　称
	泄水丝堵　泄水阀
	截止阀
	闸阀
	电动二通阀
	电磁阀
	水路止回阀
	平衡阀
	流量调节阀
	水路手动蝶阀
	水路电动蝶阀
	分体式空调室内机
	分体式空调室外机
F.C.	风机盘管
	屋顶风机
	离心式风机(系统图上表示)
	管道式风机
FS(T)	方形散流器(带调节阀)
DB(T)	单层百叶风口(带调节阀)

图　例	名　称
SB(T)	双层百叶风口(带调节阀)
	软风管
	风管及法兰
	风管方圆变径管
	消声器
	消声弯头
	风管软接头
	风路止回阀
	加压阀
	280℃排烟防火阀
	70℃防火阀
	280℃防火阀
	电动风阀
	风路调节阀
DP	风压差开关
DW	水压差传感器
F	水流开关
F	水流量传感器

图　例	名　称
T	温度传感器
P	压力传感器
H	温度传感器
	冷热盘管
	风路过滤器
	风路气流方向
	水路气流方向
	室内送风及室外排风
	室内排风及室外进风
S.A	进风
F.A	新风
R.A	回风
E.A	排风
DI	数据输入
DO	数据输出
AI	模拟输入
AO	模拟输出
M/A	手动/自动转换信号

图 3-17　图例(二)

设计及施工说明

一、设计说明

1. 设计范围:本设计为××市××大楼制冷机房的设计。
2. 执行依据:《采暖通风与空气调节设计规范》GBJ19－1987(二○○一年版)。业主对设计提出的有关要求。
3. 本大楼的建筑面积为 100915m²,总耗冷量为 9495kW,在大楼地下一层的制冷机房内设 3 台 2800kW 的离心式冷水机组,1 台 900kW 的螺杆式冷水机,在大楼群房的 5 层屋顶与冷水机组对应设置 4 台横流式冷却塔。
4. 冷水系统为二次泵变水量系统,与冷水机组一对一设 4 台一次冷水循环泵(螺杆式冷水机组的一次水循环泵设备用泵),另设 3 台二次冷水循环泵。冷水的间水温度为 6/12℃,系统的工作压力为 1.0MPa。
5. 与冷水机组一对一设 4 台冷却水循环泵(与螺杆式冷水机组对应的冷却水泵设备用泵),冷却水的供回水温度为 32/38℃,系统的工作压力为 0.6MPa。
6. 冷水供回水总管及由热交换间来的热水供回水总管均接到分、集水器上,并从分、集水器分别引出 A、B、C 三个区的冷热水供回水分支管。
7. 冷热水系统由密闭式膨胀罐及补水泵定压补水,补水经全自动软水器软化处理,冷却水采用综合水处理器杀菌、灭藻、防锈。

二、施工安装

1. 设备基础均应待设备到货且校核其尺寸无误后,方可进行施工。基础施工时,应按设备的要求预留地脚螺栓孔。
2. 制冷机房内的管道,高点设置放气,低点设置泄水。
3. 冷却水管不保温,其余水管均保温,保温采用 64 kg/m 离心玻璃棉管壳。

冷热水管保温厚度:	管径<DN50	30mm
	管径 DN50～DN200	40mm
	管径>DN200	50mm
冷凝水管保温厚度:		30mm

4. 制冷机房内的水管管径<DN100 的水管采用焊接钢管,管径≥DN100 的水管采用无缝钢管,其规格尺寸如下:

DN100—D108×4.5 DN125—D133×4.5 DN150—D159×5.0

DN200—D219×6.0 DN250—D273×7.0 DN300—D325×8.0

DN350—D377×9.0 DN400—D426×9.0 DN500—D530×10

5. 制冷机房内的水管均应做流向标志和介质种类标志。
6. 系统试压:冷水系统的试验压力为 1.5MPa,冷却水系统的试验压力为 0.9MPa。
7. 设备试运转及系统调试应在保证设备及管道安装以及接线正确无误的基础上才能进行,所有调试用仪表均应精确可靠。
8. 凡以上未说明之处,如管道支吊架间距、管道焊接、管道穿楼板的防水做法等项,均应按《建筑给水排水及采暖工程施工质量验收规范》(GB50242—2002)和《制冷设备、空气分离设备安装工程施工及验收规范》(GB50274—1998)进行施工及验收。

图 例

图 例	名 称	图 例	名 称
L-	冷水机组		水泵
b-	冷却水泵		Y 型过滤器
BL1-	初级冷水循环泵		止回阀
BL2-	次级冷水循环泵		截止阀
Bb-	补水泵		闸阀
G-	密闭式定压罐		蝶阀
SCL-	水处理器		手动调节阀
—— L ——	冷水供水		水路软接头
- - L - -	冷水回水		泄水丝堵 泄水阀
—— R ——	热水供水		自动排气阀
- - R - -	热水回水		管道固定支架
——LR——	冷热水供水		管端封头
- -LR- -	冷热水回水		压力表
——LQ——	冷却水供水		温度计
- -LQ- -	冷却水回水		变径管
—— b ——	补水管	DN××	管道公称直径
——RS——	软化水管		

图纸目录

序号	图号	图纸名称	图幅
1	设施-1	制冷机房图纸目录、设计及施工说明	A1
2	设施-2	制冷机房设备表	A1
3	设施-3	制冷机房管路系统流程图	A1
4	设施-4	制冷机房平面放大图	A1
5	设施-5	制冷机房剖面图(一)	A1
6	设施-6	制冷机房剖面图(二)	A1

使用标准图纸目录

序号	标准图集编号	标准图集名称	页次
1	01R405	压力表安装图	全册
2	01R406	温度仪表安装图	全册
3	98R418	管道与设备保温	全册

图 3－18 制冷机房设计和施工说明

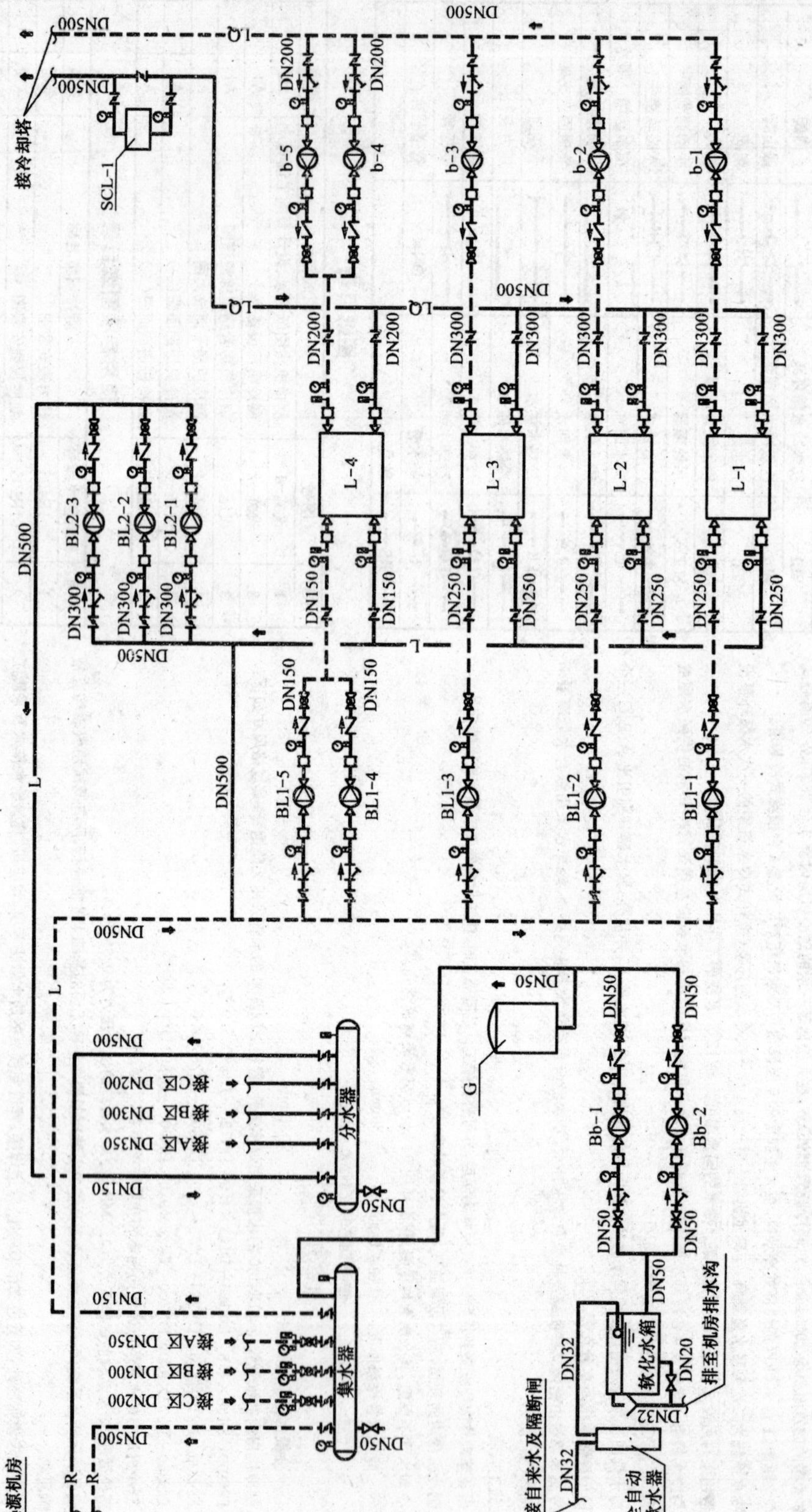

图 3-19　空调冷源管路系统流程图

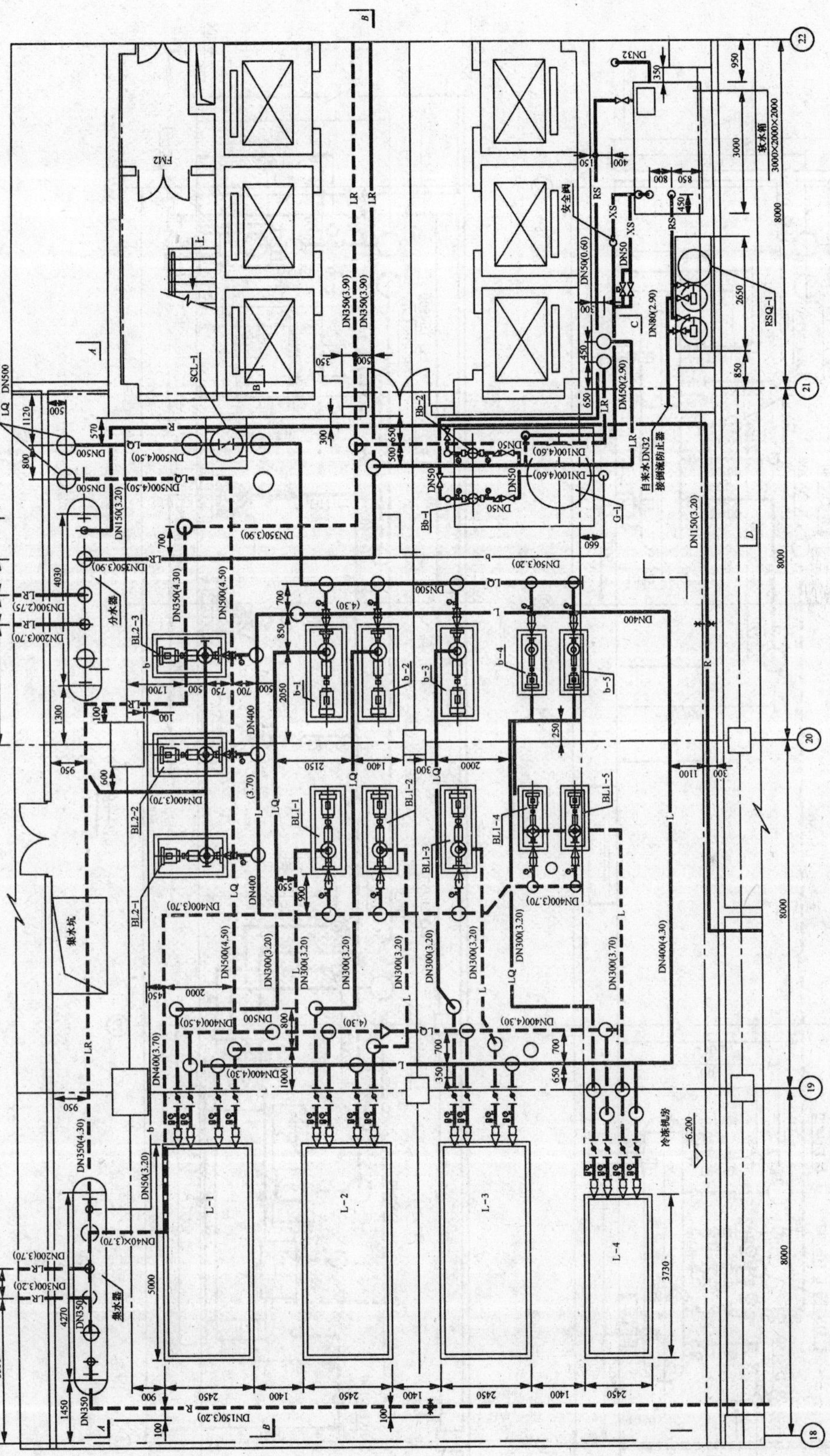

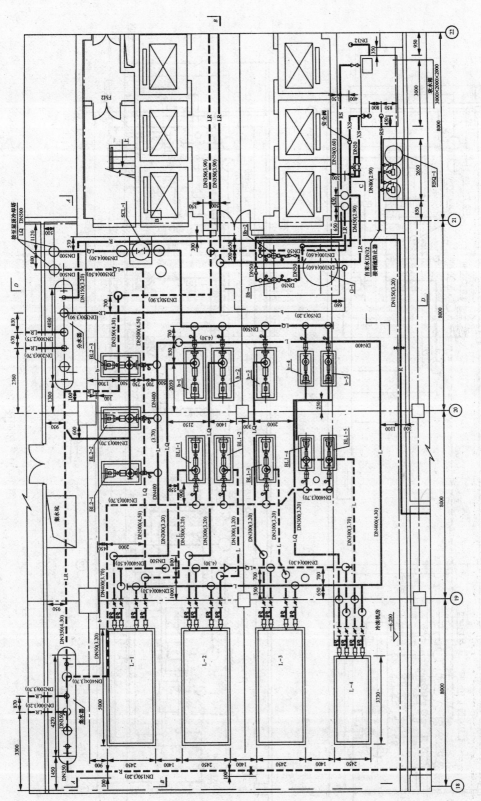

图 3－20　制冷机房平面放大图

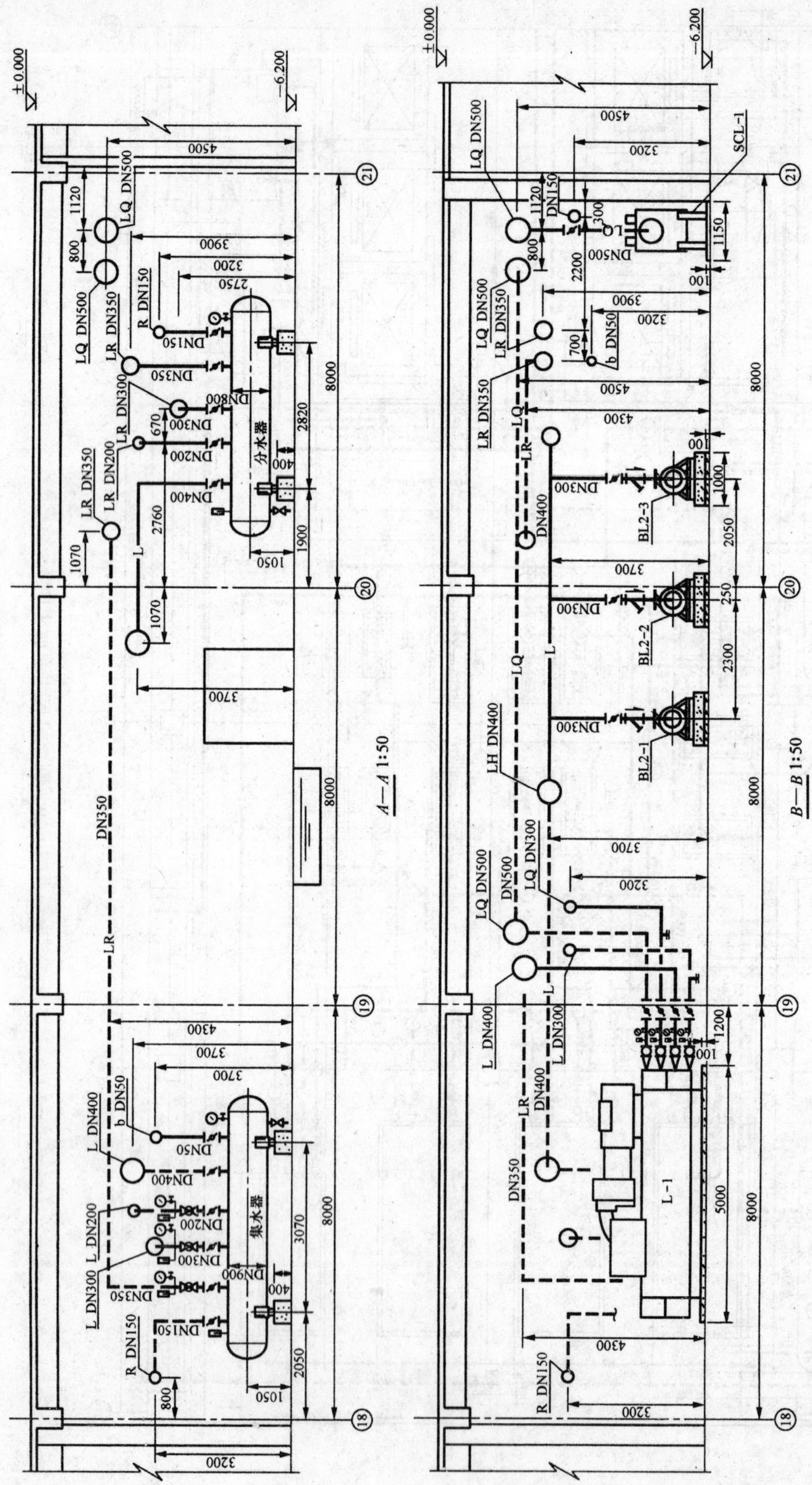

图 3-21 剖面图（一）

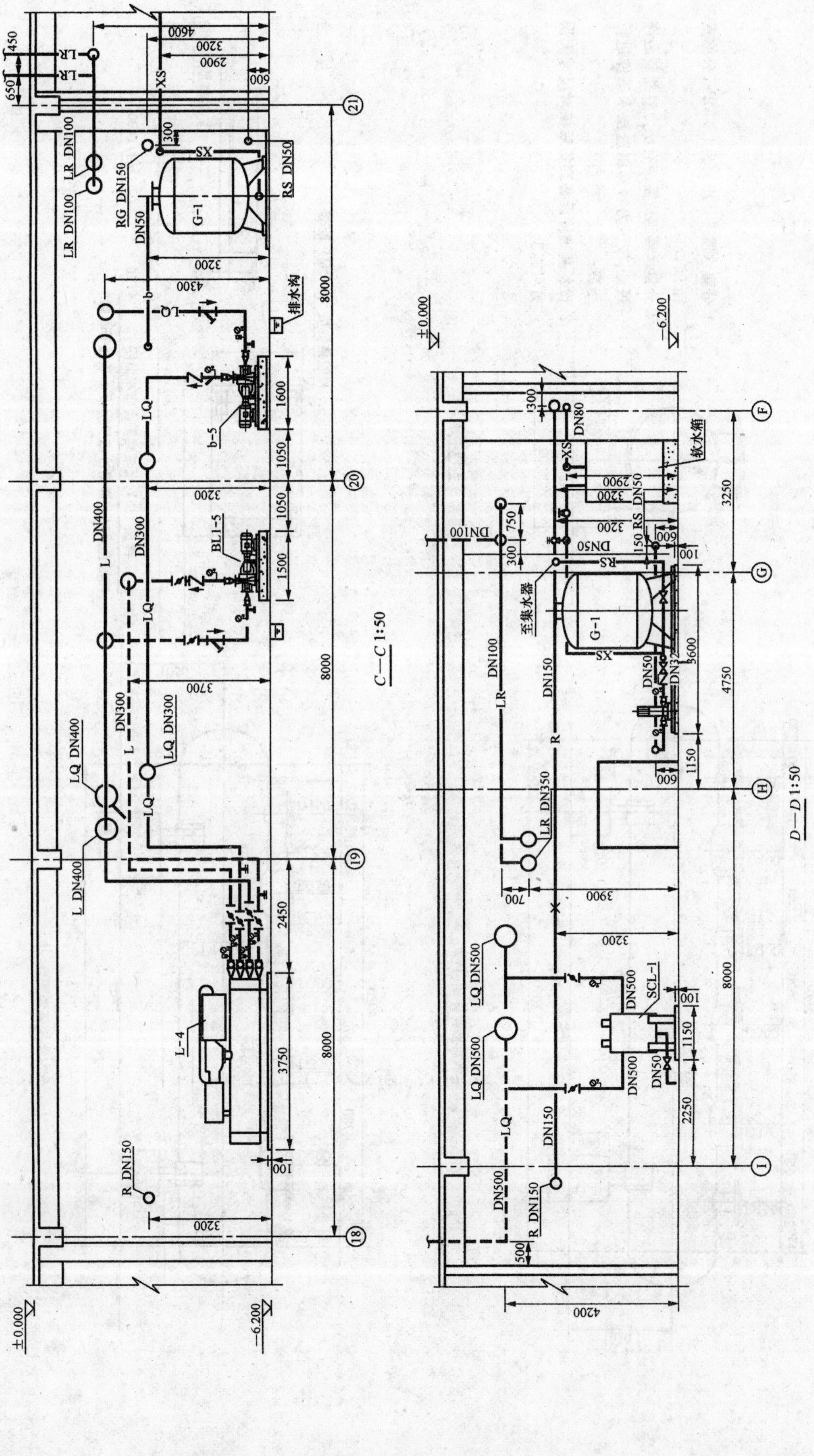

图 3 - 22　剖面图（二）

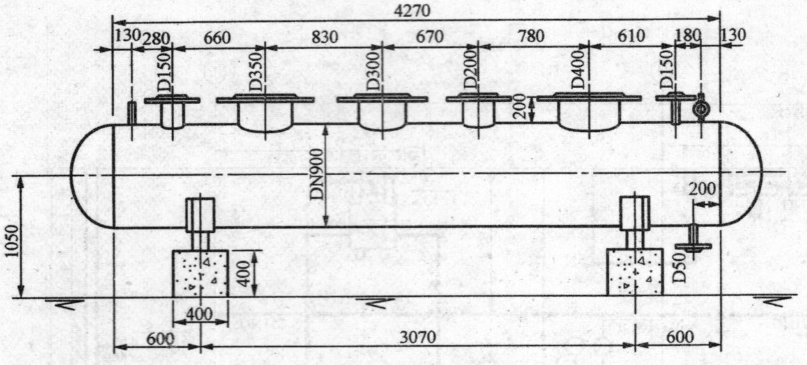

集水器接管详图 1:20

A向

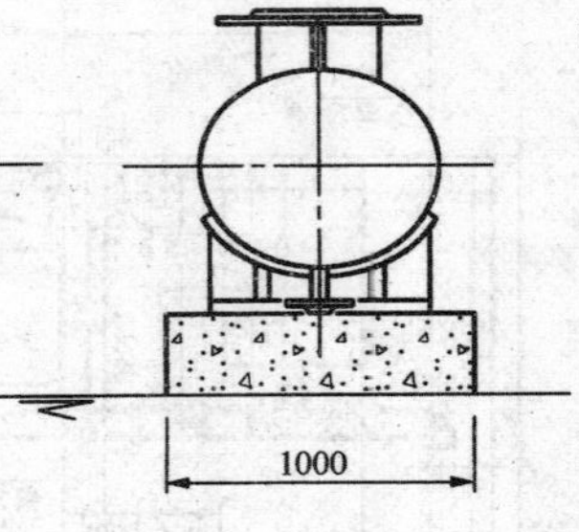

A 向图 1:20

注：

1. 分集水器设计压力为1.0 MPa，公称直径 DN900。
2. 分集水器制造需持有压力容器制造许可证，按压力容器制造技术条件进行制造。
3. 设备基础待设备到货后核对尺寸无误方可施工。

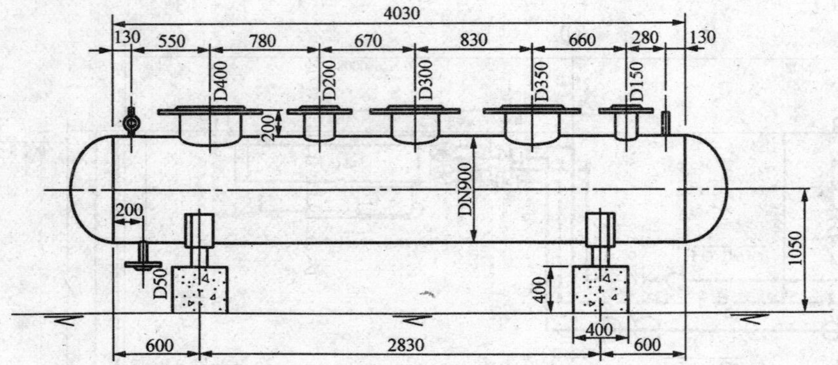

分水器接管详图 1:20

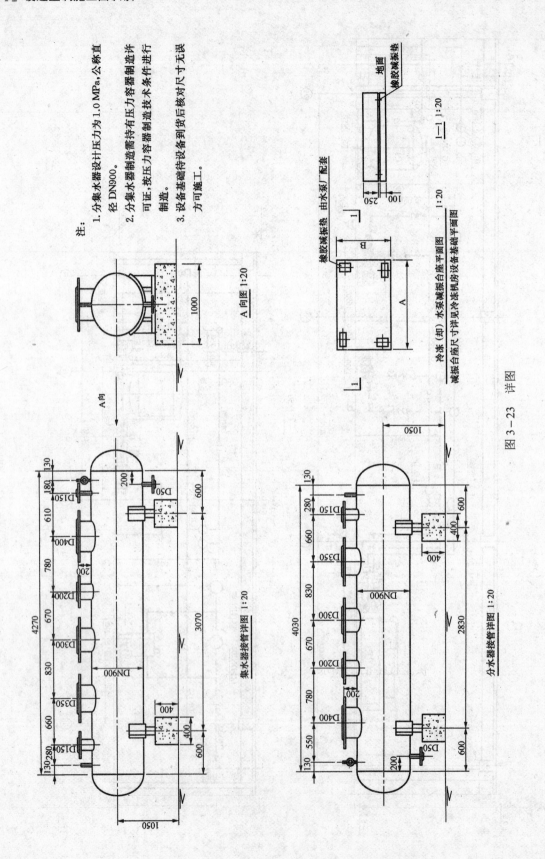

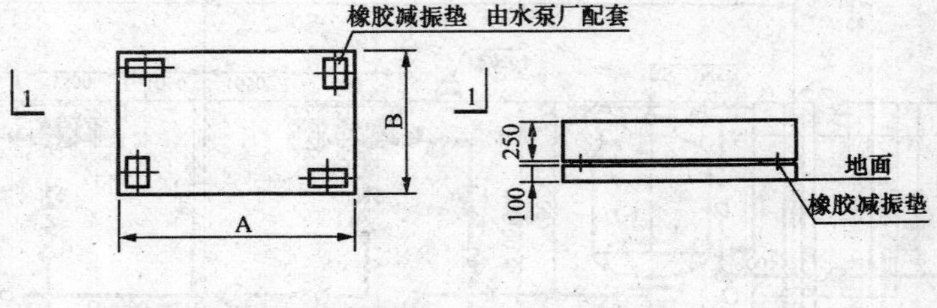

冷冻（却）水泵减振台座平面图 1:20

减振台座尺寸详见冷冻机房设备基础平面图

1—1 1:20

图 3－23 详图

第4章

水暖安装施工图案例综合识读

本套图纸为××市综合楼水暖施工图设计，从图纸目录上可以看出，整套图纸一共包括38张图纸，这里节选了其中一部分（图4-1～图4-30）。第一张（图4-1）是图纸说明、目录、图例和设备明细表，整套图纸一共分为两大部分，一部分是给排水消防部分，另一部分是采暖部分。下面分别进行简述。

4.1　给水排水安装施工图案例综合识读

1. 识读方法

先识读室内给排水平面图，再对照室内给排水系统图识读，最后识读详图。

（1）室内给排水平面图识读。读图时先识读底层平面图，然后识读各层平面图。识读底层平面图时，先识读卫生器具，再识读给水系统引入管及立、干、支管，最后识读排水系统支、干、立管及排出管。

（2）室内给水系统图识读。读图时先将室内给水系统图与室内给水排水平面图对照，找出室内给水系统图中与室内给水排水平面图中相同编号的引入管和给水立管，然后按引入管及立、干、支管顺序识读。

（3）室内排水系统图识读。读图时先将室内排水系统图与室内给排水平面图对照，找出室内排水系统图中与室内给排水平面图中相同编号的排出管和排水立管，然后按支、干、立管及排出管顺序识读。

2. 识读过程

（1）给排水平面图、详图识读。从图上可看出，该楼共十五层，高位水箱设在十六层，分为两个区。地下室到四层为低区，五层到十五层为高区，给水加压设备在地下室。地下室还包括换热器，供全楼生活用热水。

生活排水为合流制，经化粪池处理后排到城市下水道。地下层消防给排水平面图给出了低区生活热水管道布置，低区生活给水管道布置，压力排水管道布置，雨水排水管道布置。

主要设备就是排水潜污泵，位于4～5轴之间。卫生器具主要布置在4～5轴和F轴交界处，设水表、洗脸盆、蹲式大便器、地漏、拖布池等。

一、二层给排水平面图上给出了给排水管道布置，水表、洗脸盆、蹲式大便器、地漏、拖布池、小便斗等的位置。三、四层给排水平面图由于是客房，因此在给出上述卫生设备后，同时它还给出了浴盆和坐便器的位置。以上这些卫生器具的布置都反映在系统详图上。

五～十五层管道布置和卫生器具布置是一致的。管道间给排水平面图给出了生活给水管、生活热水管、热水循环管、雨水管以及排水管的管道布置。

十六层给排水平面图给出了卫生间管道透气管的布置图。同时该图还给出了水箱间的管道配置以及基础的详图。

（2）给排水系统图、原理图识读。给水、热水系统图中给出了生活给水、生活热水的连接形式，现对$\frac{L1}{g}$立管进行分析，其他依次类推。

设备层的给水干管 DN50 接到给水立管上，分为两路后，汇同热水管分别接到脸盆、浴盆上。排水污水系统图上给出了压力排水管道的连接形式，雨水管道的连接方式和污水管道的连接方式。以$\frac{P}{3}$为例，排 3 的污水横管开始是 DN75，在连接 1 个地漏，2 个洗脸盆，3 个大便器后变为 DN100 的管径，后连接到 DN125 的排水立管上；同样，另一根污水横管 DN75 连接完 1 个地漏，1 个洗脸盆后也连接到 DN125 的排水立管上。整个排水立管最后通过 A 轴排到室外化粪池中。五～十五层雨水排水管道系统图和四层的分析是一样的，就是应当注意高区的通气管的连接形式和连接位置就可以了。该图还给出了管道层中给排水、热水和雨水干管的系统图，主要给出了各种管道的连接形式和走向。

4.2　供暖安装施工图案例综合识读

1. 识读方法

先识读采暖平面图，再对照采暖系统图识读，最后识读剖面图、详图、标准图。

（1）室内采暖平面图识读。读图时先识读底层平面图，然后识读各层平面图。识读底层平面图时，先识读散热器，再识读采暖系统引入管及立、干、支管，最后识读采暖系统支、干、立管及排出管。

（2）室内采暖系统图识读。读图时先将室内采暖系统图与室内采暖平面图对照，先找出室内采暖系统图中与室内采暖平面图中相同编号的引入管和采暖立管，然后接引入管及立、干、支管顺序识读。最后找出室内采暖系统图中与室内采暖平面图中相同编号的采暖立管。

（3）室内采暖标准图、详图识读。读图时先仔细阅读室内采暖平面图的各个部分的标准图、详图代号，再找出室内采暖平面图中剖切编号和方向，最后按剖切位置和方向顺序对剖面图进行识读，同时按照相应代号对标准图和详图进行识读。

2 识读过程

（1）设计说明部分。采暖部分是从原整套图纸的第 21 张开始，共分为 3 个系统，分别是商业区 1 个系统总耗热量 544 208W，客房区 2 个系统，耗热量分别为 413 783W 和 356 404W。

热源：建筑物自带，为 95℃/70℃热水采暖。小区内建筑物的相对位置及建筑面积见地形图，建筑物最大高度，以所给图纸建筑物标高为准。设计参数见表 4－1。

表 4－1　　承德市室外气象参数

项　目	数　值
供暖室外计算温度/℃	－14
冬季室外风速/（m/s）	1.4
冬季最多风向	NNW

续表

项　目	数　值
冬季大气压/kPa	98
极端最低温度/℃	−23.3
最大冻土深度/cm	126
冬季日照率（%）	70
冬季最低日平均温度/℃	−19.8

综合考虑散热器的工作压力、热工性能、卫生和经济等方面的原因，本设计采用选用 TZ4—6—8 型稀土灰铸铁散热器，散热器工作压力为 0.8MPa 能满足设计要求。散热器住宅部分均挂装，下皮距地 100mm；其余部分为落地安装。TZ4—6—8（四柱 760）型散热器。采暖管道采用钢管，且所有支管管径均为 DN25。

（2）图纸部分。图纸内容是地下室采暖平面图，该图水平方向分为 1～9 轴，竖直方向分为 A～F 轴，采暖热媒的温度为 95℃/70℃，散热器采用四柱 760 型，供热入口为 $\frac{1}{N}$ $\frac{2}{N}$ 两个入口，分别在 1 轴和 3 轴附近，其中 $\frac{2}{N}$ 供回水管路是供低区采暖系统，$\frac{1}{N}$ 是供高区采暖系统。$\frac{2}{N}$ 以 4 轴为中心将整个系统分为两个环路，将地下室的散热器和其以上的散热器立管连在一起，两个水平环路均采用同程式系统。

一～四层由于主要是营业厅，属于大跨度房间，因此，散热器基本上采用局部单管串联系统。另外在 E 轴～D 轴，3～4 轴，6～7 轴等主要大门处设置了大门空气幕，目的是阻挡室外的冷风侵入。其他平面层基本上都同一层设置。五～十三层由于主要是客房，因此主要采用单双管混连系统，避免垂直失调现象。

高区的供水干管设在十四层屋顶，散热器布置同五～十三层。

从系统图上可以看出，对于高层住宅公寓部分，系统采用的是单双管混联系统，即组与组之间采用串联，各组内部采用并联的连接形式，楼梯间内采用的是单管串联加跨越管系统，低区商业部分 (L16A) (L16B) 采用的是单管水平串联系统。

从商业区系统图来看，整个系统的出入口在 $\frac{3}{N}$ 处，采用的是上供上回系统，散热器采用的是水平串联系统。

从采暖立管图上可以看出，商业区位于地下室部分采用的是上供上回系统，而地上部分采用的是下供下回式系统，部分散热器采用双管并联系统，部分散热器采用单管水平串联系统，对于下供下回式系统，为保证系统的排气，应当在各立管散热器上设置自动排气阀，采暖系统图 NA2 较为简单。

整个系统图采用上供上回同程式系统，立管采用单双管混联系统，在系统的末端设置自动排气阀，供回水总管分别接到管道层的供回水总管上。

楼梯间的散热器仍然采用单管串联并加跨越管的形式，十五层采暖平面图由于有供水干管，因此需要单独绘制，整个供水立管由位于 7 轴的管井上来后，分为两路，最后结束于 C～2/C 轴的房间内。

说　明

1 概况：

本建筑总高度为 62.350m，高位水箱设在十六层 56.100m 高度处地下室～四层为综合用房和商场，五～十五层为客房区。生活用冷水分为高低两个区：地下室～四层为低区，五～十五层为高区。消防蓄水池及生活消防水加压设备消防系统稳压设备均在别处地下室另做设计。热水全天供应，为全循环系统地下室设有换热器，供全楼生活用热水。蒸汽由锅炉房供应，生活排水为合流制。经化粪池处理后排至城市下水道，雨水直接排入城市雨水管网。采暖为三个系统：商业区一个系统，总耗热量 544208W；客房区两个系统，耗热量分别为 (1/0A)—(7)轴 413783W，(7)—(3/9)轴 356404W。采暖计算温度：$t_w=-14℃$，$t_n=18℃$。

2 设备：

公用卫生间设蹲式大便器客房卫生间为低水箱坐式大便器，卫生器具规与型号详见设备表。消火栓阀门 DN65，水枪口径 ϕ19，水龙带长 25m 水箱选用防腐防垢钢板搪瓷水箱，水箱用枕木垫置。

3 采暖热媒为热水：供水 95℃，回水 70℃，若水温低须用蒸汽换热器加热

4 甲方要求选用四柱 760 型稀土筹铁散热器，每组散热器均装手动放风门一个，图中未注明的，支管管径均为 DN20(一层低窗台下选用 46 型)。

5 管材：给水热水选用铝塑管，采暖选用焊接钢管，蒸汽、凝水消防管均采用镀锌钢管，DN≥100 为无逢钢管。排水雨水用 UPVC 塑料管，管道交叉处排水雨水管道在下其他管道在上。

6 保温，刷油：

明装镀锌钢管刷银粉两道，设在吊顶地沟和管井内的蒸汽管，热水管，凝水管用 50 厚岩棉管缠两层玻璃布刷两道调和漆防潮保温。水箱间管道保温做法同管道间热力管水箱外，壁面用 60 厚岩棉板铅丝网格捆绑抹麻刀灰保护壳保温。埋地排水管雨水管做混凝土带型基础，用细砂填埋。给水用截止阀，采暖用闸板阀(高压铜体或不锈钢体)。

7 管道穿墙穿楼板穿梁均加钢套管和阻火圈。管道安装与土建密切配合，做好留洞工作。

8 给水、热水水平管均设有 0.003 的坡度，坡向用水点。

9 厨房操做间锅灶及洗菜池均为可移动的不锈钢成品件水嘴待进货后按实际位置安装，含油的污水必须进入隔油池处理后再排入下水道。

10 管井内的热力管道每隔两层设一个波纹伸缩器，排水雨水每隔三层接一个消能管节排水雨水每层设一个伸缩管节。

11 图注尺寸：标高以米计，其他均以毫米计。标高以一层室内地平为±0.000。

12 本图施工套用图：××系列建筑标准设计图集：98S～98N。图中所注管径均为公称直径，排水管见管径对照表。

13 未说明部分均按国家施工及验收规范施工。

排水管管径对照表

公称直径	UPVC 塑料管(外径)
DN50	DN50
DN75	DN75
DN100	DN110
DN125	DN125
DN150	DN160
DN200	DN200

主要设备表

序号	名　称	单位	数量	规格及型号	备　注
1	高位水箱	个	1	22号　L×B×H=4000×2800×2400	钢板搪瓷防腐防垢十六层水箱间设
2	半即热式汽水换热器	台	2	SW1BQ=10　T/h　60/10℃	设在地下室设备间(供洗浴用水)
3	半即热式汽水换热器	台	2	SW1BQ=10　T/h　95/70℃	设在地下室设备间(热风采暖用水)
4	热风采暖循环水泵	台	2	DRG50-500-2　Q=15m³　H=48　N=5.5	设在地下室设备间(热风采暖用)
5	热水循环水泵	台	2	DRG50-160-2　Q=12.5m³　H=32　N=3	设在地下室设备间　设备配套产品
6	排污泵	台	5	65-25-22　Q=25m³　H=15m　N=2.2	设在地下室
7	高级台式洗脸盆	个	355	1号　A×B×C=510×435×195	客房卫生间设置
8	洗脸盆	个	28	3号　A×B×C=560×410×300	各层公用卫生间设置
9	铸铁搪瓷浴盆	个	355	BH165　A×B×C=1650×810×390　高档	客房卫生间设置
10	坐式大便器	个	355	3号　低水箱	客房卫生间设置
11	蹲式大便器	个	68	1号	各层公用卫生间设置
12	消火栓	个	125	水枪口径 ϕ19　水龙带长 L=25m	各层均设
13	雨水口	个	13	79 型	屋面设
14	洗菜池	个	2	可移动不锈钢成品件	一层操作间设
15	自动喷洒消防喷头	个	2529	湿式　ZSTP-11/68 型喷头	各层均设
16	湿式报警阀	个	4	ZSFZ125 型湿式报警阀	设在地下室
17	小便斗	个	18	1号　落地式	各层公用卫生间设置
18					
19					

名　称	图　例	名　称	图　例
给水管		雨水管	
热水管		溢流管	—Y—Y—Y—
蒸汽管	—Z—Z—Z—	排污管	
凝结水管		透气管	
采暖供水管		采暖回水管	

图 4-1　图纸说明

图纸目录				图纸编号
工程名称		承德市新华园综合楼 A 座	年　月　日	共　页　第　页
序号	图别图号	图纸内容	图幅	备注
	设施　1/38	说明设备表　图例	2号	
	设施　2/38	地下层消防给排水平面图	1号	
	设施　3/38	地下层自动喷洒消防平面图	1号	
	设施　4/38	一层消防给排水平面图	1号	
	设施　5/38	二层消防给排水平面图	1号	
	设施　6/38	三层消防给排水平面图	1号	
	设施　7/38	四层消防给排水平面图	1号	
	设施　8/38	一～四层卫生间给排水平面图及给排水热水系统图	1号	
	设施　9/38	管道层给排水管道平面图　消防及生活水箱配管图	1号	
	设施　10/38	五～十三层消防给排水平面图　卫生间给排水平面图	1号	
	设施　11/38	十四层消防给排水平面图　五—十五层卫生间给排水平面图	1号	
	设施　12/38	十五层消防给排水平面图　十六层水箱配管平面图	1号	
	设施　13/38	消防系统图	1号	
	设施　14/38	消防系统图　排水雨水干管系统图	1号	
	设施　15/38	自动喷洒消防系统图	1号	
	设施　16/38	自动喷洒消防系统图	1号	
	设施　17/38	管道层给水热水干管系统图	1号	
	设施　18/38	排水雨水系统图	1号	
	设施　19/38	给水热水立管系统图	1号	
	设施　20/38	排水雨水立管系统图	1号	

图纸目录				图纸编号
工程名称		承德市新华园综合楼 A 座	年　月　日	共　页　第　页
序号	图别图号	图纸内容	图幅	备注
	设施　21/38	地下层采暖平面图	1号	
	设施　22/38	一层采暖平面图	1号	
	设施　23/38	二层采暖平面图	1号	
	设施　24/38	三层采暖平面图	1号	
	设施　25/38	四层采暖平面图	1号	
	设施　26/38	管道层采暖干管平面图　管道层采暖干管系统图	1号	
	设施　27/38	五～十三层采暖平面图	1号	
	设施　28/38	十四层采暖平面图	1号	
	设施　29/38	十五层采暖平面图　(NA1)(高区)采暖系统图(一)	1号	
	设施　30/38	(NA1)(高区)采暖系统图(二)	1号	
	设施　31/38	(NA1)采暖回水干管系统图(管道层)	2号	
	设施　32/38	(NA2)(高区)采暖系统图(一)	1号	
	设施　33/38	(NA2)(高区)采暖系统图(二)		
	设施　34/38	(商业区)　$\frac{2}{N}$ 采暖系统图	1号	
	设施　35/38	(商业区)热风幕蒸汽系统图　$\frac{2}{N}$ 采暖立管系统图		
	设施　36/38	(商业区)　$\frac{2}{N}$ 采暖立管系统图	2号加长	
	设施　37/38	地下层设备间热力管道平面图　膨胀水箱平面布置图　分汽缸配管图	2号	
	设施　38/38	地下层设备间热力管道系统图		

图 4-2　图纸目录

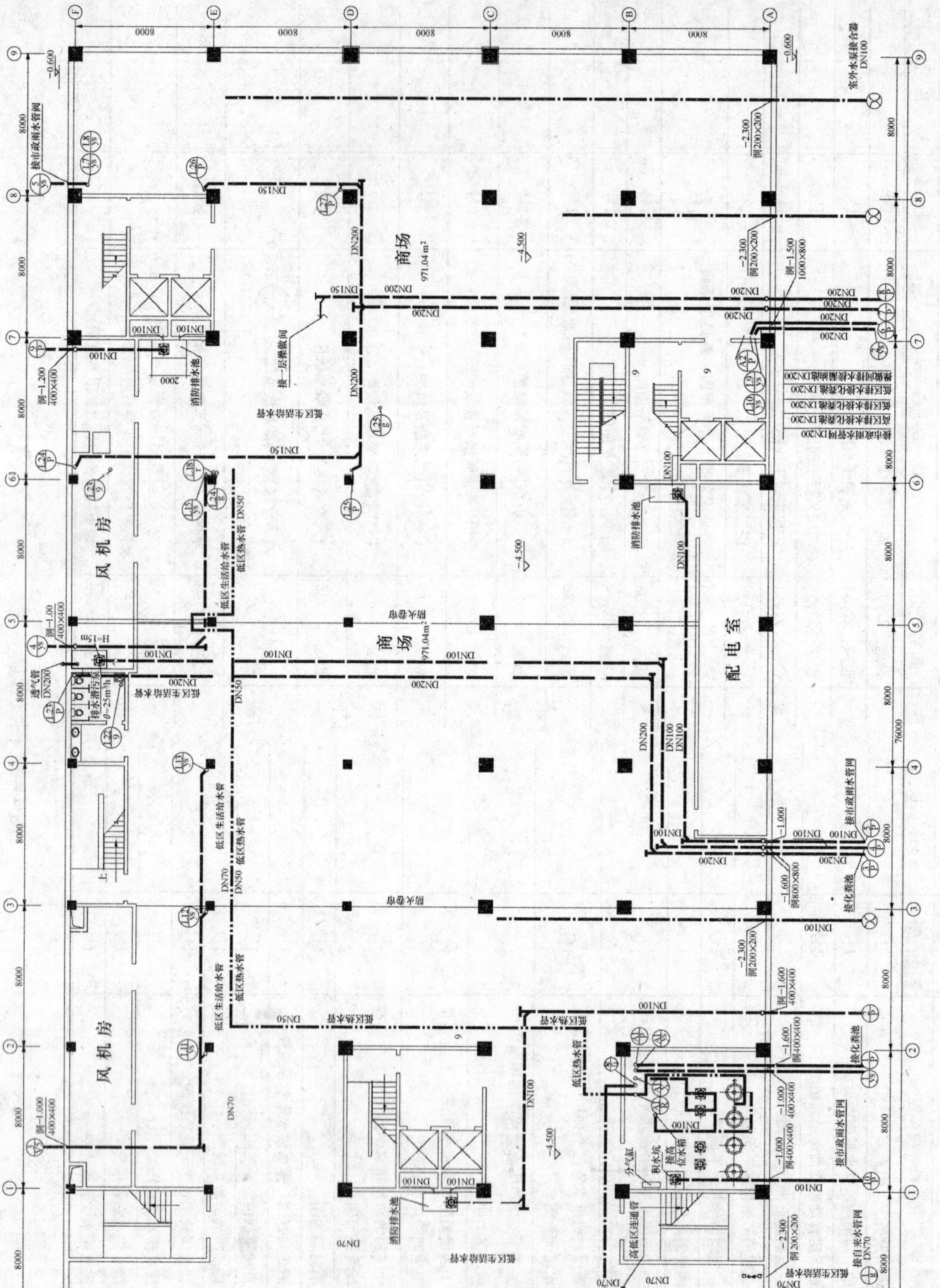

图 4-3　地下层消防给排水平面图

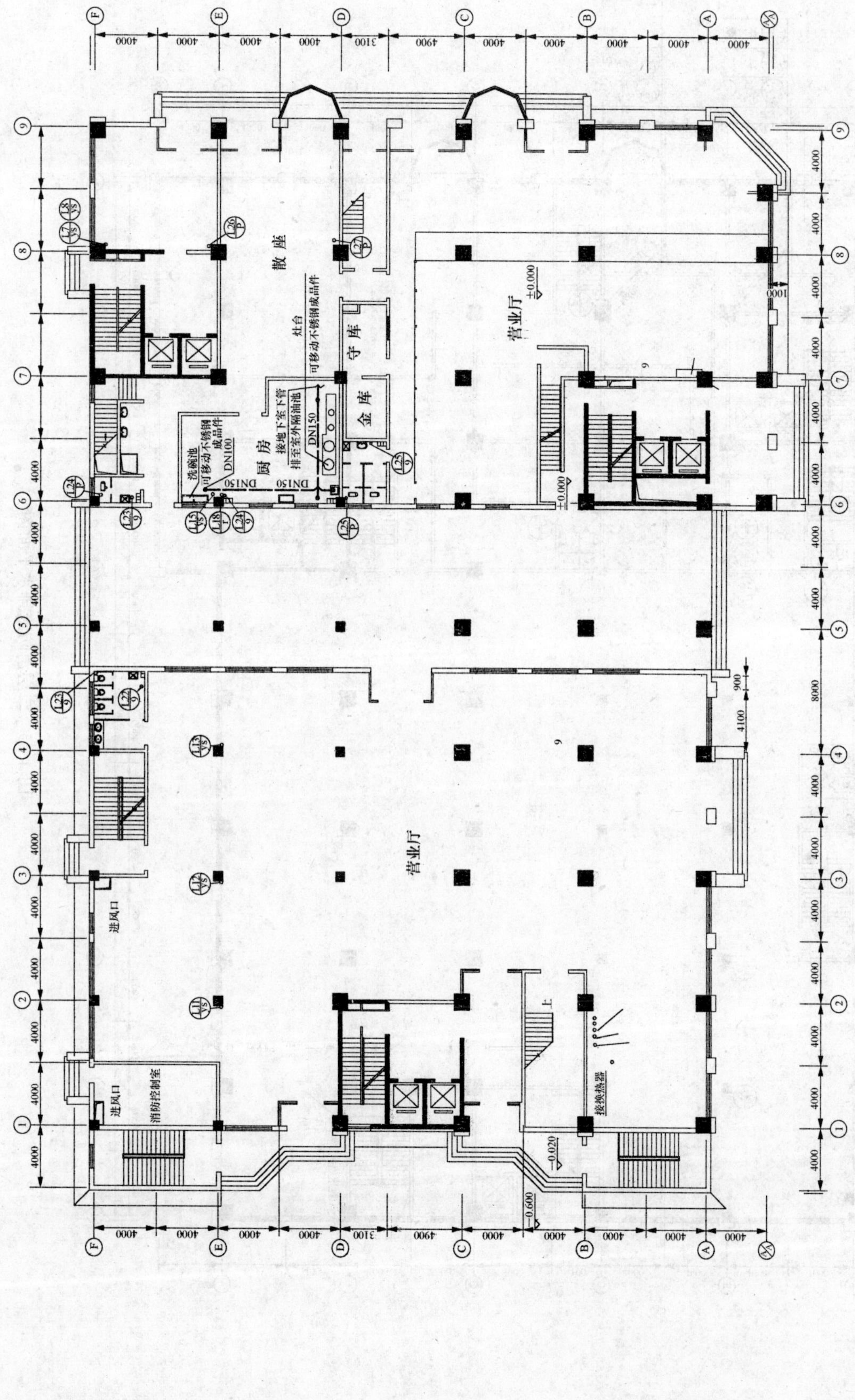

图 4-4　一层消防给排水平面图

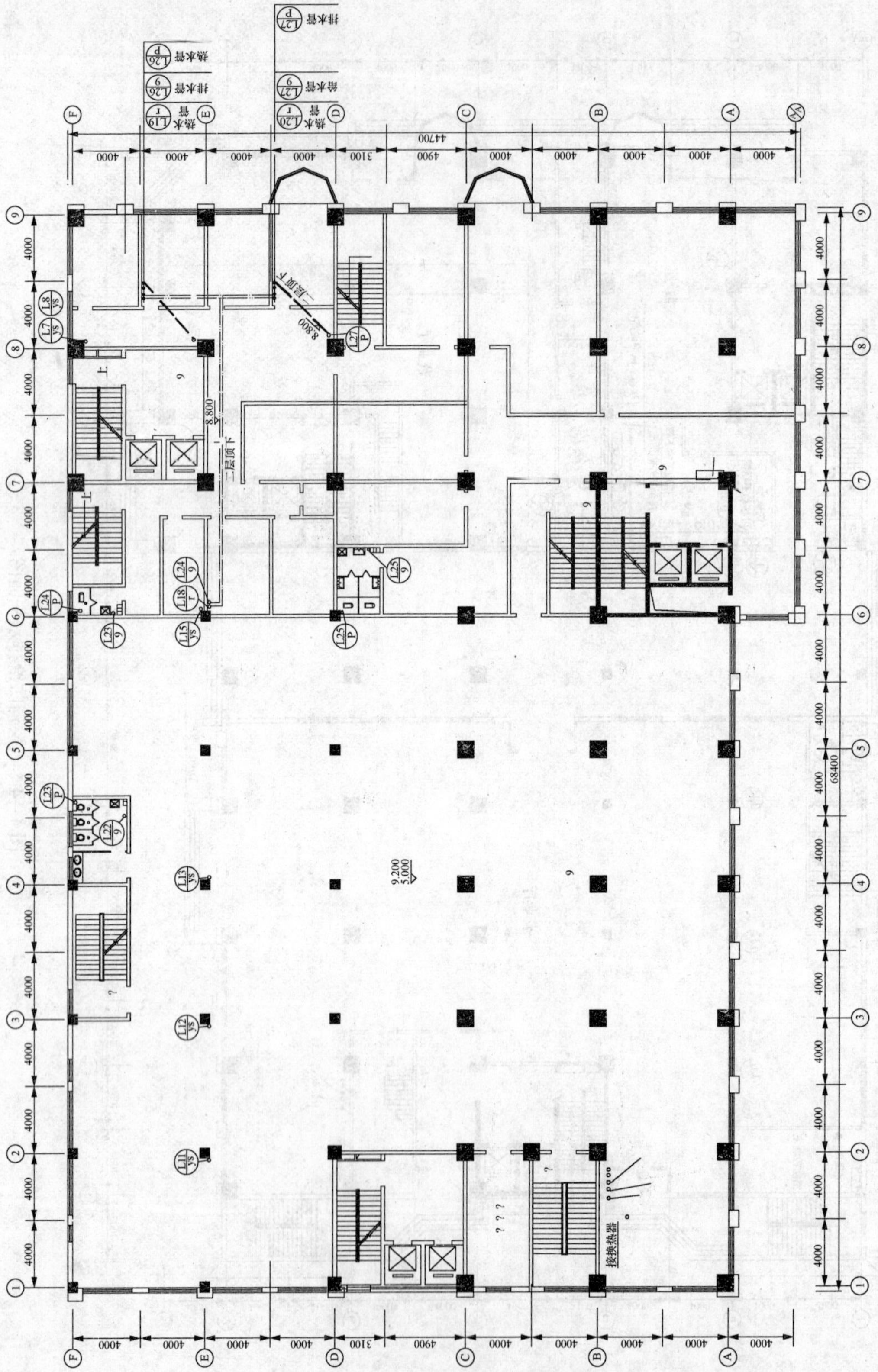

图 4-5 二层消防给排水平面图

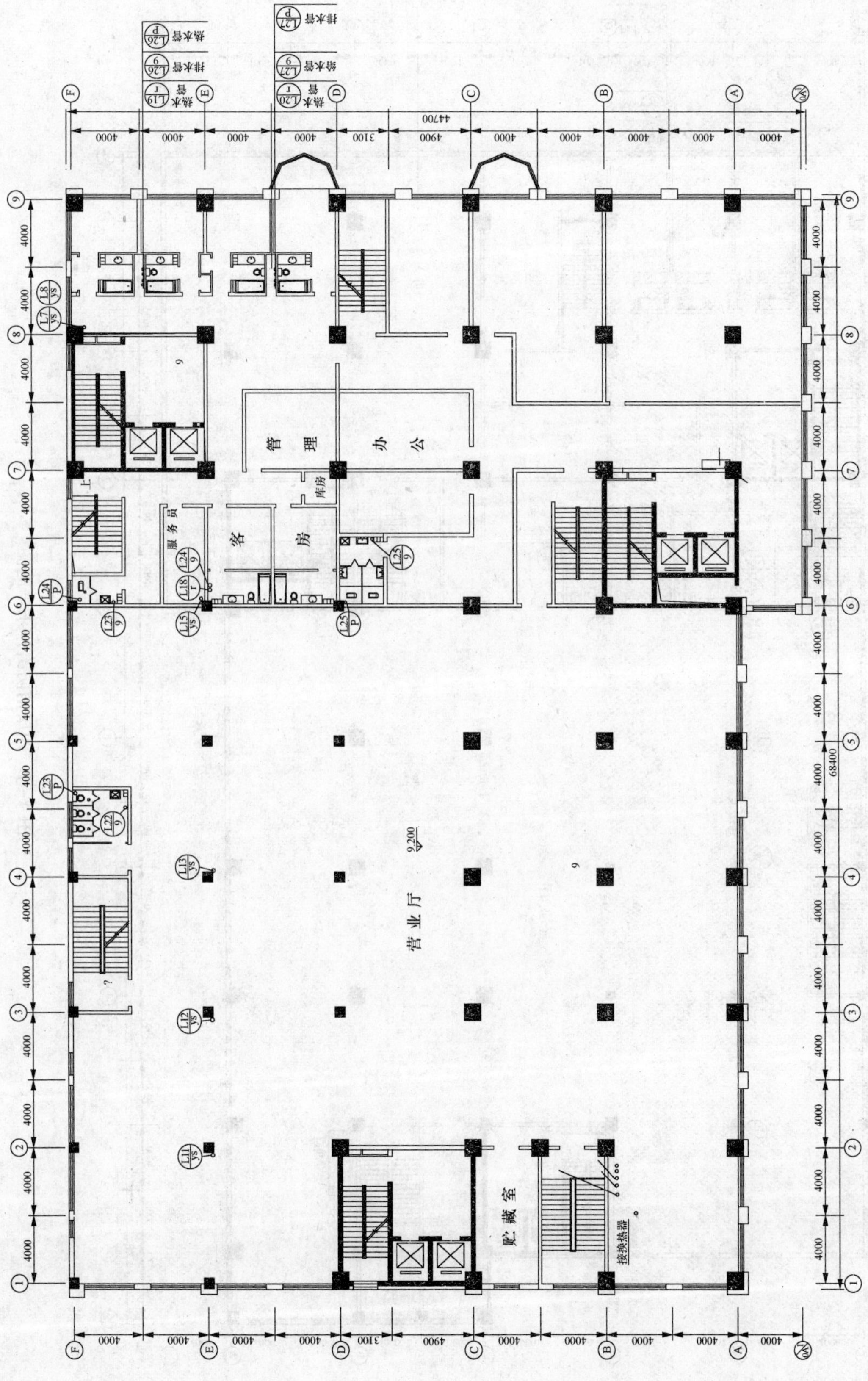

图 4-6　三层消防给排水平面图

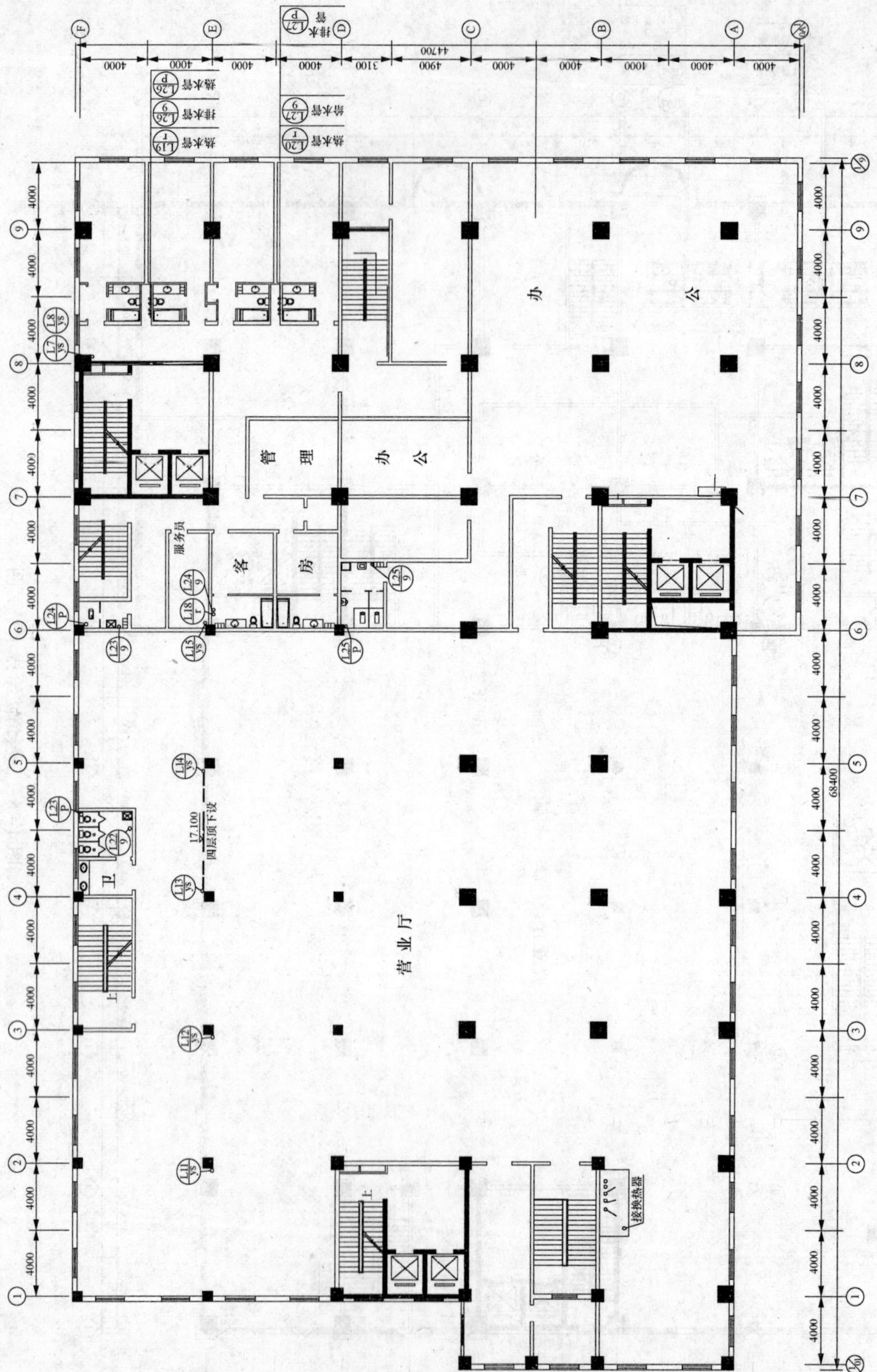

图 4-7 四层消防给排水平面图

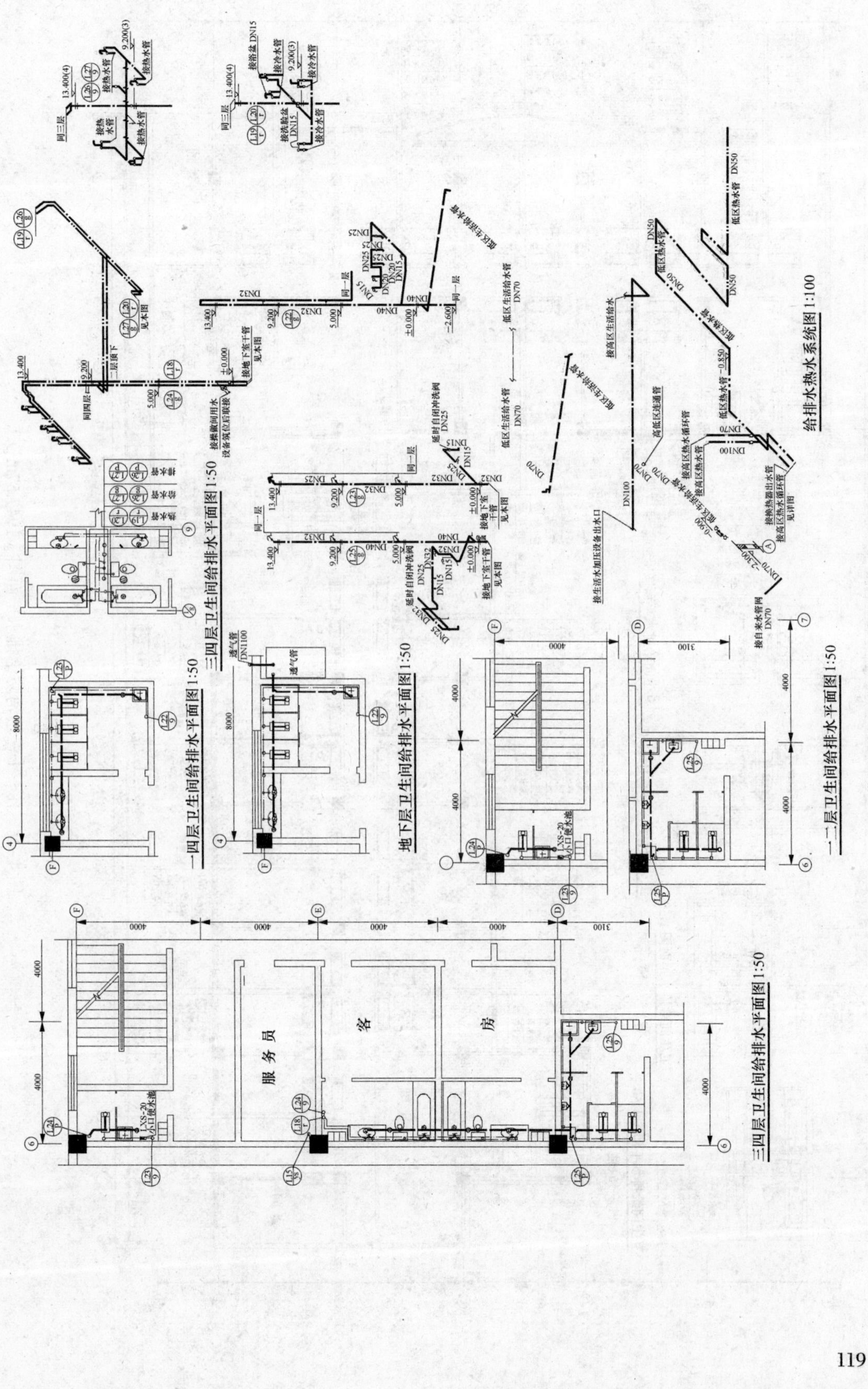

图 4-8　一～四层卫生间给排水平面图及给排水热水系统图

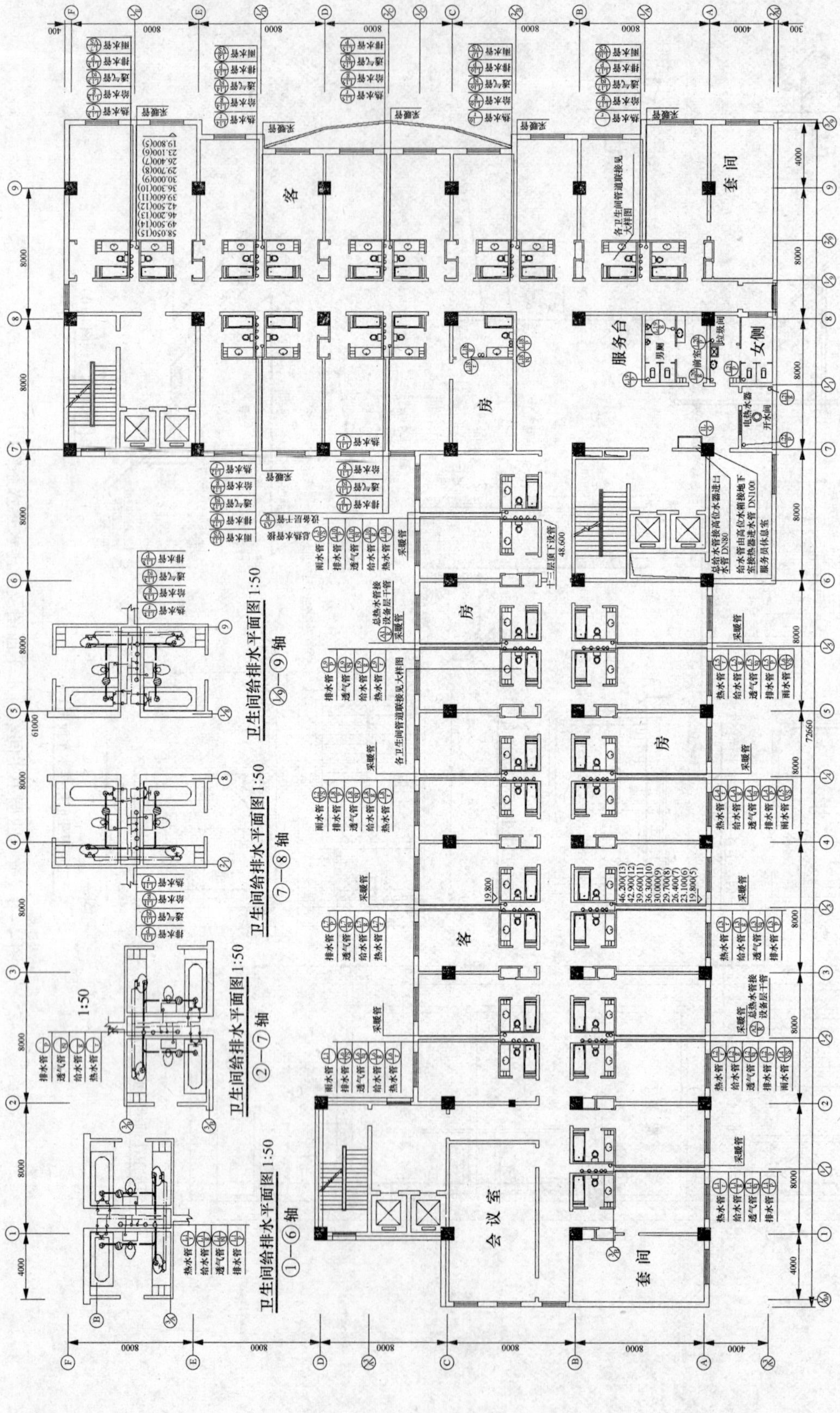

图 4-9　五～十三层消防给排水平面图（1947.57m^2）

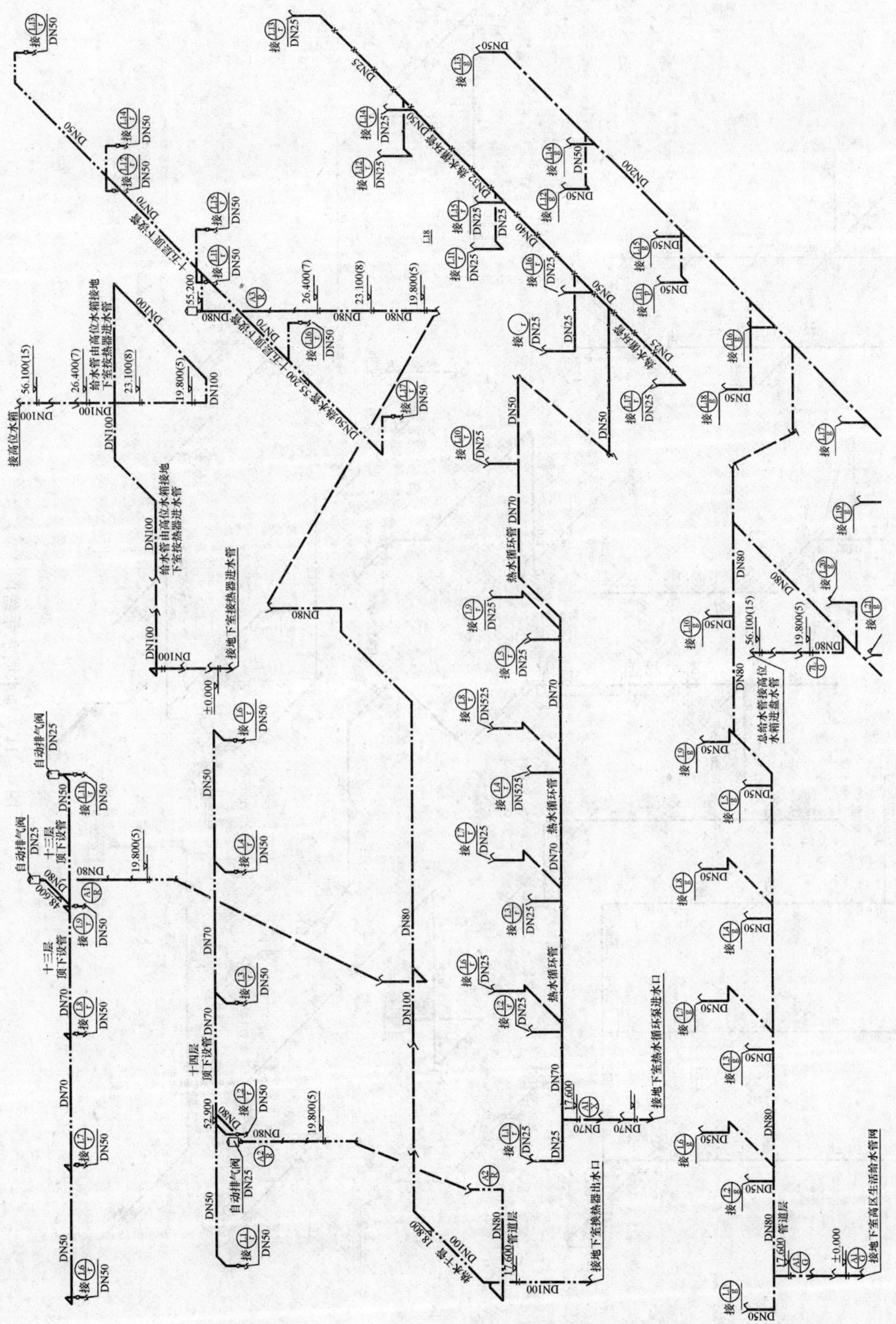

图 4-10　管道层给水热水干管系统图

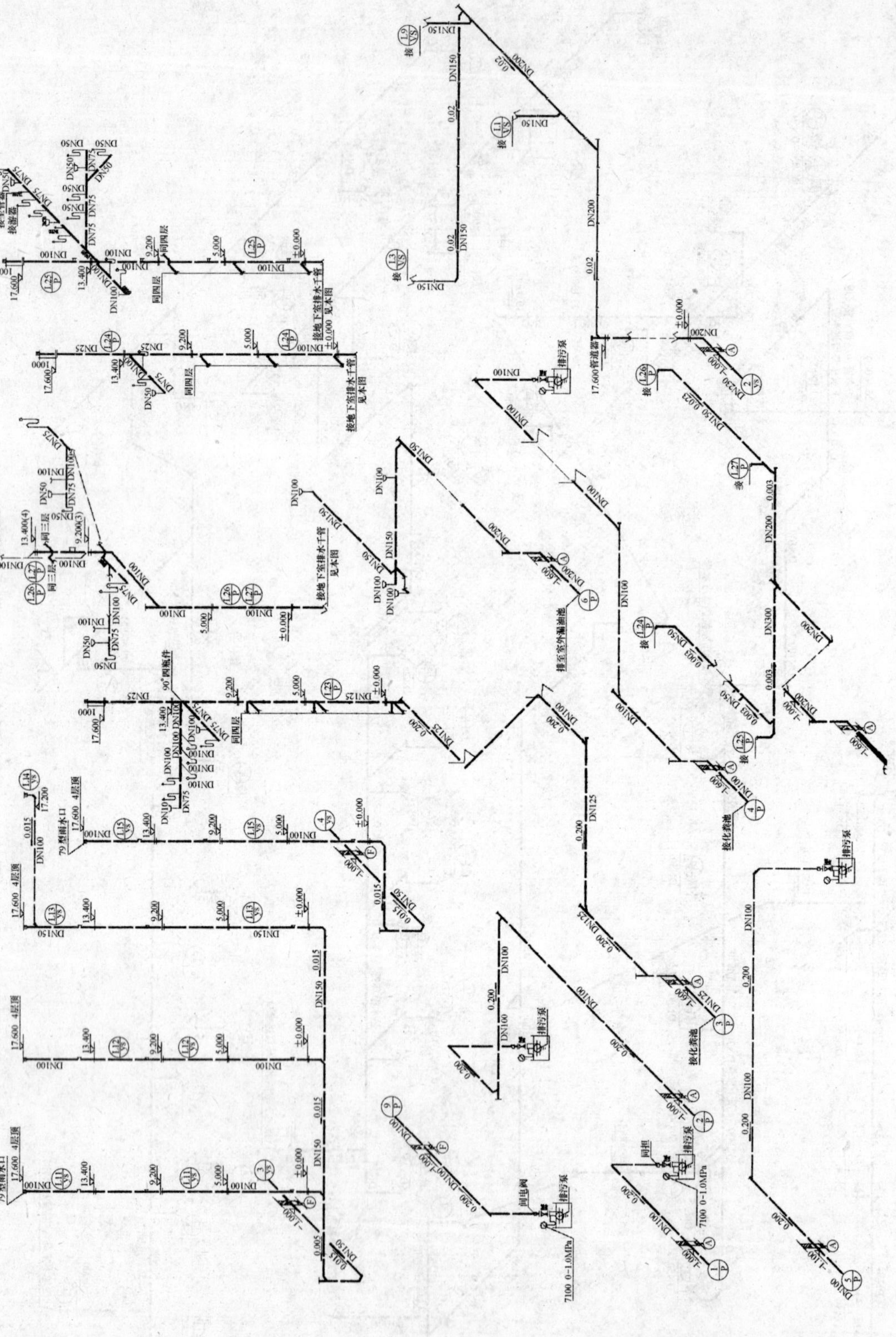

图 4-11 排水雨水系统图

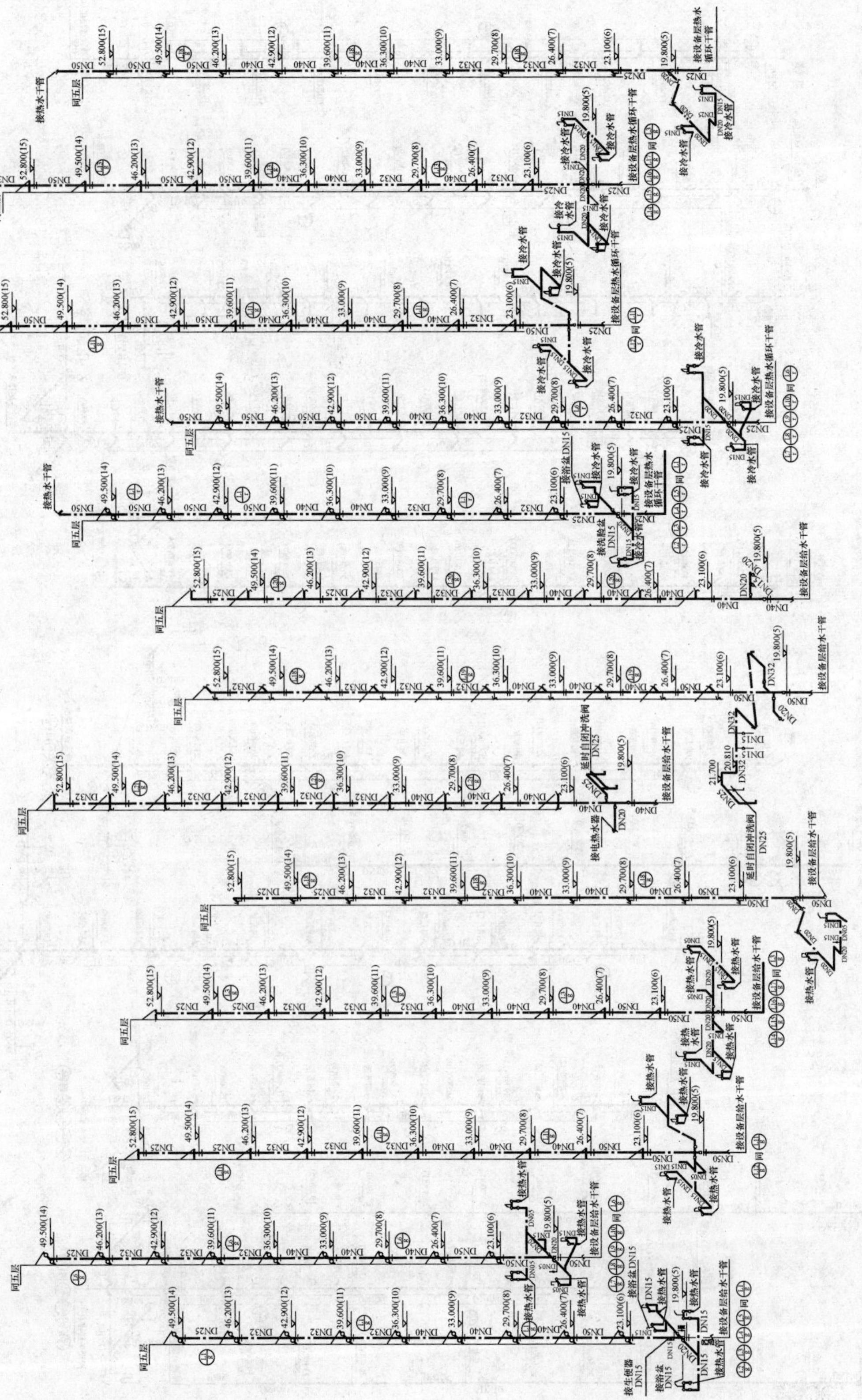

图 4－12　给水热水立管系统图

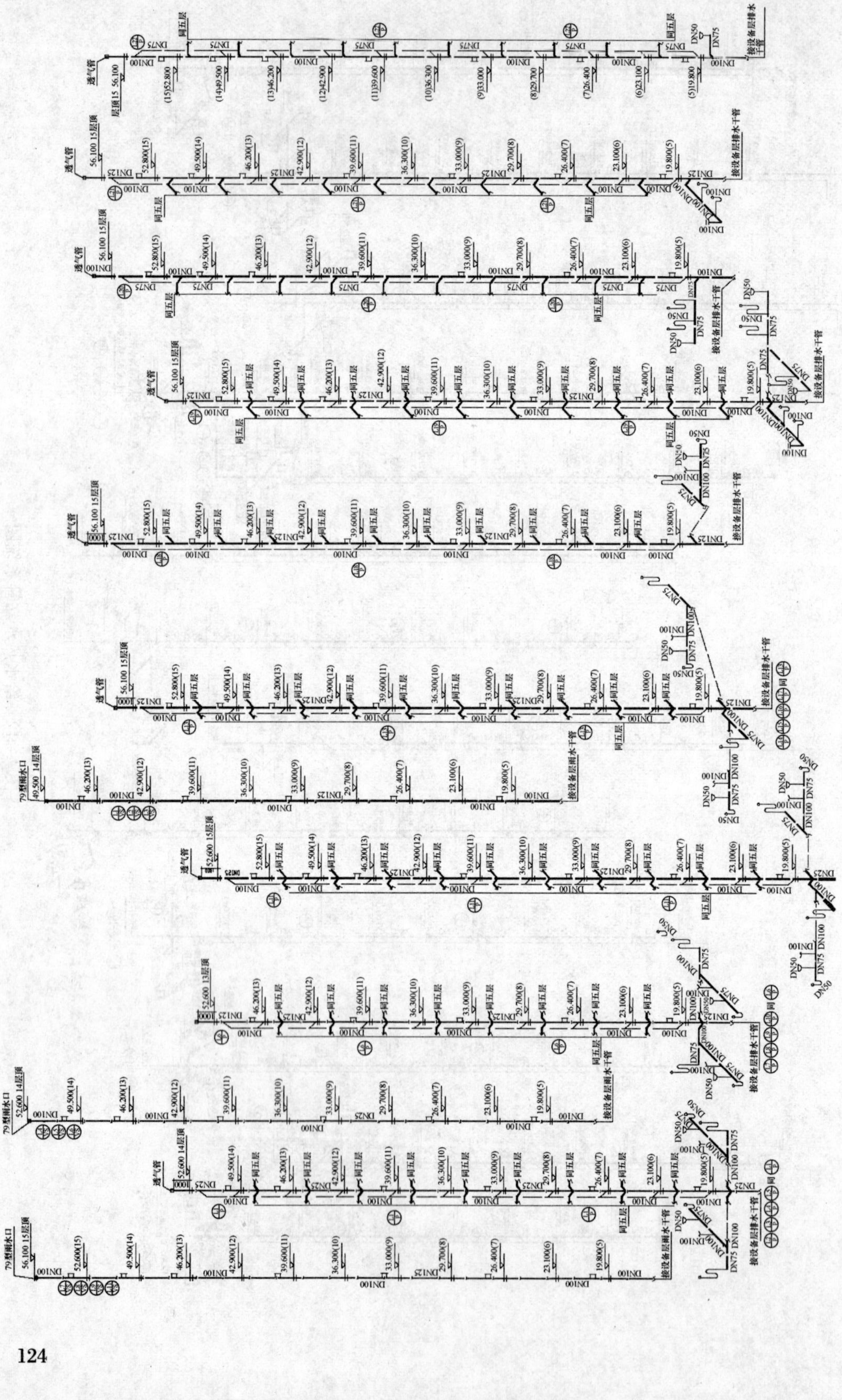

图 4-13　排水雨水立管系统图

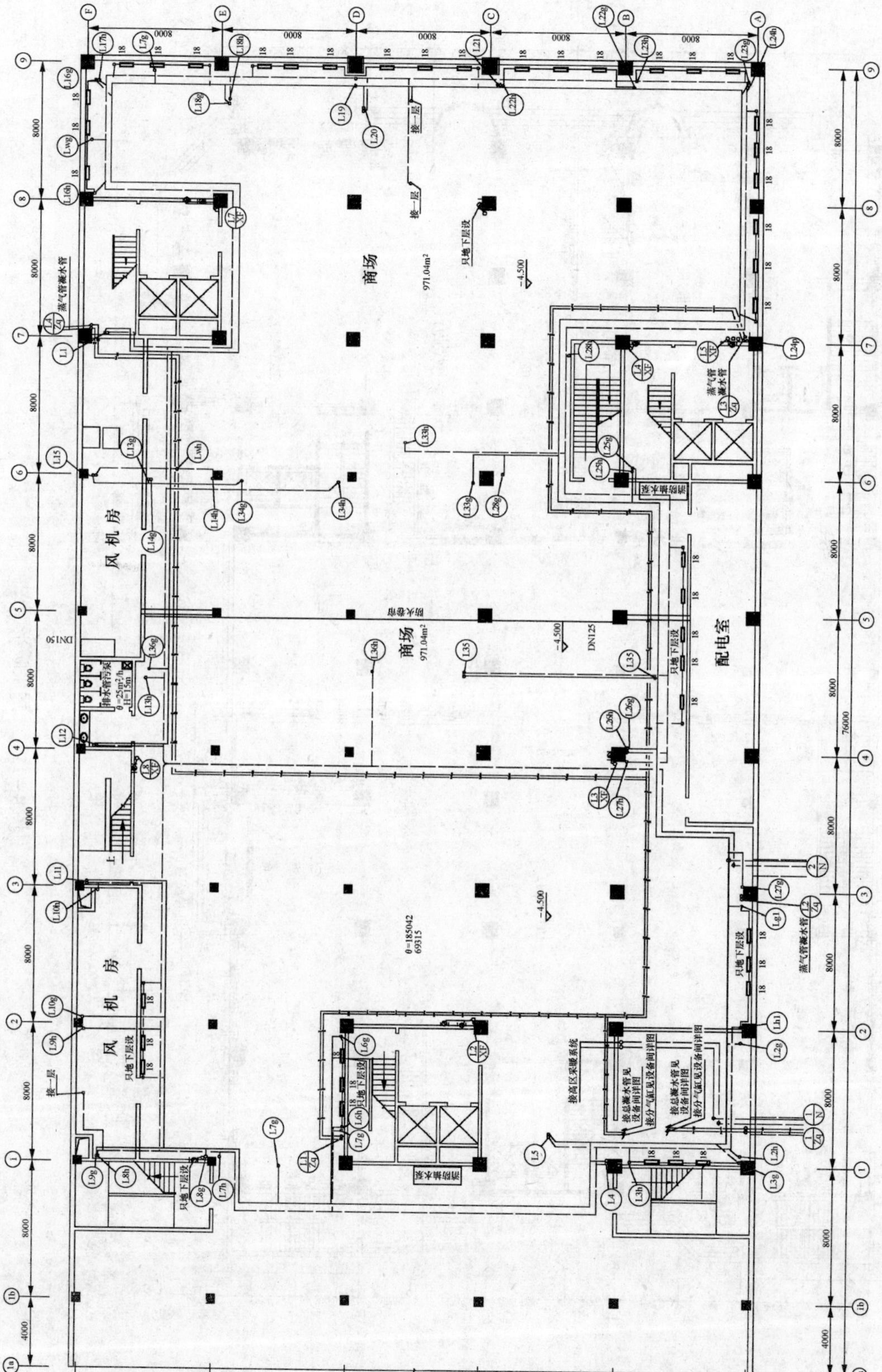

图 4－14　地下层采暖平面图

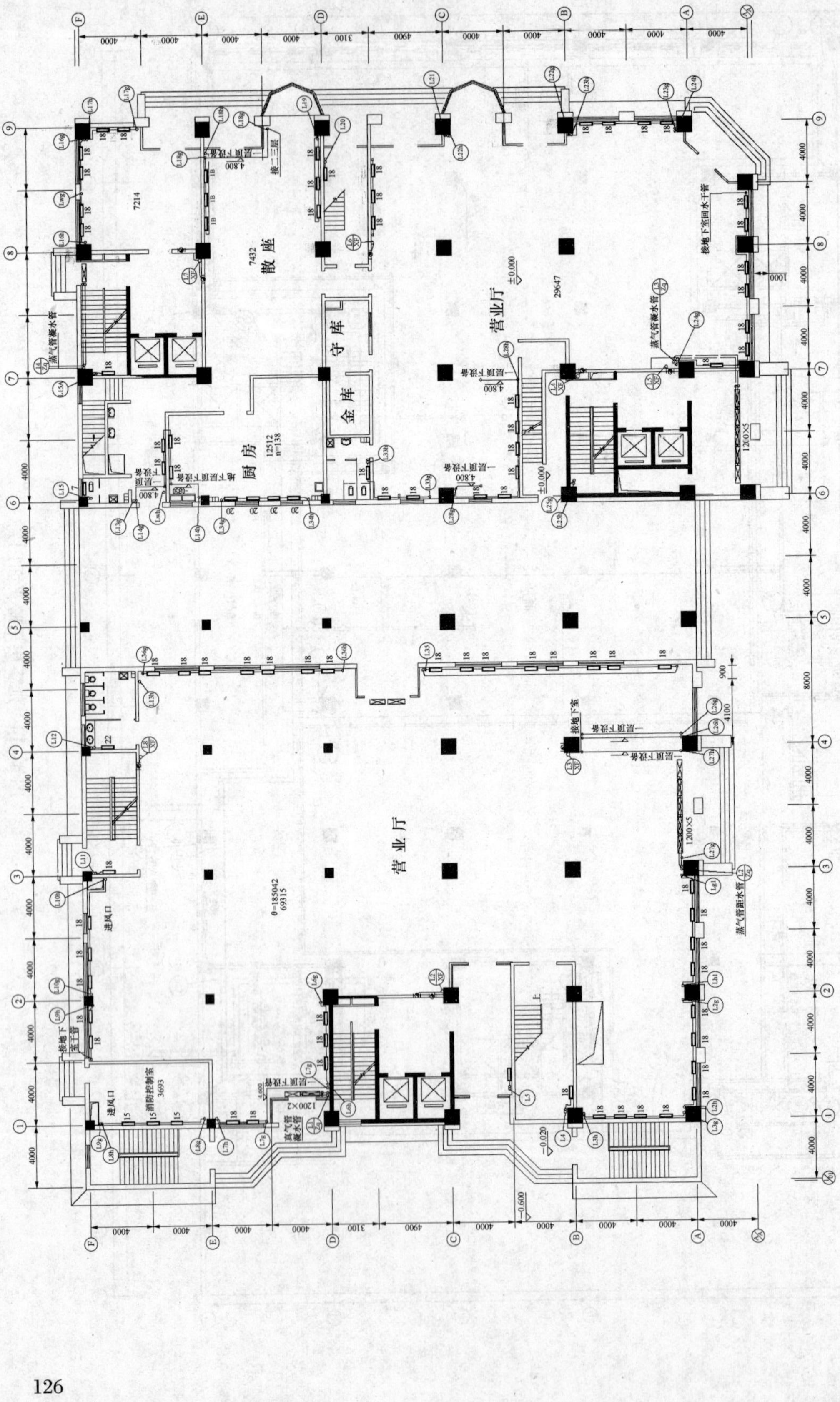

图4-15 一层采暖平面图

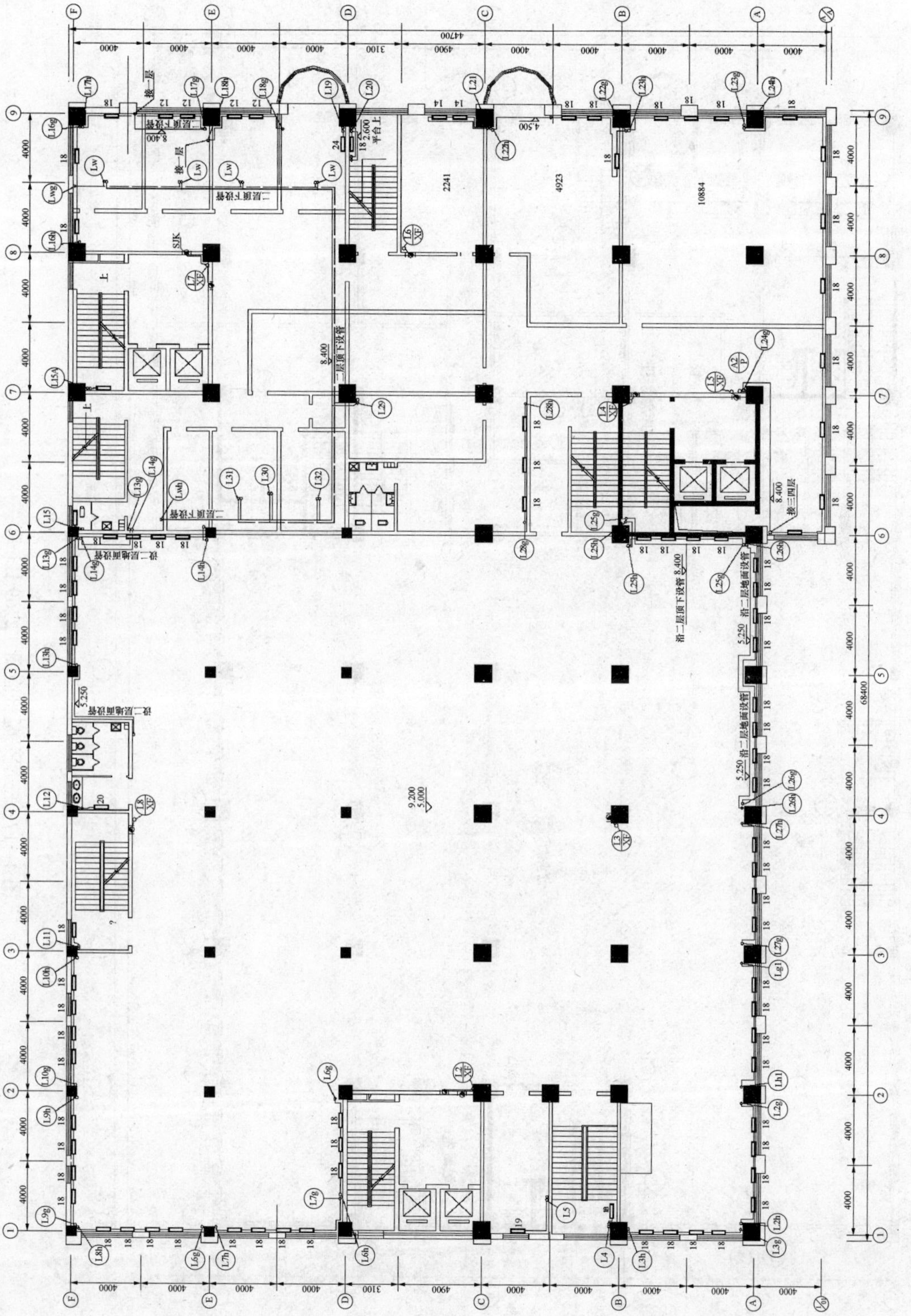

图 4-16　二层采暖平面图

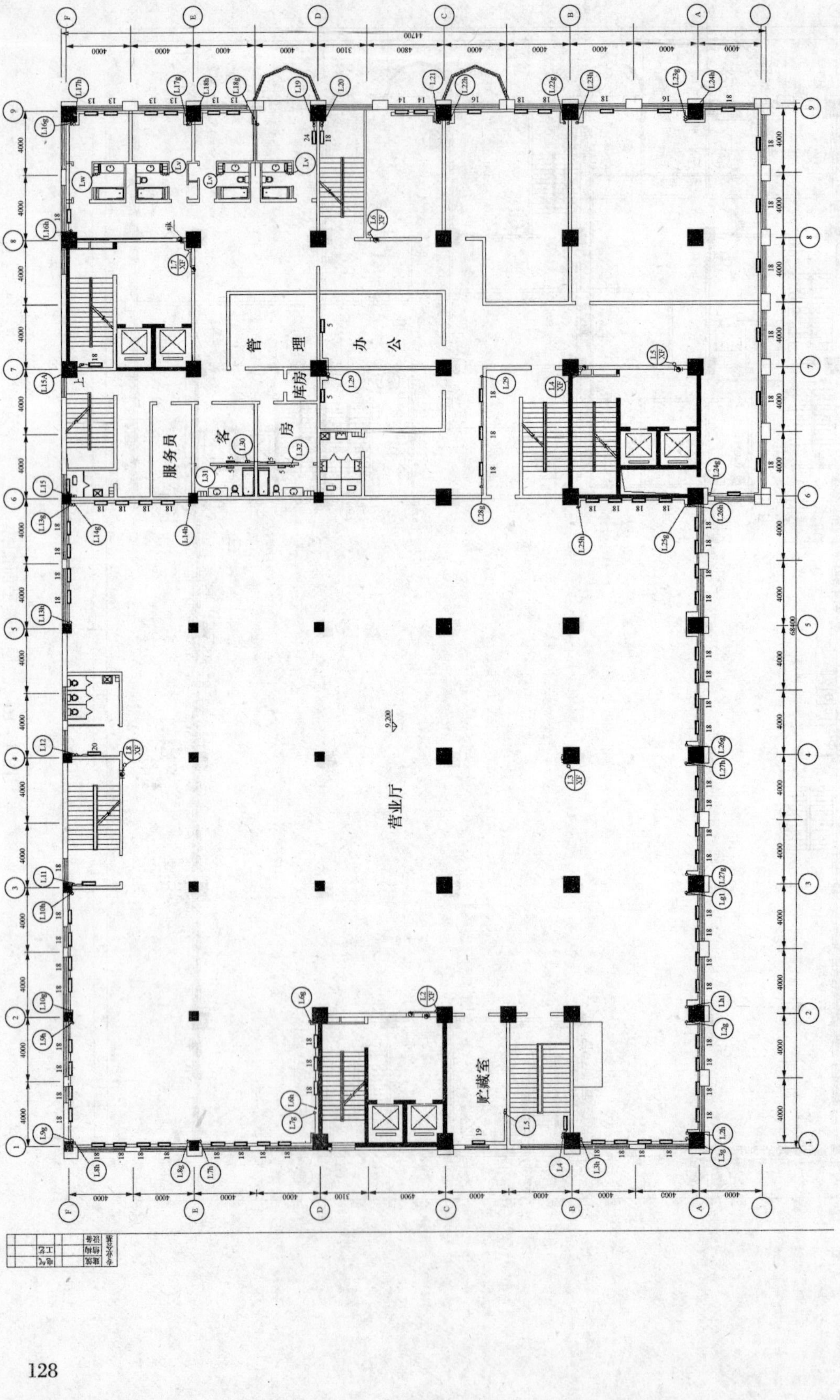

图 4－17 三层采暖平面图（2769.12m²）

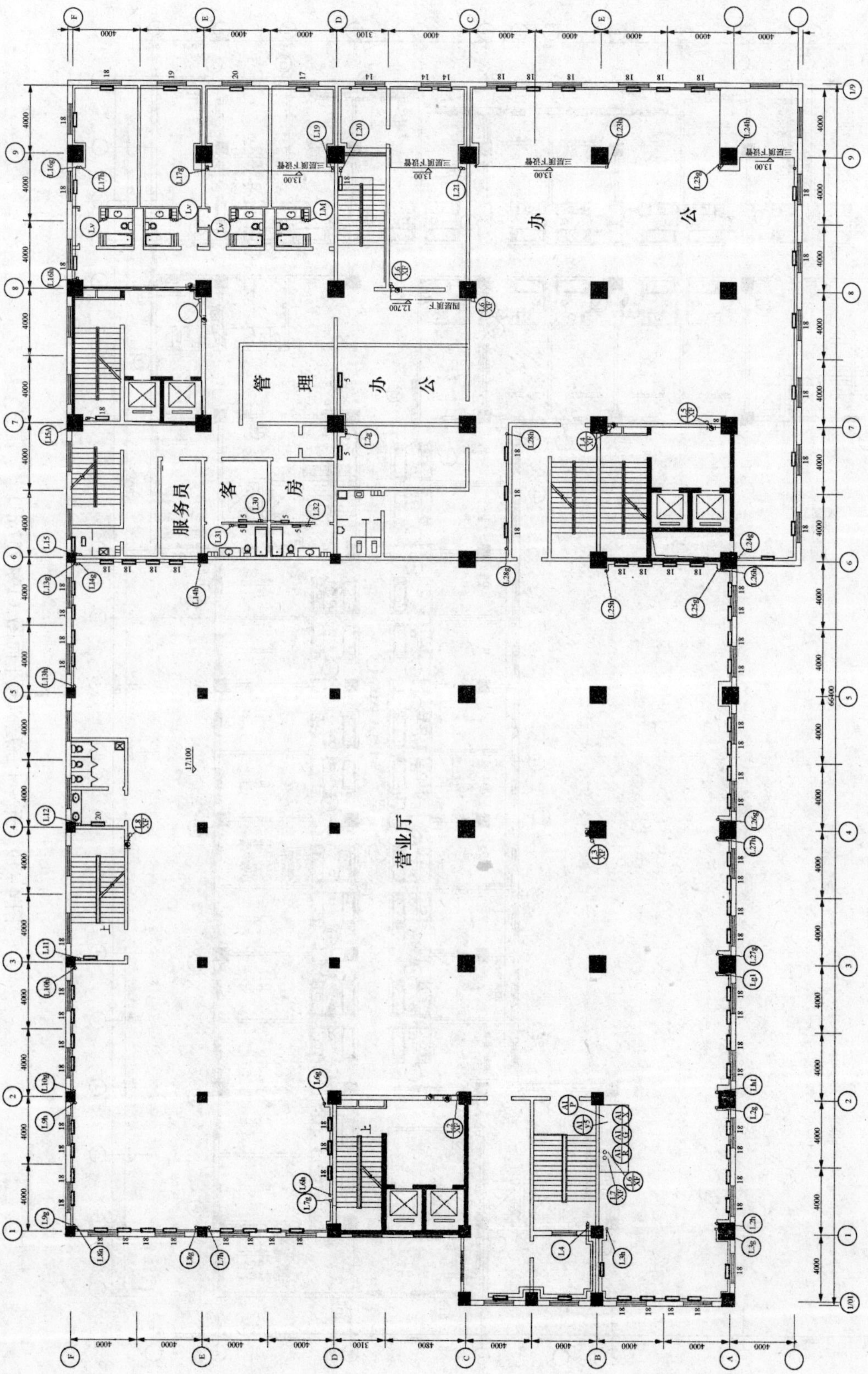

图 4-18　四层采暖平面图（2769.12m²）

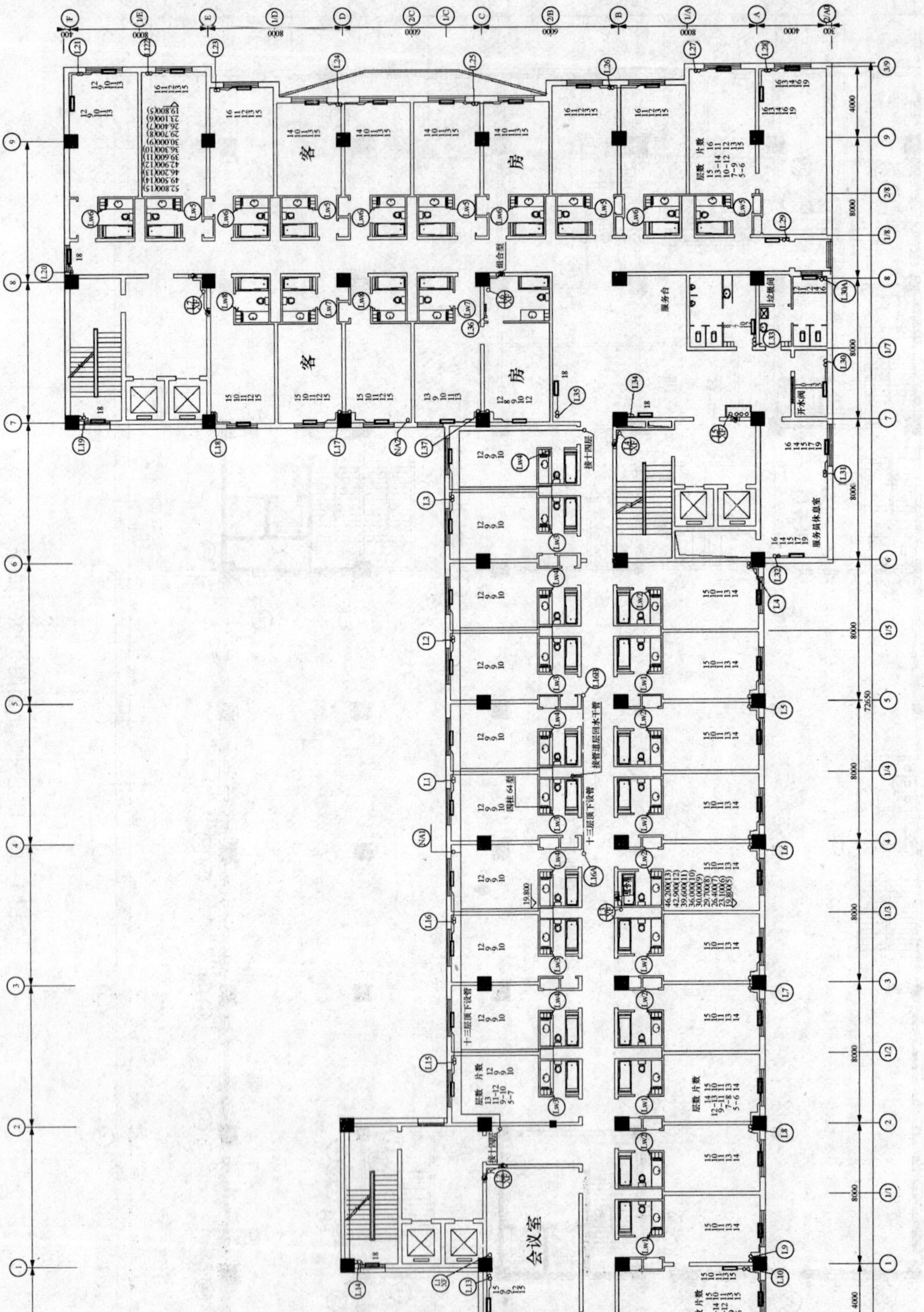

图4-19　五～十三层采暖平面图（194 757m²）

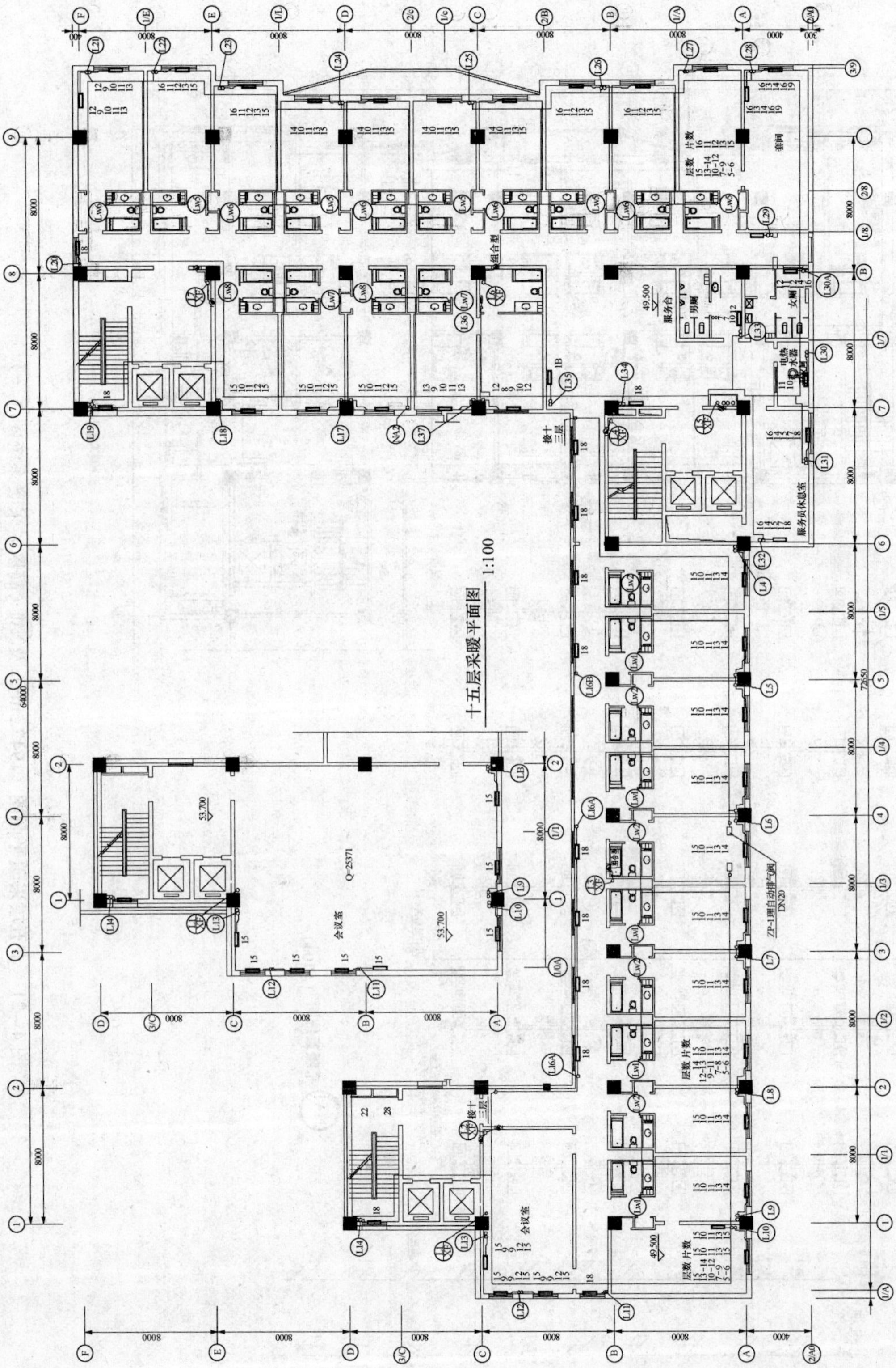

图 4-20　十四层采暖平面图

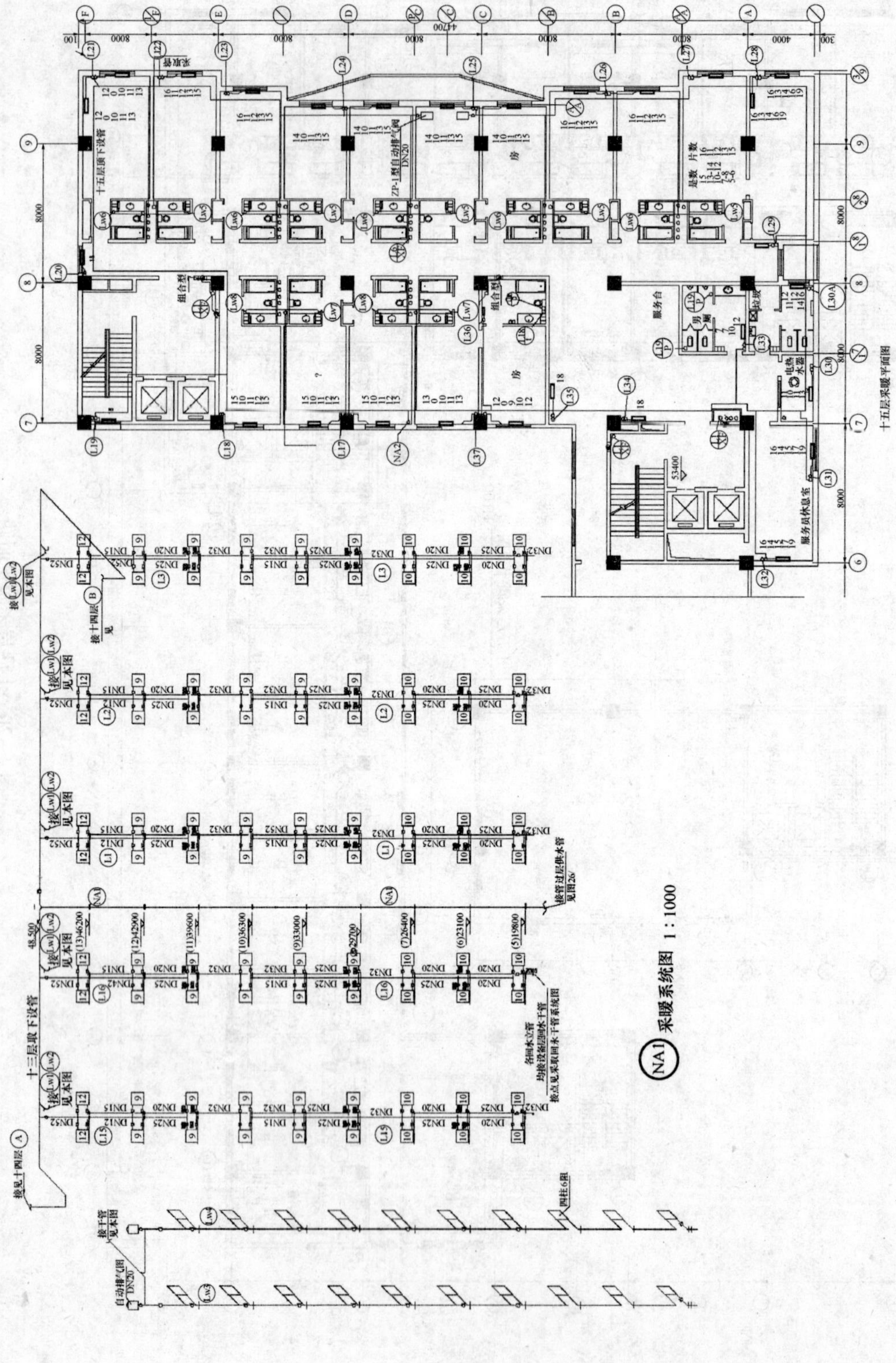

图 4-21　十五层采暖平面图（1947.5m²）及NA1（高区）采暖系统图（一）

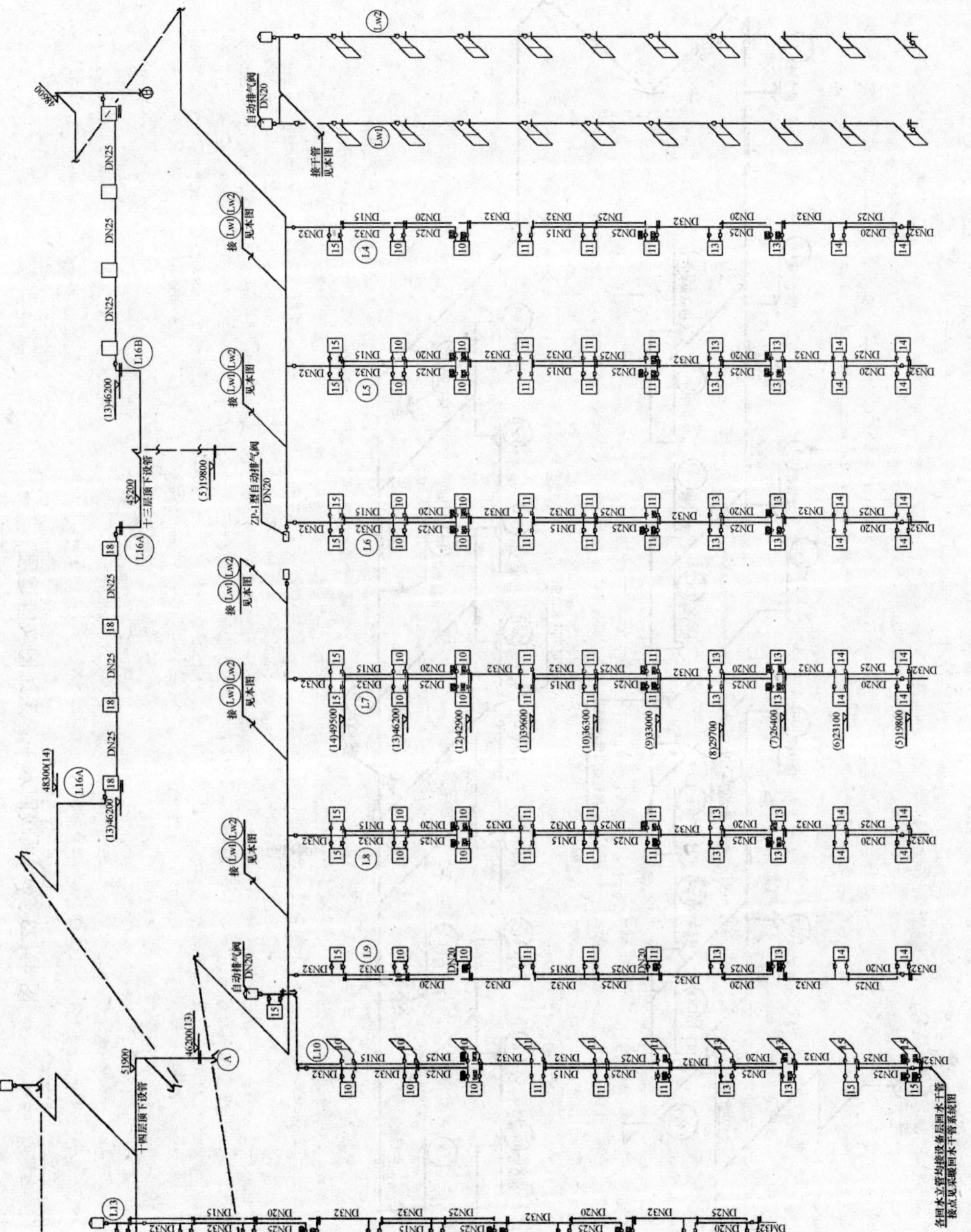

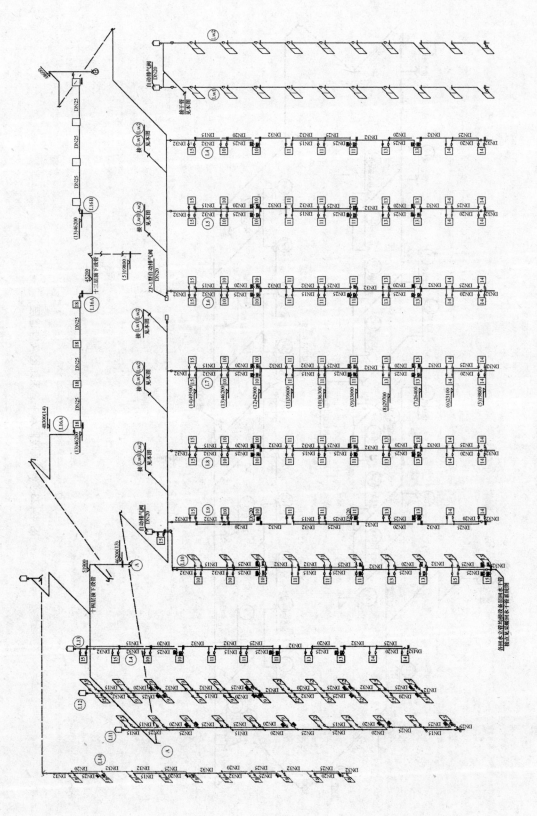

图 4-22 (NA1)（高区）采暖系统图（二）

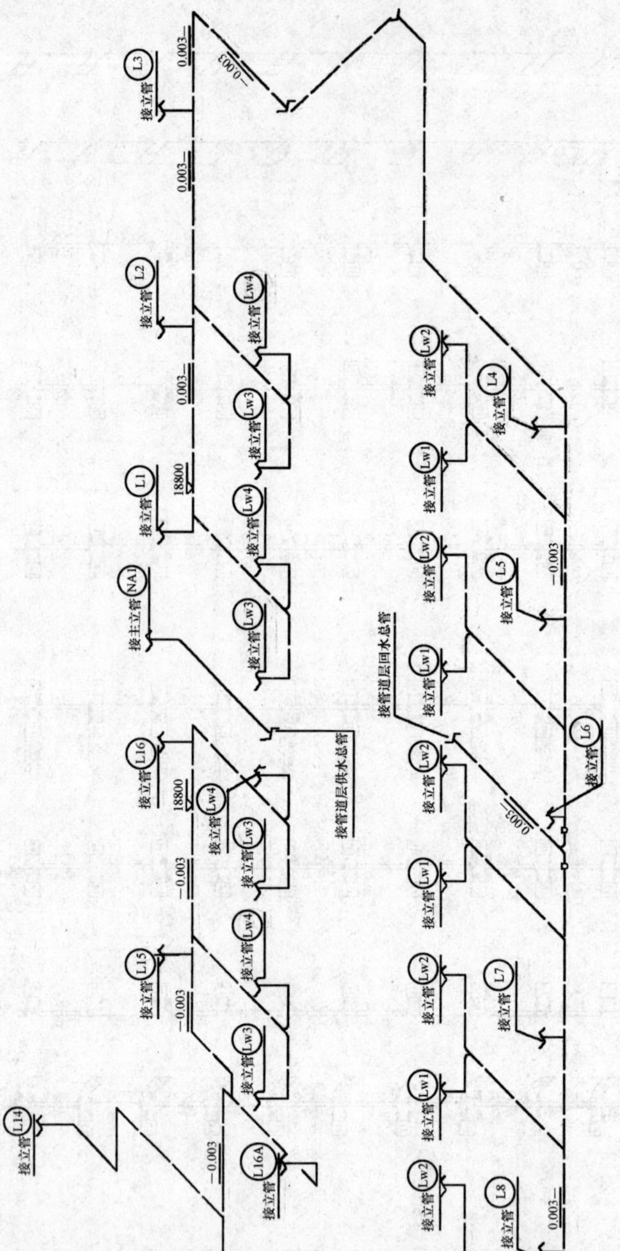

图 4−23 (NA1)采暖回水干管系统图（管道层）

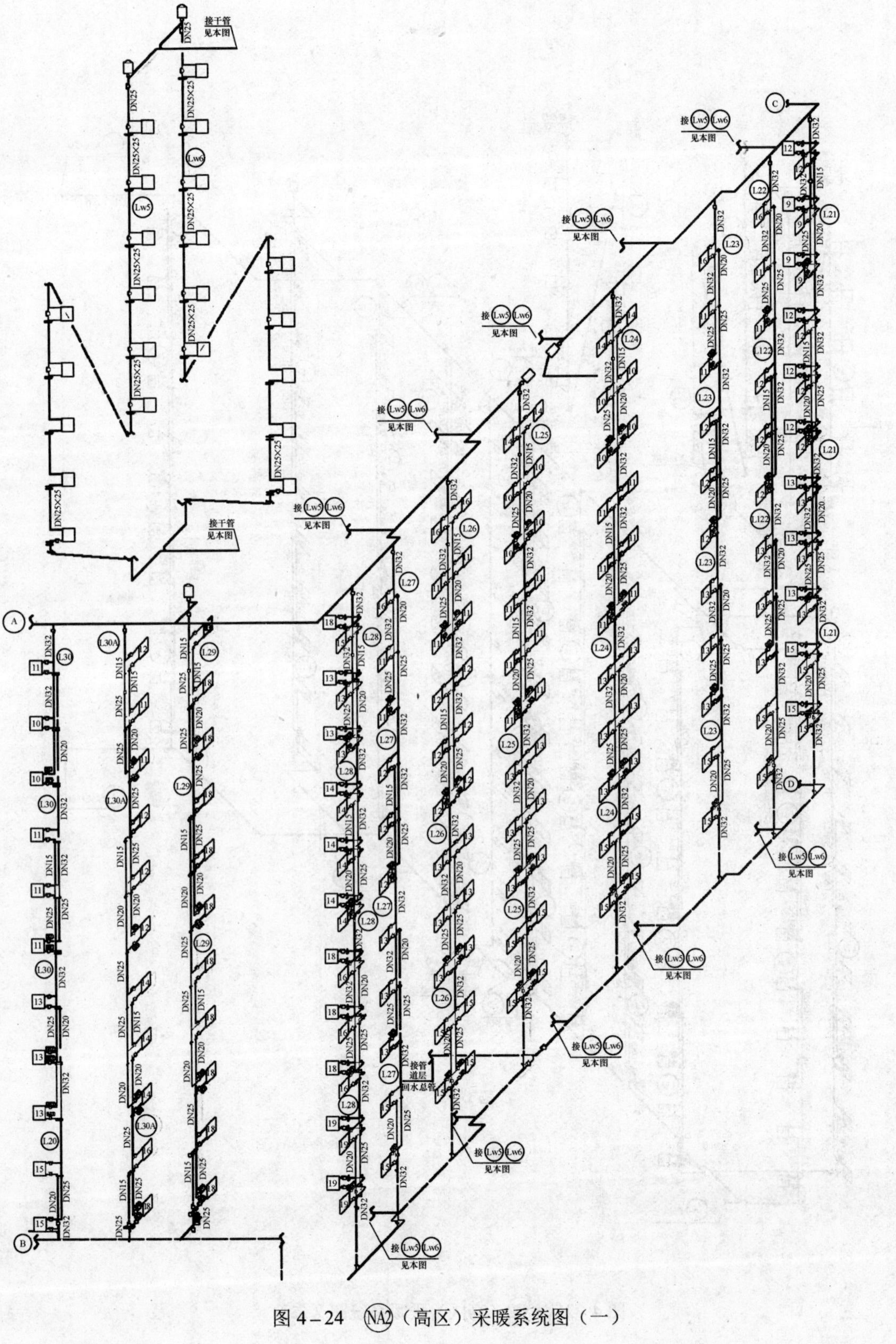

图 4－24　NA2（高区）采暖系统图（一）

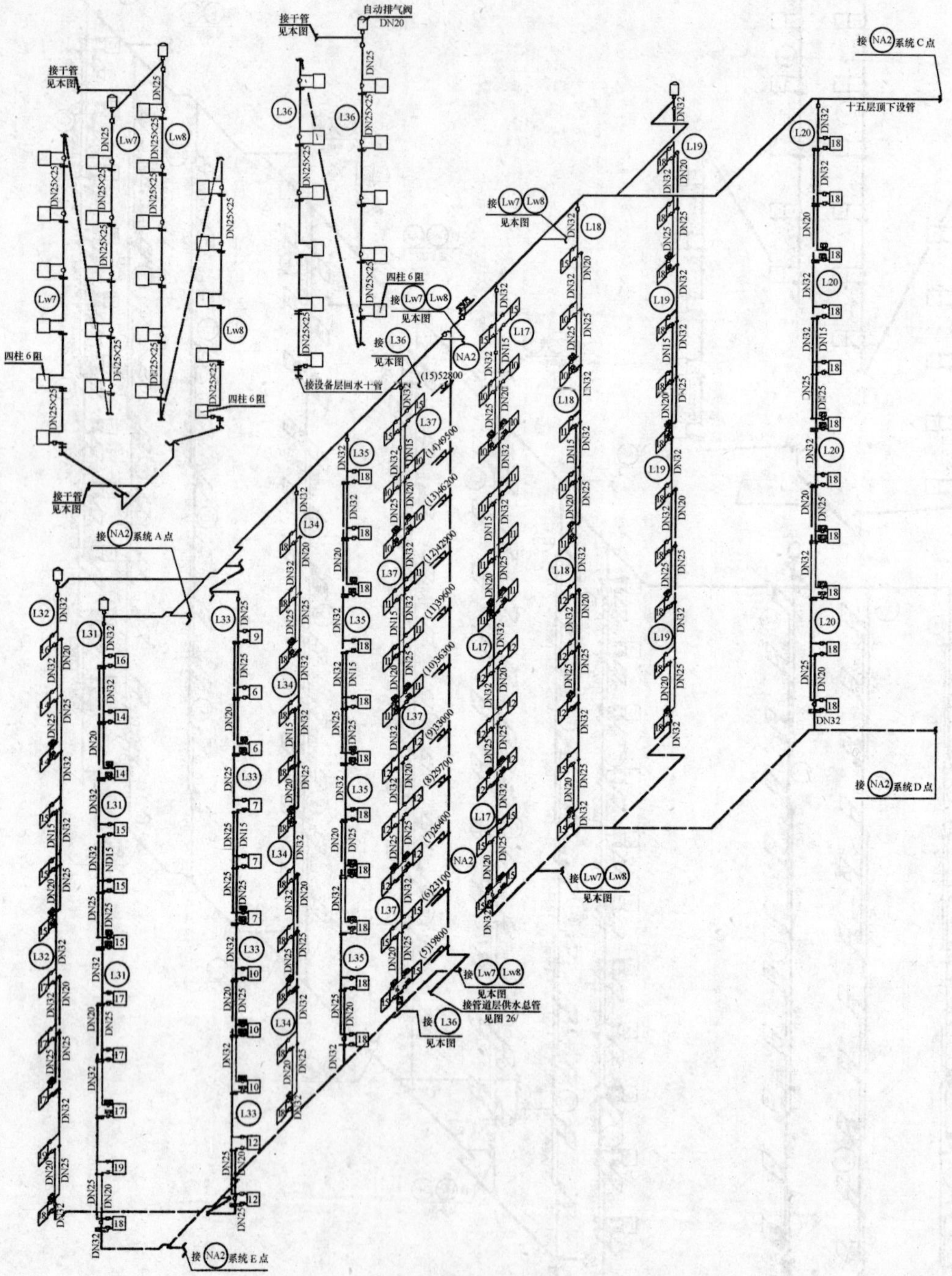

图 4-25 NA2（高区）采暖系统图（二）

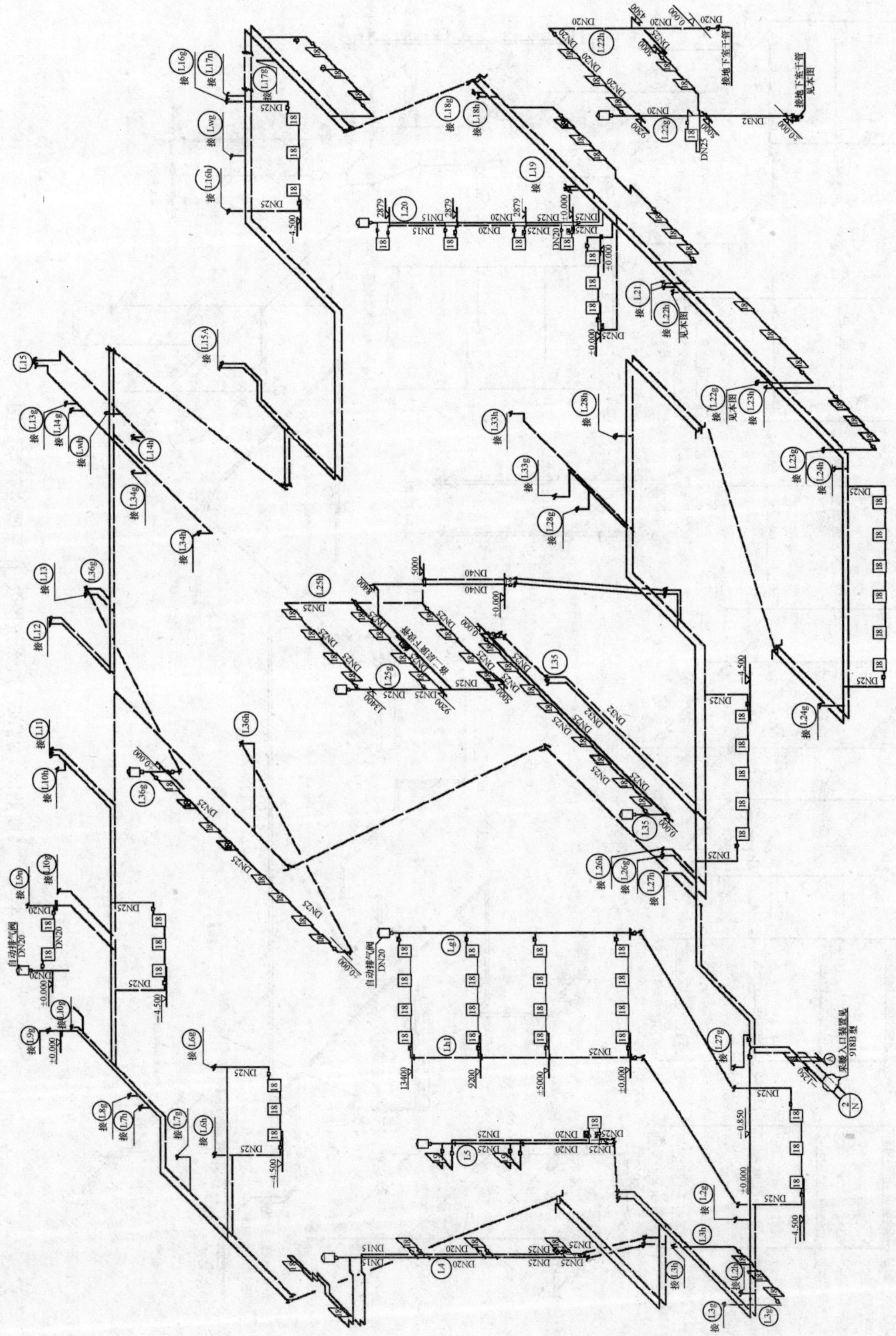

图 4-26（商业区）②采暖系统图

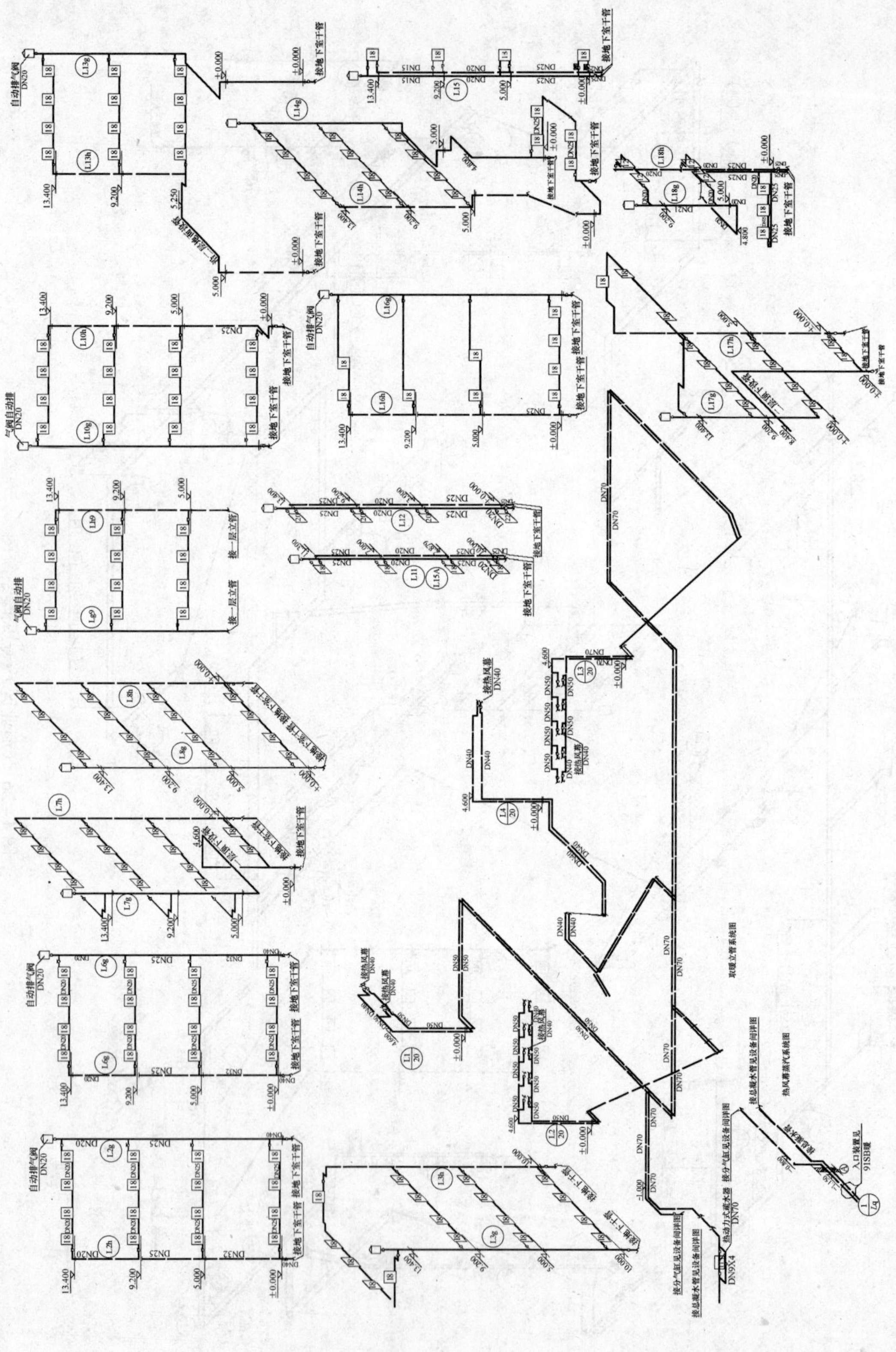

图 4-27 （商业区）热风幕汽系统图及②采暖立管系统图

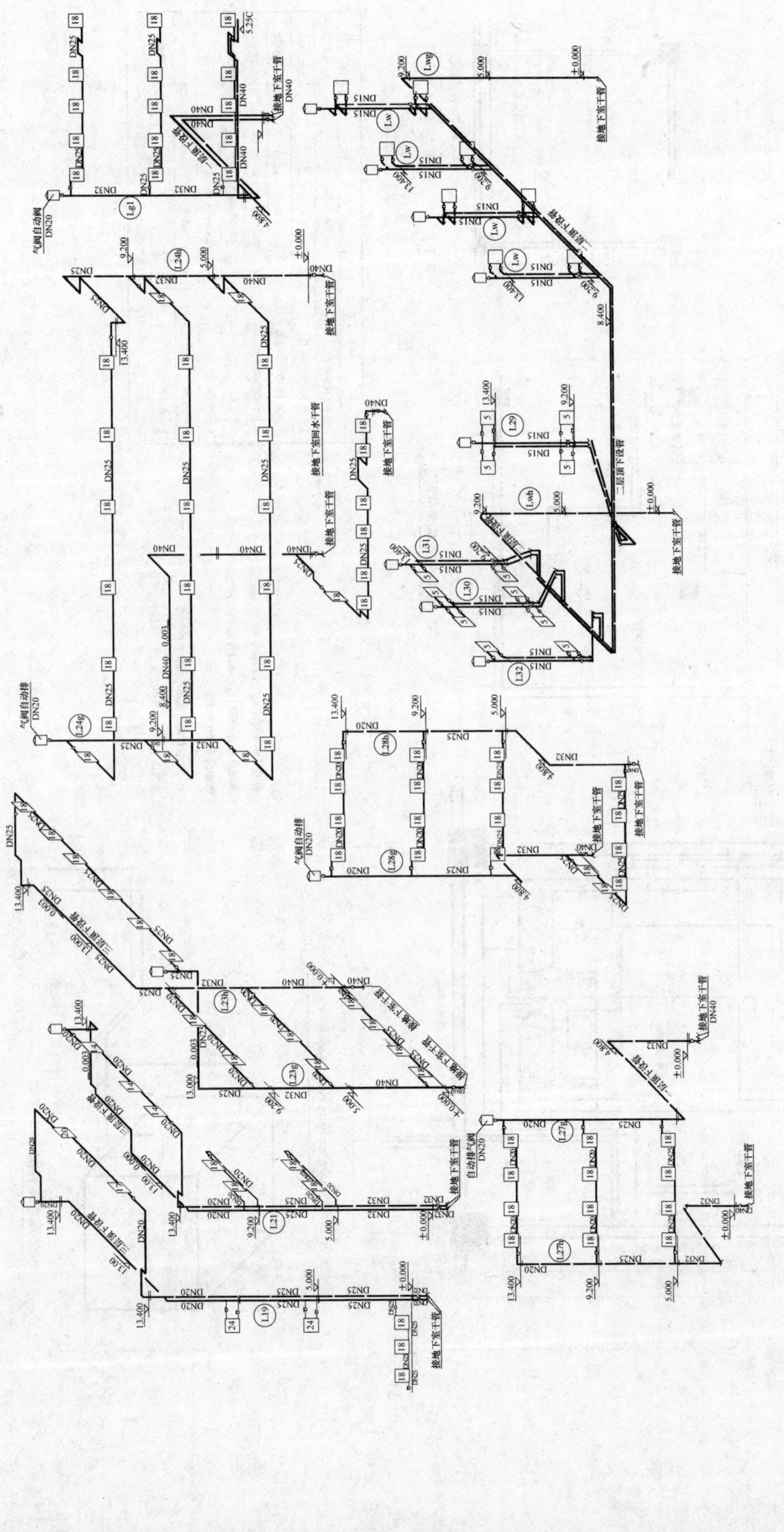

图 4-28（商业区）$\frac{2}{N}$采暖立管系统图

专业会签	
建筑	电气
结构	工艺
设备	

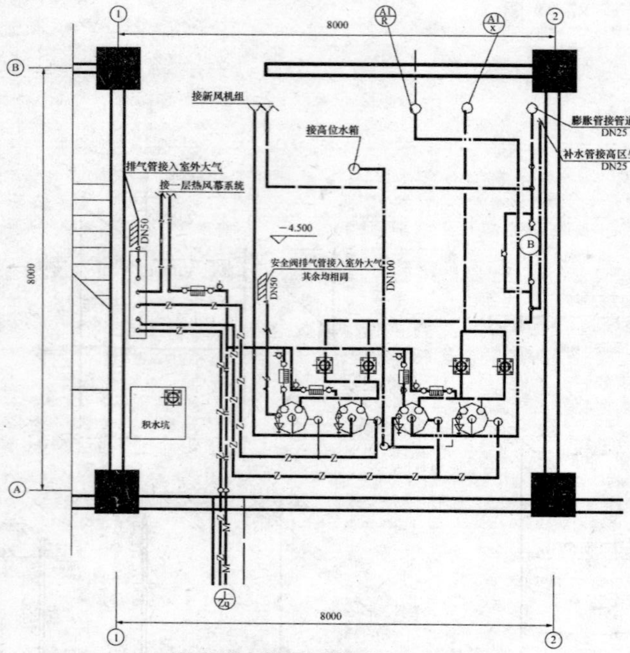

地下层设备间热力管道平面图 1:100

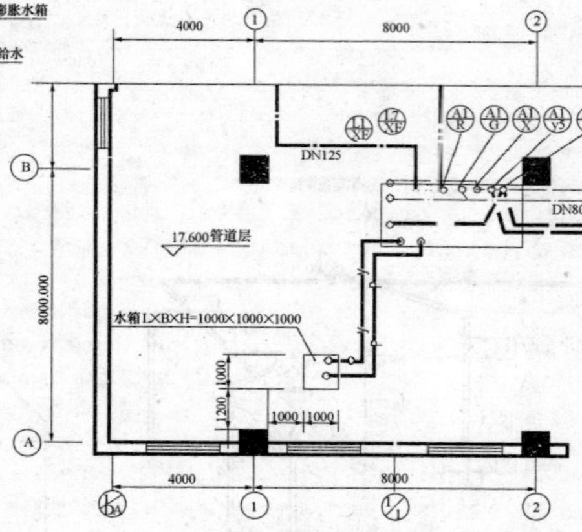

膨胀水箱平面布置图 1:100

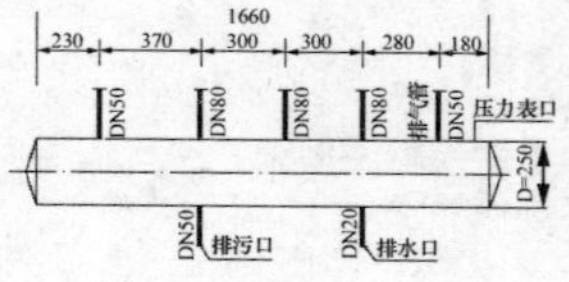

分汽缸配管图 1:20

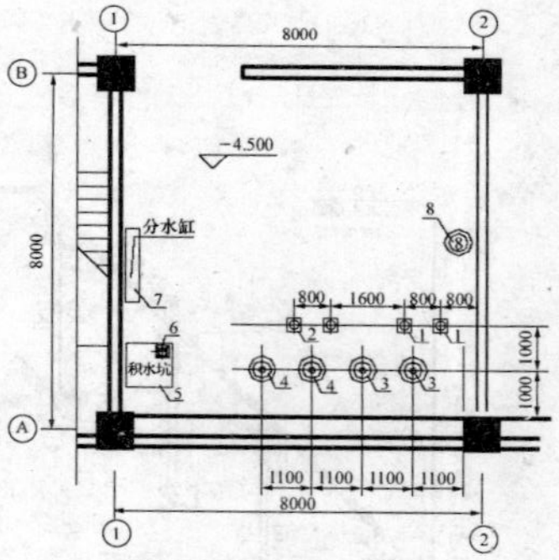

设备间平面布置图 1:100

序号	名称	单位	数量	规格及型号	备注
1	热水循环水泵	台	2	DRG50-160-2　Q=12.5m³　H=32　N=3	设在地下室设备间
2	热风采暖循环水泵	台	2	DRG50-200-2　Q=15m³　H=48　N=5.5	(热风采暖用)
3	半即热式汽水换热器	台	2	SW/18　Q=10　T/h　60/10℃	(供洗浴用水)
4	半即热式汽水换热器	台	2	SW/18　Q=10　T/h　95/70℃	(热风采暖用水)
5	集水坑	个	1	1000×1000×1000	见建筑图
6	排污泵	台	1	65-25-2.2　Q=25m　H=15m　N=2.2	
7	分汽缸	个	1	见配管图	外购
8	除污器	个	1		外购
所有设备均待订货后照样本做基础					

说明

1. 膨胀水箱安装与制作见国标 T905（一）。
2. 水箱及管道不做保温刷油同管道层热力管道。
3. 水箱内外刷红丹两道。
4. 水箱水位控制：选用水位自动控制器。
3. 水箱用 300×300 槽钢垫置 槽钢横置于。
①—⑴ 结构梁上。

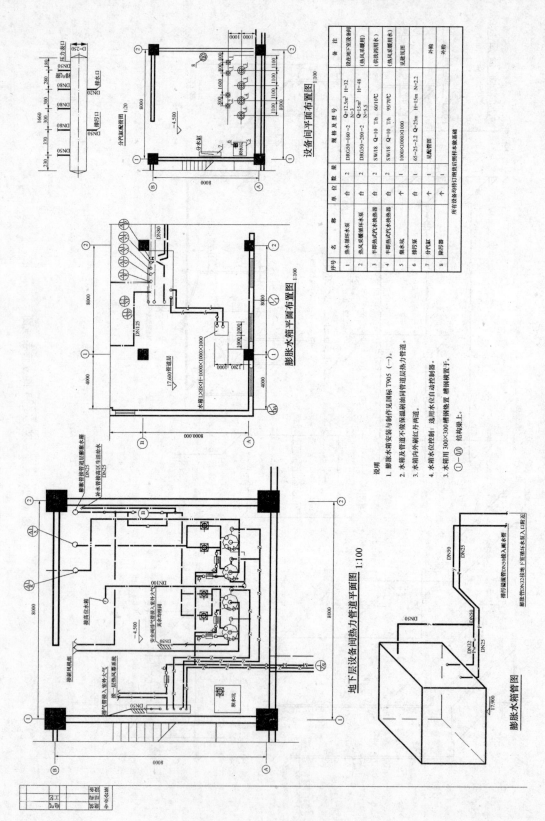

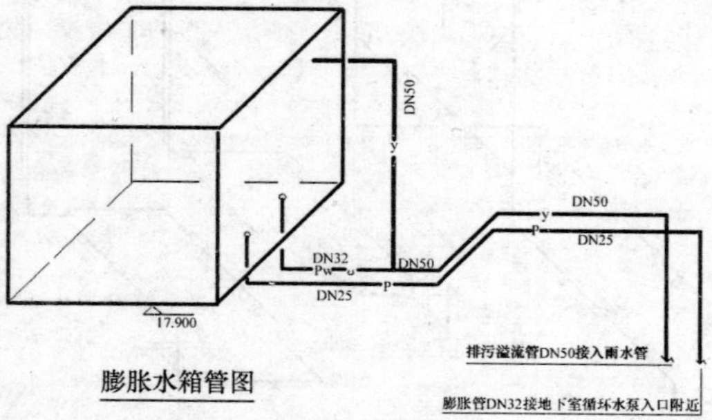

膨胀水箱管图

图 4-29　地下层设备热力管道平面图、膨胀水箱平面布置图及分汽缸配管图

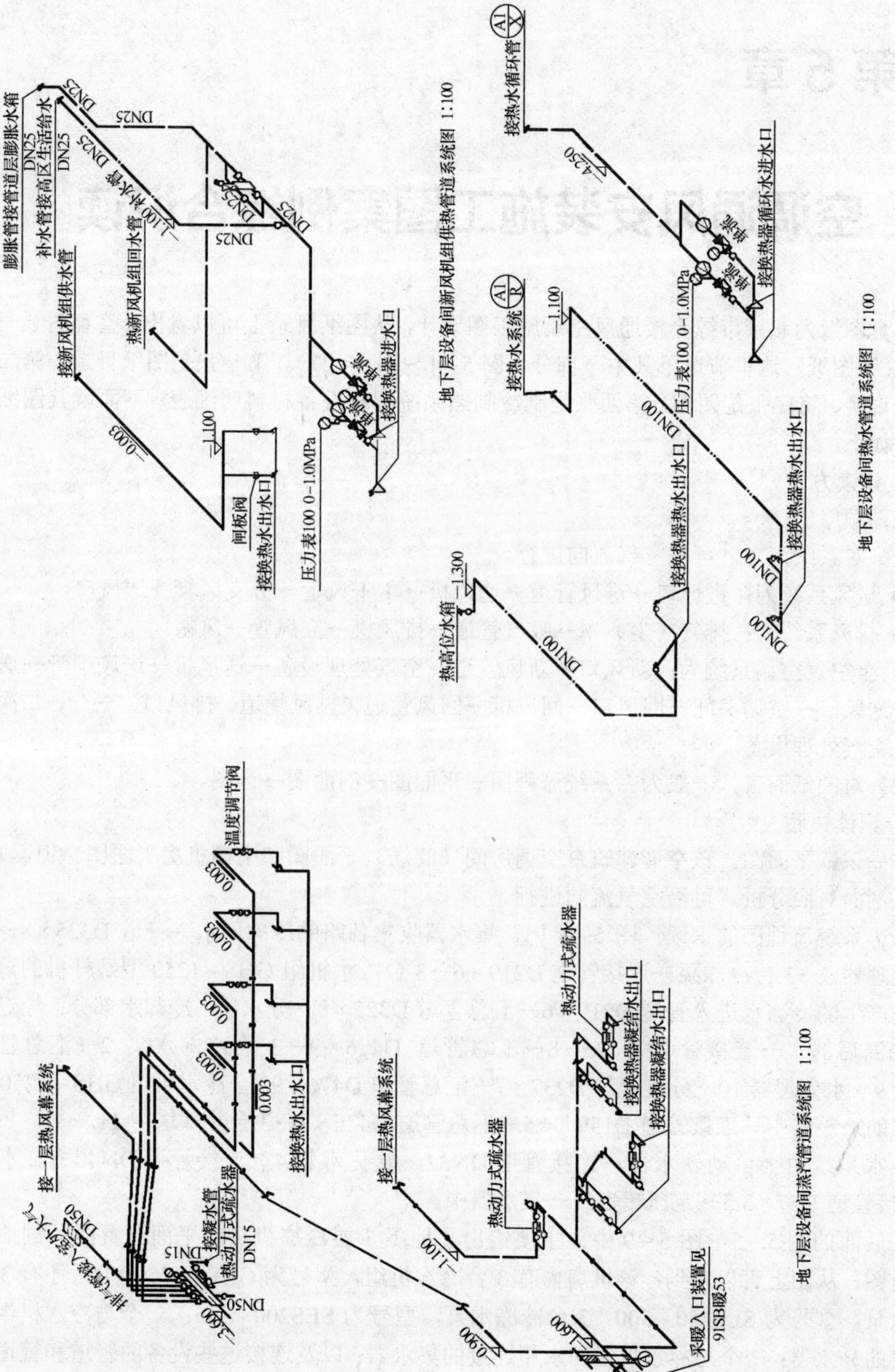

图 4－30　地下层设备间热力管道系统图

《《 第5章

空调通风安装施工图案例综合识读

该套图纸为北京市综合楼通风空调施工图设计，从图纸目录上可以看出，整套图纸一共包括38张图纸，这里节选了其中一部分（图5-1～图5-27）。第一张是图纸目录、第二张是图纸说明、第三张是图例，第四张是制冷制热系统图和设备材料明细表。下面就其图纸内容简述如下。

1. 识读方法

识图顺序：

（1）对系统而言，可按空气流向进行。

1）送风系统为：进风口→进风管道→通风机→主干风管→分支风管→送风口。

2）排风系统为：排气（尘）罩→吸气管道→排风机→立风管→风帽。

3）全空气空调系统为：新风口→新风管道→空气处理设备→送风机→送风干管→送风支管→送风口→空调房间→回风口→回风机→回风管道（排风管道、排风口）→一、二次回风管→空气处理设备。

（2）对图纸而言，一般为：系统流程图→平面图→剖面图→详图。

2. 识读过程

首先识读平面图。该空调建筑有空调房间（商场）平面图和空调机房平面图。识读时，将平、剖面对照分析，可沿空气流向进行。

（1）系统流程图的识读。图5-4中，集水器收集各路的冷冻回水→管道D325×8→综合水处理器9→3台冷冻泵→连接管道D219×6→3台冷水机组GHS-1250型螺杆机的蒸发器中→产生的冷冻水进入管道D219×6→汇总管道D325×8→分水器；冷却水部分：经过冷却塔降温后的水→连接管道 D325×8→汇总管道 D476×9→3 台冷却水泵 2→汇总管道D476×9→水处理器10→分支管道D237×7→汇总管道D476×93台冷水机组GHS-1250型螺杆机的冷凝器中→连接管道D159×4.5→汇总管道D426×9→3台冷却塔中11。

补水系统由全自动软水器→连接管道DN32→软化水箱4→连接管道DN40→补水泵5→连接管道D57×3.5→定压罐定压—集水器中。

在后面的图5-5～图5-9中，主要给出了地下3层冷冻机房的平面位置图，剖面图和管道图，从图上可以看到：该机房内有3台冷水机组，型号为GHS-1250WD；还有3台冷却水泵，型号为SLS250-300；3台冷冻水泵，型号为SLS200-315；一个与冷水机组出水相连的分水器；一个与冷水机组回水相连接的集水器；以及连接这些设备的管道和管道上的配件；还有各设备、管道的尺寸及定位尺寸，等等。从这几张图上就可以了解各设备、管道及配件的分布与连接情况。读者可根据系统流程图作为参照物，按照流程途径来对号入座。

需要说明的是图 06 剖面图上给出了地下 3 层相关设备和管道的标高和相对位置，读者在阅读此图时一定要和图 06 平面图对应着看，切不可孤立的阅读。

（2）空调水管系统的识读。在阅读空调水管系统时要掌握一个原则，每个系统都有一趟供水管、一趟回水管、一趟凝水管。这三根管子分别通过三通或四通接头与总供水管、回水管、凝水管相连接。现在以地下二层空调水管平面图为例加以说明。

该平面图中有两趟主立管，一趟 B 轴和 3 轴处的 L1 管道间以及 B 轴和 7 轴处的 L2 管道间，L1 管道出管道井后，一趟向北，一趟向南，向南一趟在Ⓐ轴处分支向西连接两个风机盘管，向南一趟在Ⓐ1轴处向左右各分一趟，向西一趟共带了 11 个风机盘管，向东一趟共带了 8 个风机盘管；L2 管道在出管道井后分成向南向北各一趟，向南一趟到Ⓐ轴后分出一趟 DN20 的管道带 2 个风机盘管，向西分支共带 7 个风机盘管；向北一趟共带 10 个风机盘管。

地下二层空调水管系统图将两个系统 L－1 和 L－2 的连接方式表现出来，由图上可以看出，代号为 L－L 和 1－2 的冷水供水分别连接地下一层空调水管 a－a′ 和 b－b′，同时送入相关的空调器中，冷水在空调器内冷却空气后，又从空调器出来（代号为 KCR）回至制冷机房，空调器内产生的凝结水由凝结水管（代号 n）排走。

（3）空调风管系统的识读。在阅读空调风管系统时应当注意：一趟主风管通过四通接头、三通接头与通向各房间的支风管相接。每个房间的送风管上有铝合金方形散流器和铝合金单层风口。下面以地下一层通风空调平面图为例加以说明。

由地下一层通风空调平面图看出，该图主要包括新风系统 X－2，排风系统 P－4，空调机房是楼梯间⑦～⑧轴和Ⓐ～Ⓐ1轴的建筑。空调机房产生的冷空气在⑦轴与⑧轴间、Ⓐ1轴西侧处送出，经 1000mm×3200mm 的风管由南往北敷设。经过Ⓐ轴后继续向北，同时向西接一支风管 800×320mm 到 6 个风口，分支点处各装一个三通调节阀。折向北的风管沿途设置 4 个风口。Ⓐ轴西侧风管到④轴接一根 630×200mm 的分支管，共接有 4 个风口。沿④轴继续由东向西的支管，该支管上共接有 7 个风口。排风管道 P－4 相对简单一些，该管路 1000mm×250mm 在Ⓐ1轴处有一个分支，共带有 13 个风口。由图上可以看出，各段风管规格尺寸、距墙尺寸、风口间距，均可从标注查得；还看出，风管每个分叉处均装有三通调节阀。

由平面图对照设备材料表，可知主要设备材料的型号规格及有关性能；由平面图对照预留孔洞尺寸表，可知风管穿过建筑结构的预留孔洞尺寸及数量、位置；由平、剖面图对照图纸说明，可知该工程的安装要求。

地下一层送风系统 X－2 和排风系统 P－4 图是用单线绘制的某空调通风系统的系统轴测图。虽然系统轴测图无比例可言，但从该图上我们可以了解该系统的整体情况：首先室内回风与新风在混风箱混合，然后经空调箱处理后送入各房间；其次可见风管上的弯头、阀门、变径管的位置与数量；还可以看到该系统的送、回风口型号、数量、风口空气流向；以及风管系统在空间的走向、分布情况；最后还有各种风管尺寸与标高等，具体位置参看该系统的平面图。总而言之，通过系统轴测图，就可以了解系统的整体情况，对系统的概貌有个全面的认识。

（4）剖面图。剖面图主要给出了各种设备和连接管道竖向的连接关系和标高，现仍以

P－4 系统和 X－2 系统为例加以说明。地下一层通风机房平面图为 P－4 系统的平面图，图中给出了其 1－1 剖面图，从这两个图上可以看出它的连接形式和具体设备以及标高等内容。下面两张图为地下一二层新风机房平面及水管平面图。从图上可以看出，该空调机组使用的空调箱型号为 FPH200AWII（X），从 1－1 剖面图上可以看出，空调箱上面是送风管，尺寸为 630mm×1250mm，回风管，尺寸为 400mm×1600mm。空调箱内的设备没有详细画出，但从剖面图可以看出其分为加湿室、表冷器、送风风机段几个部分。喷水室内通有冻冷水，对空气进行热、湿处理。加热器内的热媒是热水或蒸汽。加热器旁边有旁通阀门。空气经处理后由风管送至上部，然后向下送出。水路部分有三根水管与空调箱相连接：送水管、回水管和冷凝水管。图上还标有防火调节阀、软接头、水管调节阀，自动排气阀以及各设备、管道的定位尺寸等。

（5）空调通风平面图。平面图主要给出了空调机组，风管和风口的平面位置图，各房间的空气处理设备都是风机盘管，而且风机盘管位于房间的入口处。该平面图上注明了各风管尺寸、水管尺寸、风机盘管型号。各风口尺寸以及风管、水管、设备的定位尺寸。现以一层暖通平面图为例加以说明。

室内回风通过双层百叶回风口后，通过主管道 800mm×300mm，中心距北侧墙中心为1150mm，空调器 1 底距地面 3.60m。风管底距地面 3.70m。该管道最后连接消声静压箱，通过条缝风口 2000mm×150mm 将空气送到房间内，其他各部分与此相同。

二层暖通平面图增加了新风系统，以⑤－⑥轴的新风管为例，在⑥轴与Ⓐ轴间布置有一个钢制防水百叶新风口 8，通过粗效消声器 7 和管道 1000×250mm 将空气送出，该新风管道敷设到一定距离后到Ⓒ轴分出一支管路 630mm×250mm，自西往东设为：左西右东敷设的新风管道，规格尺寸为 320mm×250mm，与装有回风口 3 连接，该风管道连接的始端均装有对开多叶调节阀。在和装有对开多叶调节阀的回风管道连接后，进入组合式空调箱 1 中。空气经空调器处理后，由空调器上方两根装有帆布软接头和对开多叶调节阀 6 的且规格尺寸为 800mm×320mm 的风管输送至静压箱 2 中。静压箱 2 顶侧向南接 630mm×250mm 的风管，水平折向向东接入位于Ⓒ轴线上的静压箱 2 中。静压箱 5 的平面尺寸为 1000mm×150mm×150mm。位于空调房间⑧轴处的另一根新风管1000mm×250mm 由南往北敷设，敷设至Ⓐ轴时折向西且规格变为 320mm×250mm，连接到组合式空调机组 1 上。从图上可以看到，该风管向西走至Ⓑ轴处，与回风管连接（其上装有回风口和对开多叶调节阀），连接后风管由东向西接入组合式空调器 1 上。接入该空调器的风管规格为 320mm×250mm，空气经组合式空调器 1 冷热处理后，经空调器顶部接出一根 800mm×320mm 的风管，分别接至静压箱 2 中。处理后的两部分空气经静压箱 2 增加静压后，一起由送风管道（经防火阀）送至二层房间内，三层部分与此基本一样。

（6）空调水管整体系统图。空调水管整体系统图给出了接分水器和集水器的两根主立管和各层得分支管的连接方式，主要给出了各层分支管的管径，标高以及管道连接之间的距离，各供回水管，凝结管道的走向等内容，阅读本图应注意，冷冻水立管及地下一二水平管道均为同程式系统，其他层水平管为异程系统。

项目	0413.1	图纸目录	SN0413.1－00		
暖通	施工图		共　2　页第　1　页		
序号	图号	图　　名	张数	规格	备注
1	SN0413.1－00	图纸目录	2	A4	
2	SN0413.1－01	空调制冷工程施工图设计说明	1	A2＋	
3	SN0413.1－02	采暖工程施工图设计说明	1	A2	
4	SN0413.1－03	图例	1	A2	
5	SN0413.1－04	制冷制热系统图	1	A1	
6	SN0413.1－05	地下三层冷冻站平面图	1	A1	
7	SN0413.1－06	地下三层冷冻站剖面图	1	A1	
8	SN0413.1－07	地下三层冷（热）水管平面图	1	A1	
9	SN0413.1－08	地下三层－10.80 标高通风平面图	1	A1	
10	SN0413.1－09	地下三层－14.60 标高通风平面图	1	A2	
11	SN0413.1－10	地下二层通风空调防排烟平面图	1	A1	
12	SN0413.1－11	地下二层空调水管平面图	1	A1	
13	SN0413.1－12	地下一层防排烟平面图	1	A1	
14	SN0413.1－13	地下一层通风空调平面图	1	A1	
15	SN0413.1－14	地下一层空调水管平面图	1	A1	
16	SN0413.1－15	地下三层送排风排烟系统图	1	A1	
17	SN0413.1－16	地下一、二层空调水管系统图	1	A1	
18	SN0413.1－17	地下一、二层送排风系统图	1	A1	
19	SN0413.1－18	地下二、三层通风机房平剖面图	1	A1	
20	SN0413.1－19	地下三层 1－1、2－2、3－3、4－4 剖面图	1	A1	

项目	0413.1	图纸目录	SN0413.1－00		
暖通	施工图		共　2　页第　1　页		
序号	图号	图　　名	张数	规格	备注
21	SN0413.1－20	地下一层机房平剖面图	1	A1	
22	SN0413.1－21	地下一、二层新风机房平剖面图	1	A1	
23	SN0413.1－22	地下一、二层新风机房水管平剖面图 P－5、J－5 系统送排风机平剖面图	1	A1	
24	SN0413.1－23	PY－2～PY－4、P－6 排烟排风系统图	1	A1	
25	SN0413.1－24	一层暖通平面图	1	A1	
26	SN0413.1－25	二层暖通平面图	1	A1	
27	SN0413.1－26	三层暖通平面图	1	A1	
28	SN0413.1－27	设备层暖通平面图	1	A1	
29	SN0413.1－28	四～十三层暖通平面图	1	A1	
30	SN0413.1－29	十四层暖通平面图	1	A1	
31	SN0413.1－30	十五层暖通平面图	1	A1	
32	SN0413.1－31	十六层暖通平面图	1	A1	
33	SN0413.1－32	十七层暖通平面图	1	A1	
34	SN0413.1－33	十八层暖通平面图	1	A1	
35	SN0413.1－34	十九层(水箱间)暖通平面图	1	A1	
36	SN0413.1－35	采暖空调系统图	1	A1	
37	SN0413.1－36	机械加压送风系统图	1	A1	
38	SN0413.1－37	风机盘管安装大样图	1	A1	

图 5－1　图纸目录

一、设计依据：

1. 工业建筑采暖通风与空气调节设计规范（GB 50019—2015）。

2. 建筑设计防火规范（GB 50016—2014）。

3. 通风与空调工程施工质量验收规范（GB 50243—2016）。

4. 甲方提供的设计技术要求。

二、主要设计气象参数及室内环境参数：

1. 气象参数：冬季：空调室外计算干球温度　$t_{wk}=-12$℃　夏季：空调室外计算干球温度 $t_{wg}=33.2$℃。

冬季：空调室外计算相对湿度　ϕ=45%　夏季：空调室外计算湿球温度 $t_{ws}=26.4$℃。

2. 室内环境设计参数：

序号	房间名称	夏季 温度/℃	夏季 相对湿度（%）	夏季 平均风速/（m/s）	冬季 温度/℃	冬季 相对湿度（%）	冬季 平均风速/（m/s）	新风量/（m³/h·p）	噪声声级 NC/［(dB)A］
1	办公室、会议室	26	≤60	≤0.25	21	≥40	≤0.15	50	40
2	公寓	26	≤55	≤0.25	22	≥40	≤0.15		40
3	舞厅	24	≤60	≤0.25	22	≥30	≤0.15	30	40
4	健身房	24	≤60	≤0.25	20	≥30	≤0.15	30	40
5	商店	25	≤60	≤0.30	19	≥40	≤0.30	15	40
6	美容中心	24	≤60	≤0.25	23	≥40	≤0.15	50	40
7	餐厅	25	≤65	≤0.25	23	≥40	≤0.15	30	40
8	卫生间	25	≤65	≤0.25	25	≥40	≤0.15		40
9	厨房	30	≤65	≤0.35	18	≥40	≤0.25		
10	设备用房	30	≤65	≤0.25	10	≥40	≤0.15		
11	门厅大堂	28	≤65	≤0.30	18	≥40	≤0.30		40

三、空调设计：

1. 空调冷热负荷：本项目建筑总面积为 37 215.29m²，夏季设计冷负荷为 4280kW，冬季设计热负荷为 3100kW。

2. 空调方式：本工程地下一，二层为风机盘管加新风机空调系统，地上一层大厅采用吸顶式四吹型风机盘管加入口门新风渗透系统。地上一、二、三层为全空气单风道空调系统，地上四夹层为设备层，地上四～十四层写字间为风机盘管加新风管系统，地上四～十八层公寓为风机盘管加门窗新风渗透系统。

3. 冷热源：冷热水分别由冷冻站及换热站供给，冷源选用 3 台水冷式冷水机组，型号为 GHS1250WD（1438kW），夏季冷冻水温度为 7～12℃，由冷冻水循环泵供给。冬季空调热水温度为 50～60℃，由换热站供给。

4. 空调水系统：

（1）本工程空调水系统采用冷热两用双管制系统，夏季通冷水供冷，冬季通热水供热。

（2）垂直主干管设计为同程系统。

5. 通风系统：新风系统具体见设计图，卫生间均吊顶式排气扇。吊顶式排气扇安装参见 91SB6－17 吊顶留洞 290mm×290mm。

6. 自控方法

（1）冷冻机房内所有设备启停控制［启停顺序为：井水泵、冷（热）水泵、最后开启冷（热）水机组，停机顺序反之］。

（2）空调水路采用变流量系统，在供回水管上设压差调节器，控制分水器和集水器之间连接管上的差压式旁通阀开启程度，以恒定通过冷（热）水机的流量，保证冷（热）负荷压差维持在一定范围。

（3）采用在冷冻站设定压补水机组定压补水膨胀方式，膨胀管直接连在集水器上，当系统缺水时，液位计指令启动补给水泵，补软化水。

四、消声与隔振：

1. 所有制冷、空调及通风设备的安装均采用相应的减振和隔振措施，以减少固体噪声的污染。

图 5－2　空调制冷工程施工图设计说明（一）

2. 水系统管道与制冷机组，水泵及风机盘管连接处，均设橡胶软接头或金属软接头。

3. 制冷机组，水泵与基础连接处，均设橡胶减振垫。

4. 风管与风机盘管连接处均采用节能保温伸缩软管。

五、风管：

1. 设计图中所注风管的标高，对于圆形时，以中心线为准；对于方形或矩形时，以风管底为准。

2. 风管材料采用镀锌钢板制作，厚度及加工方法，按《通风与空调工程施工质量验收规范》有关规定确定。

3. 设计图中没注出测量孔位置时，安装公司应根据调试要求。

4. 所有风管，必须设置必要的支、吊、托架，其构造形式由安装单位在保证牢固、可靠的原则下，根据现场情况按国标 T616 选定。风管支、吊、托架，应设置于保温层的外部，并在支、吊、托架与风管间镶以垫木，同时应避免在法兰、测量孔、调节阀等部件处设置支、吊、托架。

5. 空调送风管采用橡塑保温，厚度 32mm。

6. 风口安装参见 91SB6－190～207。

六、吊顶式空调机的安装：

1. 风机盘管参见 91SB6－123，124，128，129 风口位置应详见建筑吊顶，根据现场情况在吊顶上设置检修口，检修口应靠近设备及阀门，以便检修。

2. 空调器，风机进出口设消声器或消声连箱，设备和管道连接处均设软管连接，空调器盘管的水管均用金属软管连接，设备吊装采用减震吊架，设备选型均为低噪声型产品。

七、空调水管道：

1. 空调冷热水管道标高均以管中计。

2. 管材：冷热水管道 DN＜50 者用热镀锌钢管，DN≥50 者用无缝钢管；凝结水管用 UPVC 塑料管。

3. 冷管道保温采用橡塑保温，管径 DN≥125，冻水厚度 32mm；管径 DN＜125，厚度 25mm。做法见 91SB6－36～37。保温管道支吊架处保温层不得中断。空调冷凝水管用 3mm 厚橡塑胶带保温。管道井、地沟管道采用 40 厚，冷凝水管的坡度＞0.01，水平管道坡度＞0.003，并在凝水盘的出水口处设置水封。

4. 水管路系统中的最低点处应配置 DN25 泄水管，并配置相同直径的闸阀；最高点应配置 DN15 的 ZPH95－1 型自动排气阀。

5. 套管：管道穿越外墙时，须做刚性防水套管，做法见华北标 91SB1。

6. 管道支、吊架的最大跨距，不应超过下表给出数值。

公称直径/mm	最大跨距/m	公称直径/mm	最大跨距/m	公称直径/mm	最大跨距/m
15～25	2.0	125	5.0	300	8.5
32～50	3.0	150	6.0	350	9.0
65～80	4.0	200	7.0	400	9.5
100	4.5	250	8.0	450	10.0

管道活动支、吊、托架的具体形式和设置位置，由安装单位根据现场情况确定，做法参照国标 88R420。管道支、吊、托架，必须设置于保温层的外部，在穿过支、吊、托架处，应镶以垫木。

八、管道阀门：管道阀门 DN＞80 采用高质量蝶阀，接空调水管道阀门为铜制阀门。有水力平衡要求的采用手动调节阀，有自控要求的采用电动（蝶）阀，工作压力不小于 1.0MPa。

九、室外安装的机组及水泵，应采取必要的防雨、防雪措施。

十、尺寸：管径长度为 mm，标高为 m。

十一、管道防腐及试压见 91SB6 中统一施工说明。

十二、未尽事宜按《建筑给水排水及采暖工程施工质量验收规范》（GB 50242—2002）及《通风与空调工程施工质量验收规范》（GB 50243—2016）有关规定执行。

图 5－2　空调制冷工程施工图设计说明（二）

序号	图例	名称
1	—— L ——	空调冷冻水供水管
2	- - - L - - -	空调冷冻水回水管
3	—— R1 ——	热网供水管
4	- - - R1 - - -	热网回水管
5	—— R2 ——	热水供水管
6	- - - R2 - - -	热水回水管
7	—— Q ——	空调冷却水供水管
8	- - - Q - - -	空调冷却水回水管
9	—— z ——	膨胀管
10	- - - r - - -	软水管
11	—— n ——	空调冷凝水管
12	————	采暖供水管
13	- - - - - -	采暖回水管
14	i=0.003	管道坡度
15	—×—	管道固定支架
16		闸阀
17		截止阀
18		手动调节阀
19		电动调节阀
20		流量平衡阀
21		自动放气阀
22		方圆变径管
23		轴流风机
24	70℃	70℃熔断防火阀
25	280℃	280℃熔断防火阀
26		防爆波阀门（人防）
27		手动密闭风阀（人防）
28		空调（通风）送风口
29		空调（通风）排风口
30	J	正压送风口（常开）
31	P	排烟口（常闭）
32		正压送风口或排烟口
33		管道式消声器
34		风管逆止阀
35		帆布软接头
36	K —	空调系统
37	X —	新风空调系统
38	J —	加压送风系统
39	P —	排风系统
40	PY —	排烟系统
41		送风气流方向
42		回风气流方向

图 5-3 图例

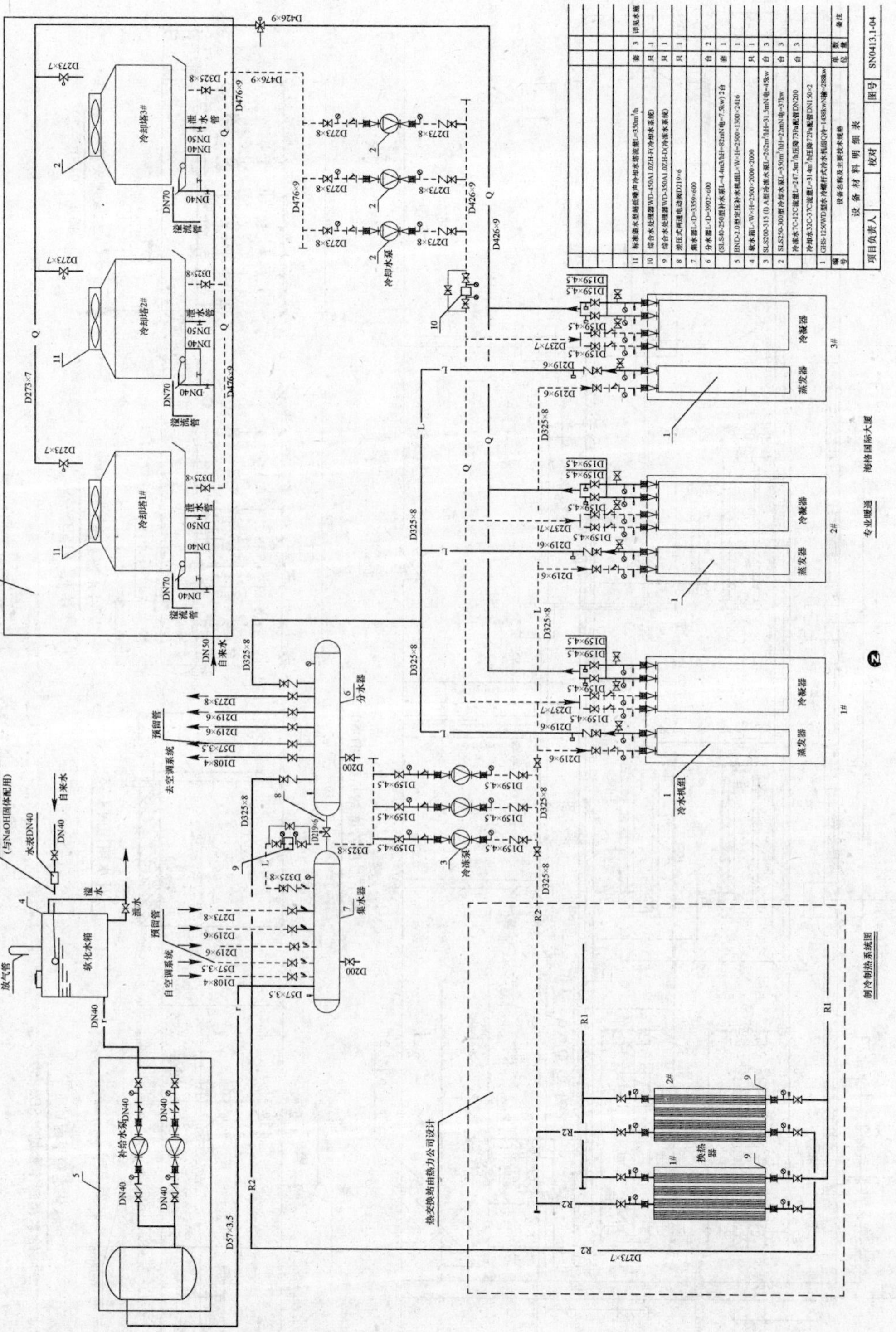

冷却塔1#
冷却塔2#
冷却塔3#
冷却水泵
冷冻泵
冷水机组
分水器
集水器
软化水箱
补给水泵
换热器
蒸发器
冷凝器
去空调系统
自空调系统
预留管
放气管
自来水
热交换站由热力公司设计
制冷制热系统图
SN0413.1-04

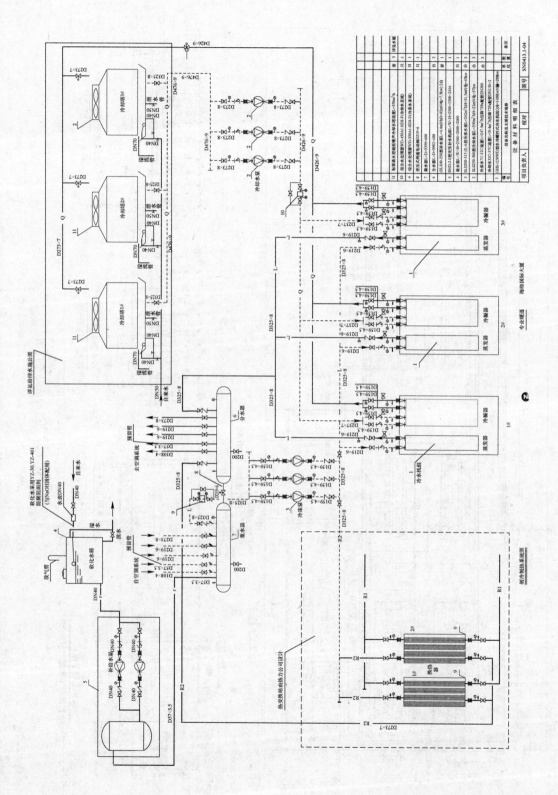

图 5-4　制冷制热系统图

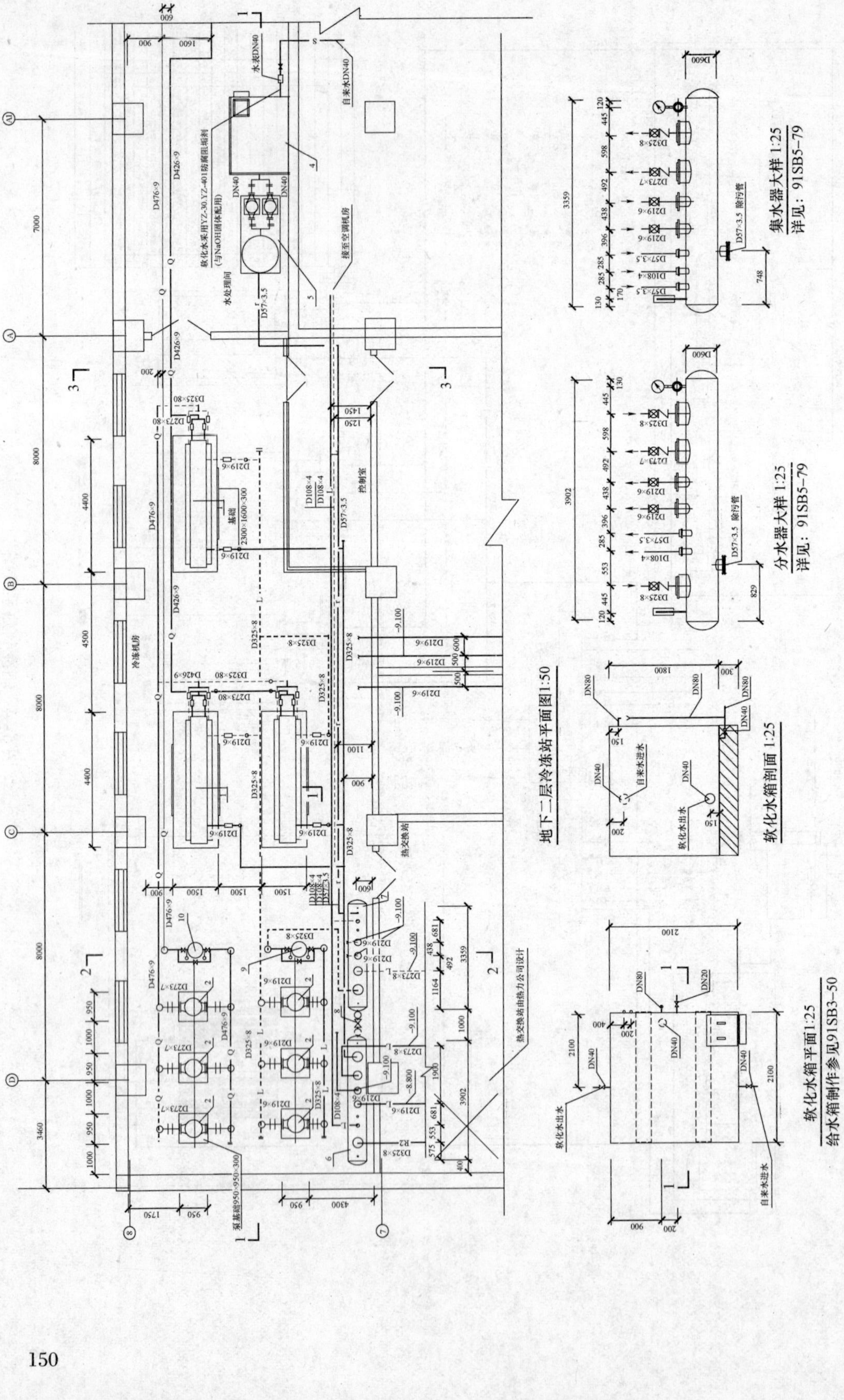

图 5-5　地下三层冷冻站平面图

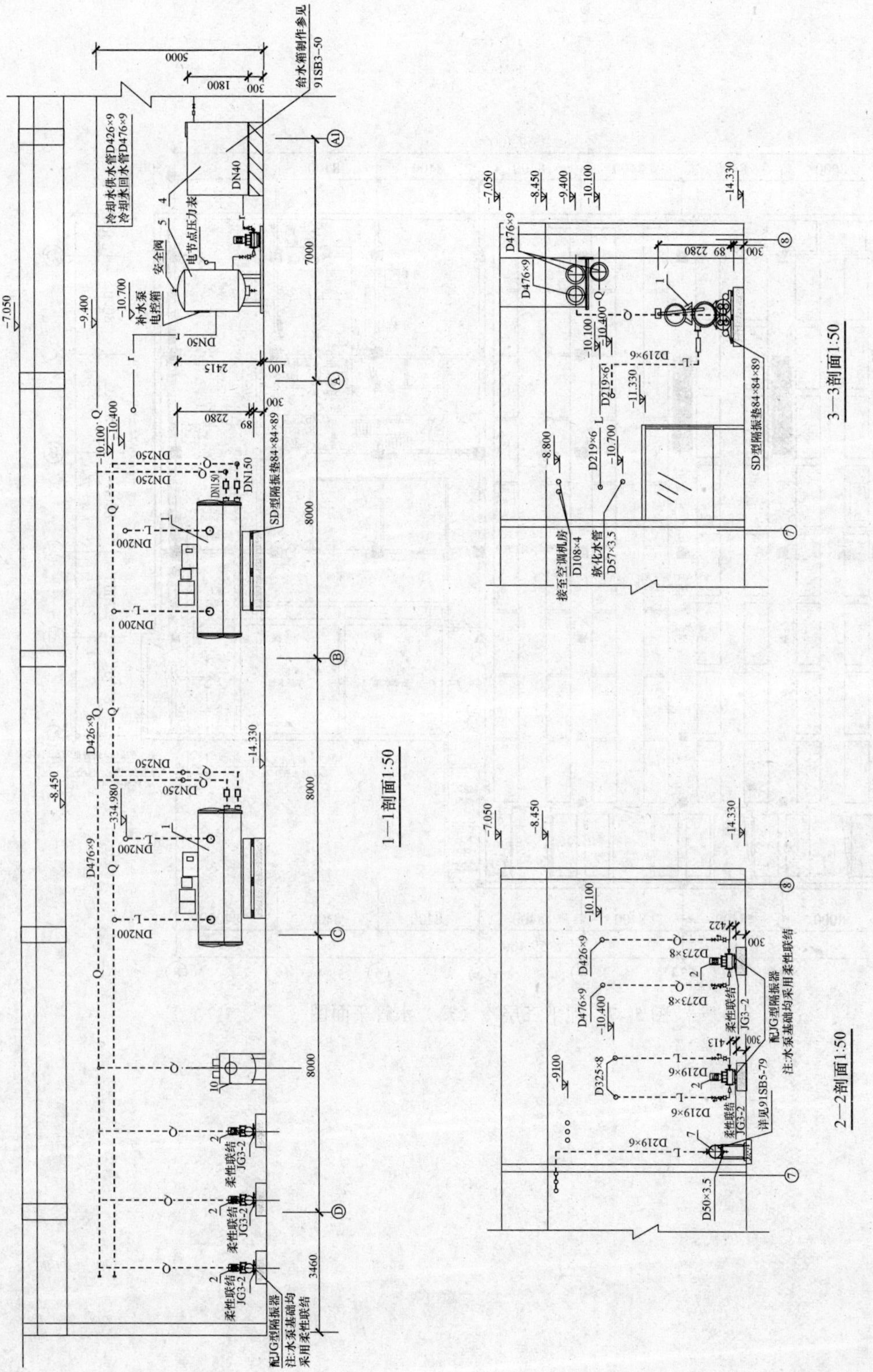

图 5-6 地下三层冷冻站剖面图

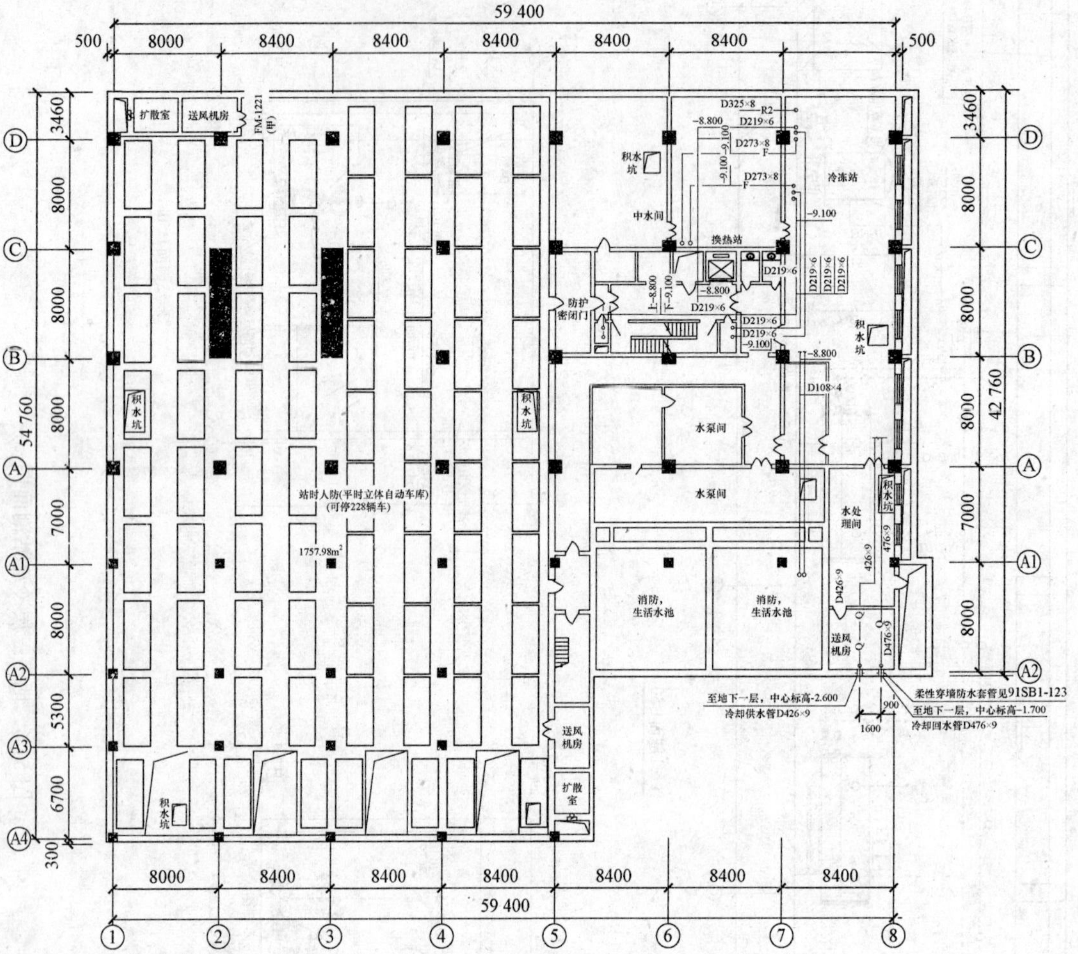

图 5-7　地下三层冷（热）水管平面图

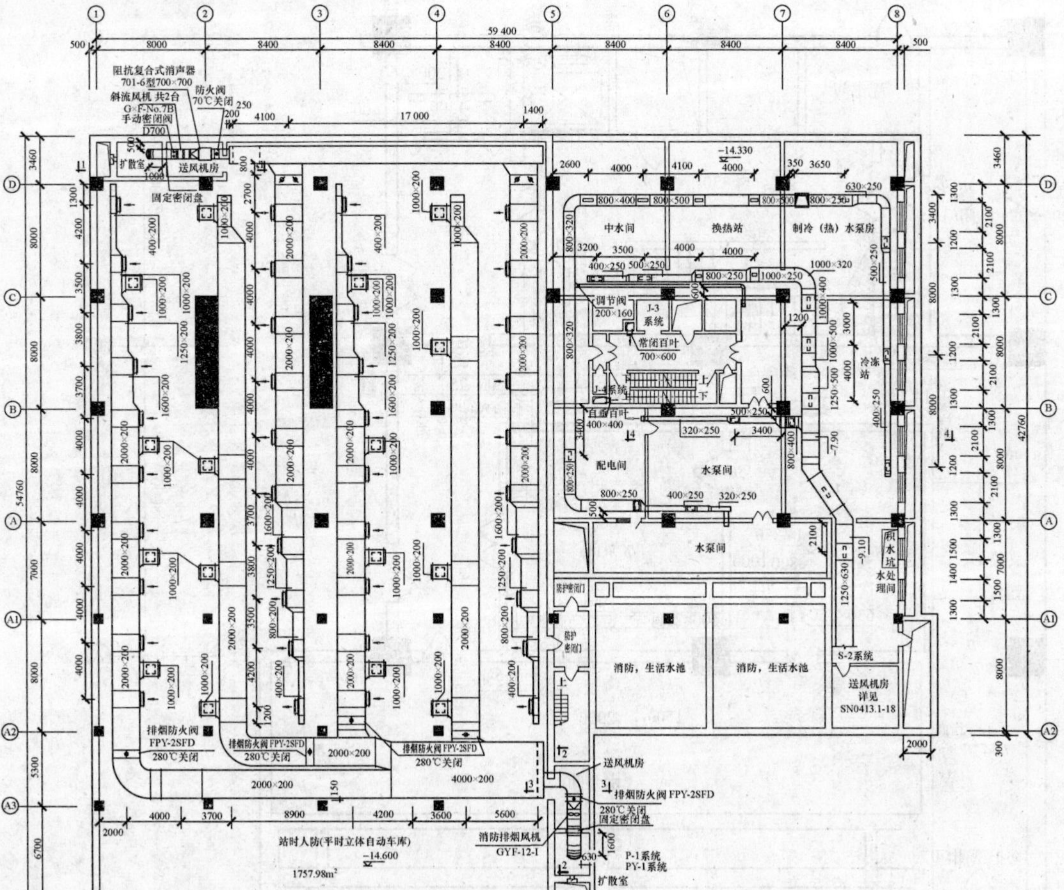

图 5-8　地下三层-10.80 标高通风平面图

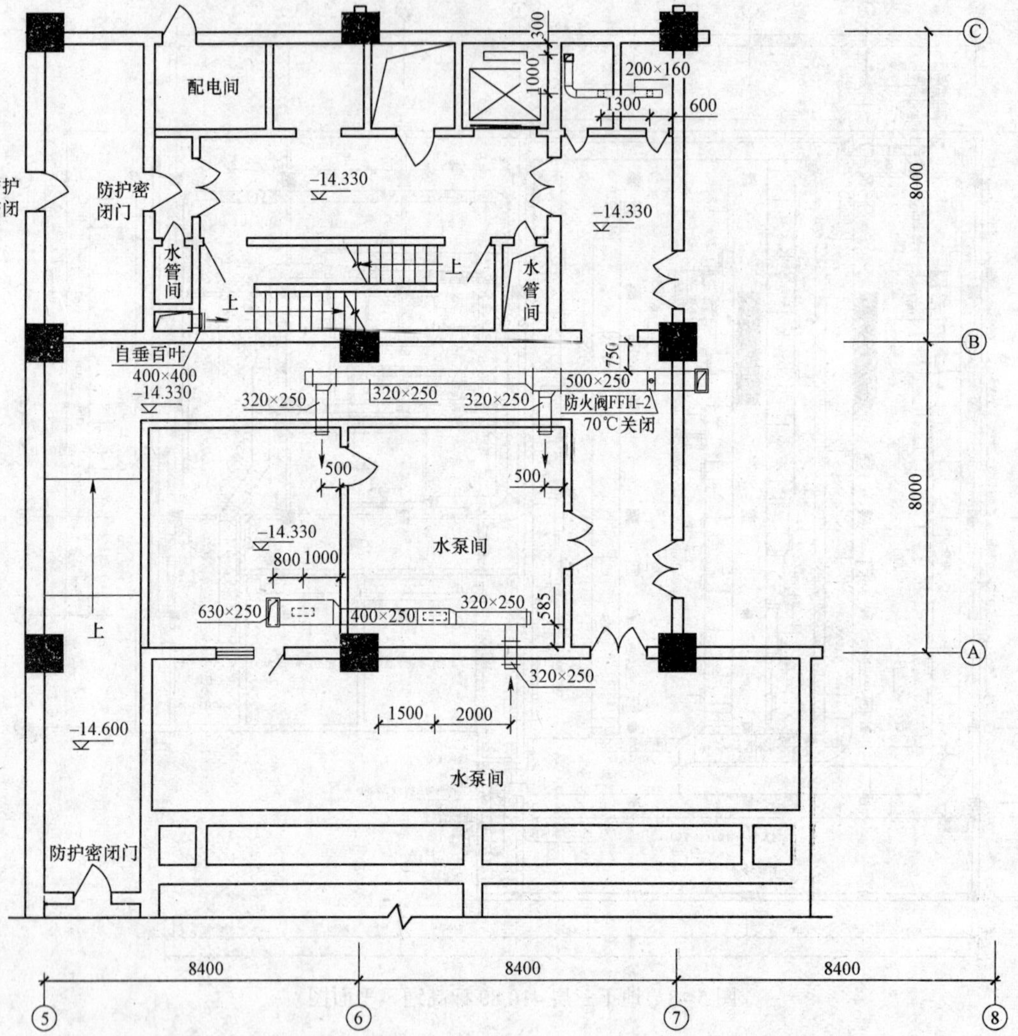

图 5-9　地下三层-14.60 标高通风平面图 1:100

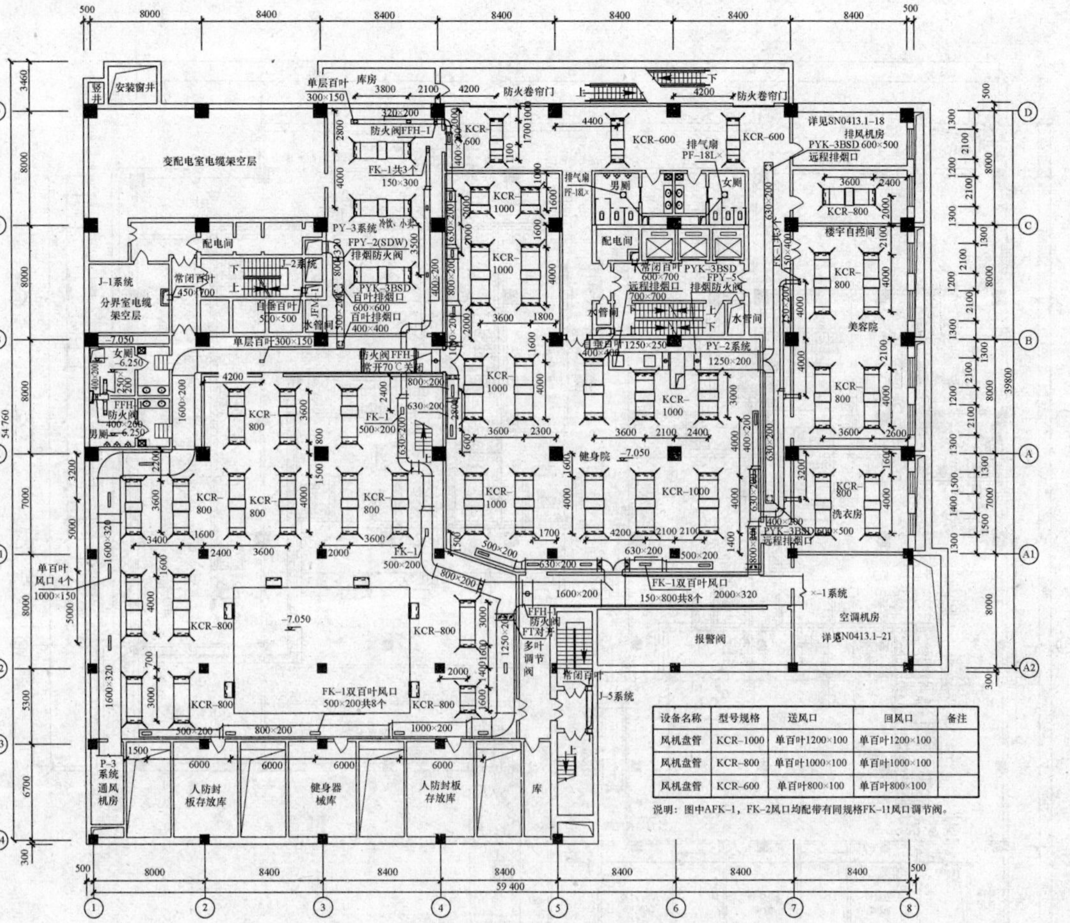

设备名称	型号规格	送风口	回风口	备注
风机盘管	KCR-1000	单百叶1200×100	单百叶1200×100	
风机盘管	KCR-800	单百叶1000×100	单百叶1000×100	
风机盘管	KCR-600	单百叶800×100	单百叶800×100	

说明：图中AFK-1，FK-2风口均配带有同规格FK-11风口调节阀。

图 5-10　地下二层通风空调防排烟平面图 1:150

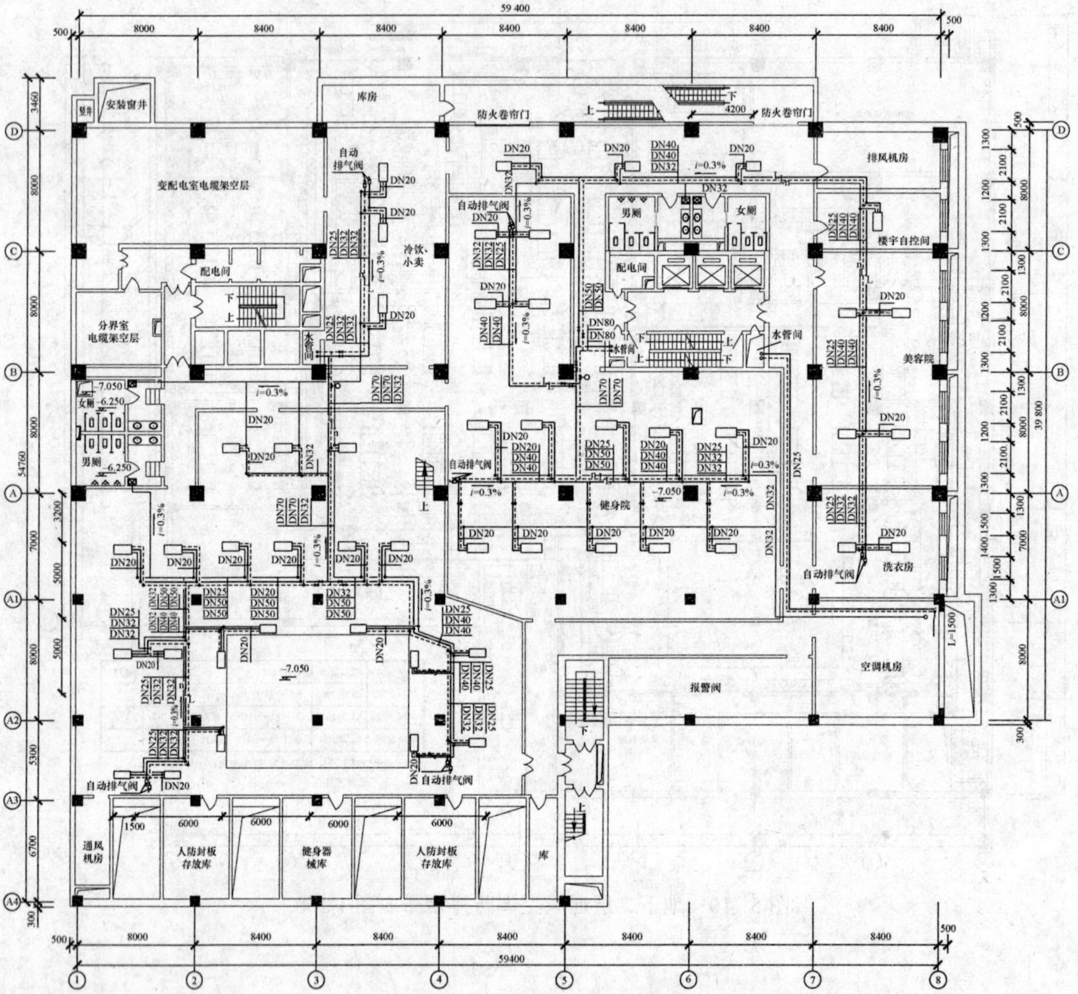

图 5-11　地下二层空调水管平面图 1:150

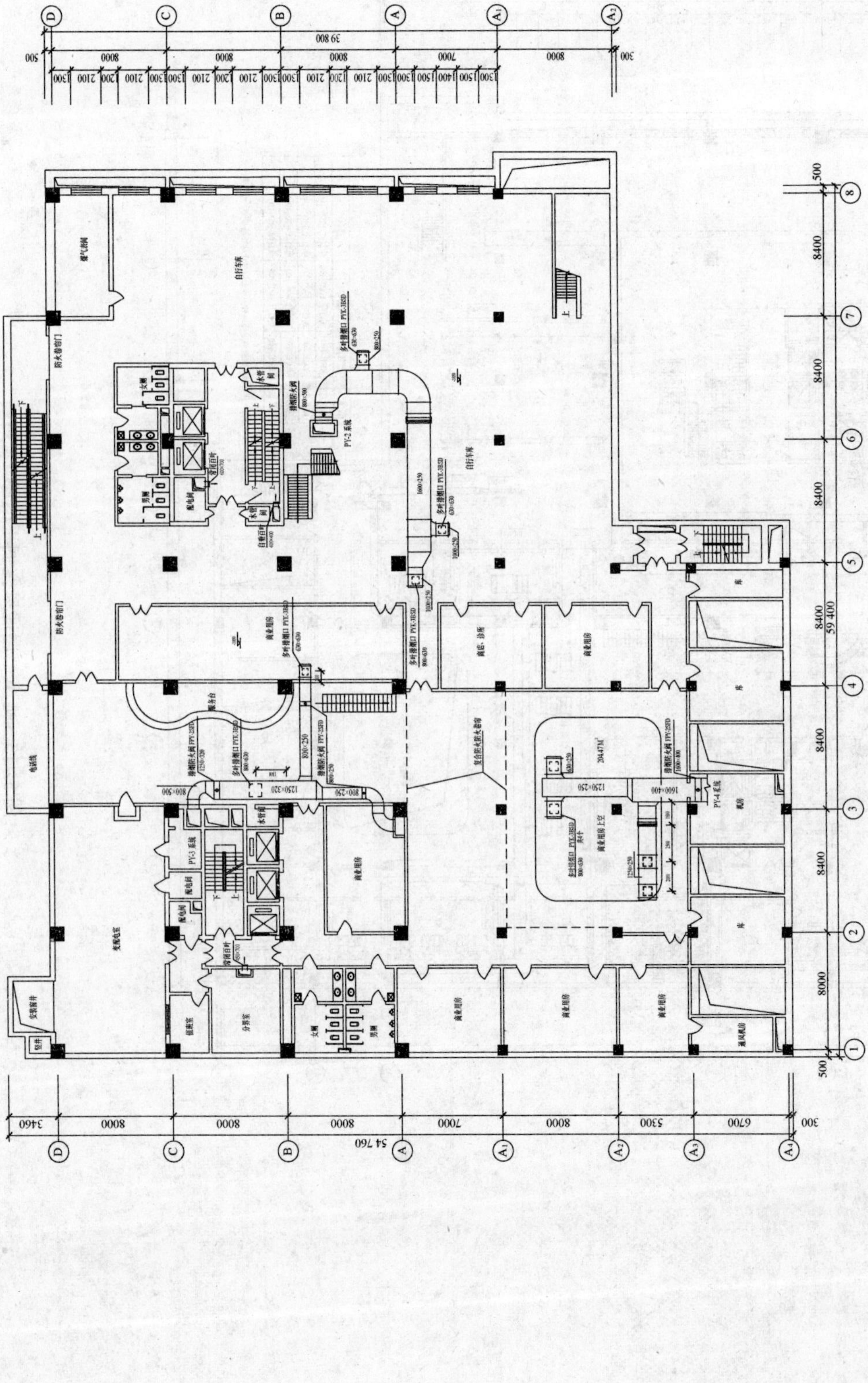

图 5-12　地下一层防排烟平面图 1:150

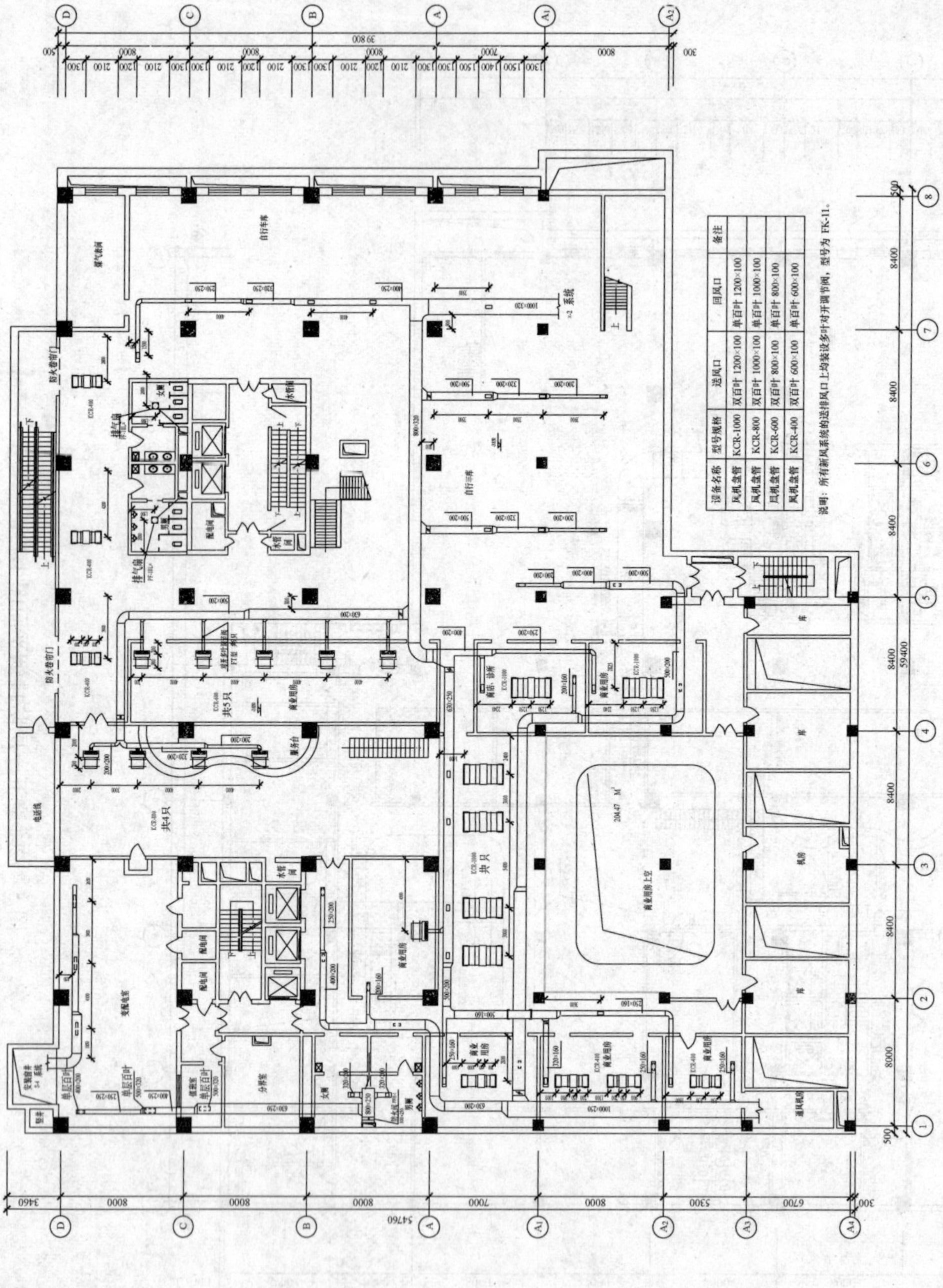

设备名称	型号规格	送风口	回风口	备注
风机盘管	KCR-1000	双百叶 1200×100	单百叶 1200×100	
风机盘管	KCR-800	双百叶 1000×100	单百叶 1000×100	
风机盘管	KCR-600	双百叶 800×100	单百叶 800×100	
风机盘管	KCR-400	双百叶 600×100	单百叶 600×100	

说明：所有新风系统的送排风口上均装设多叶对开调节阀，型号为 FK-11。

图 5-13 地下一层通风空调平面图 1:150

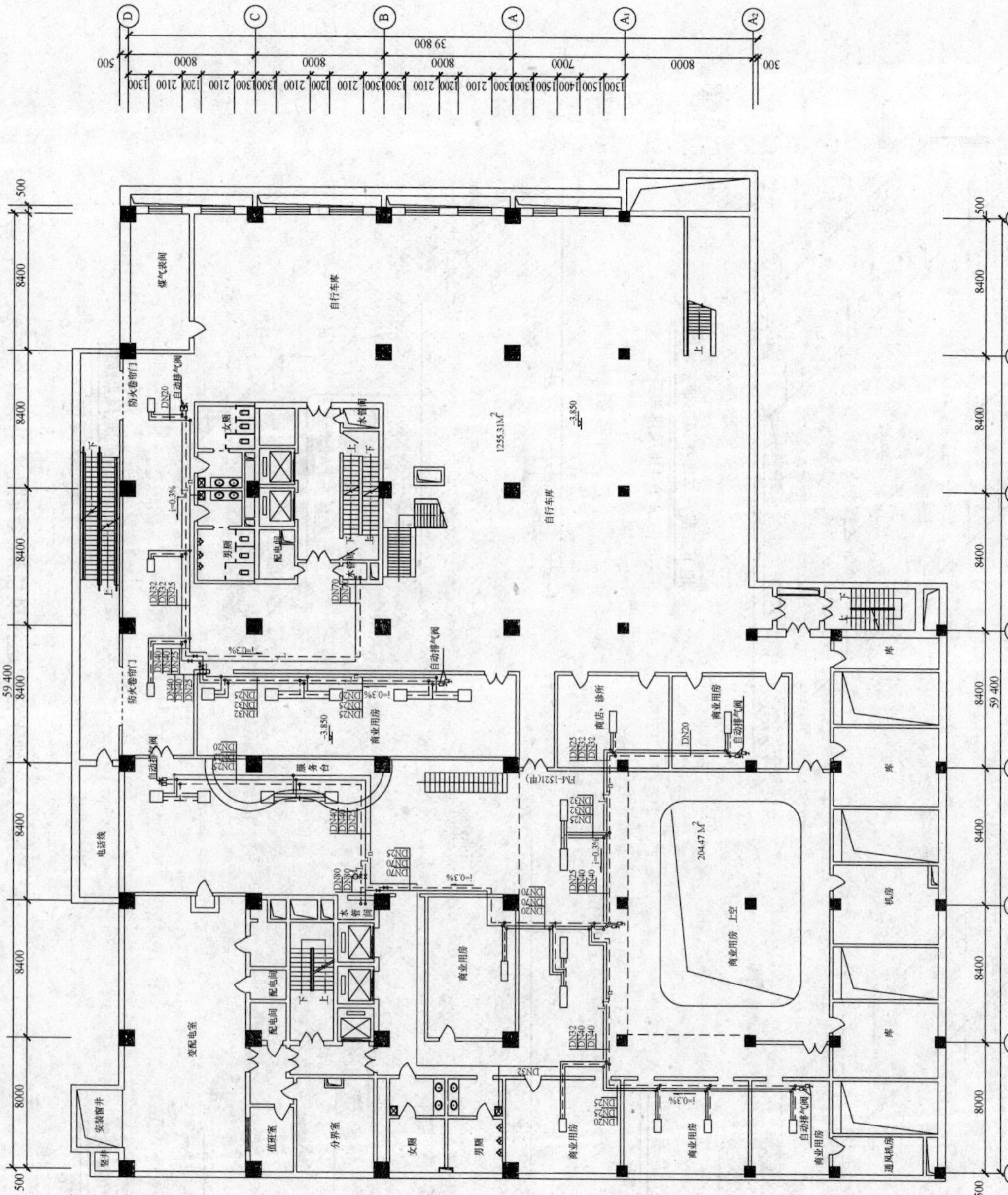

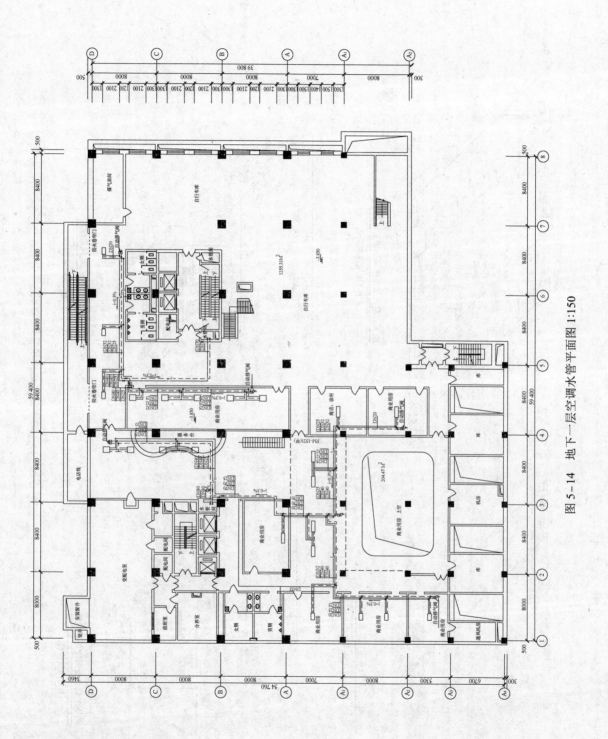

图 5-14　地下一层空调水管平面图 1:150

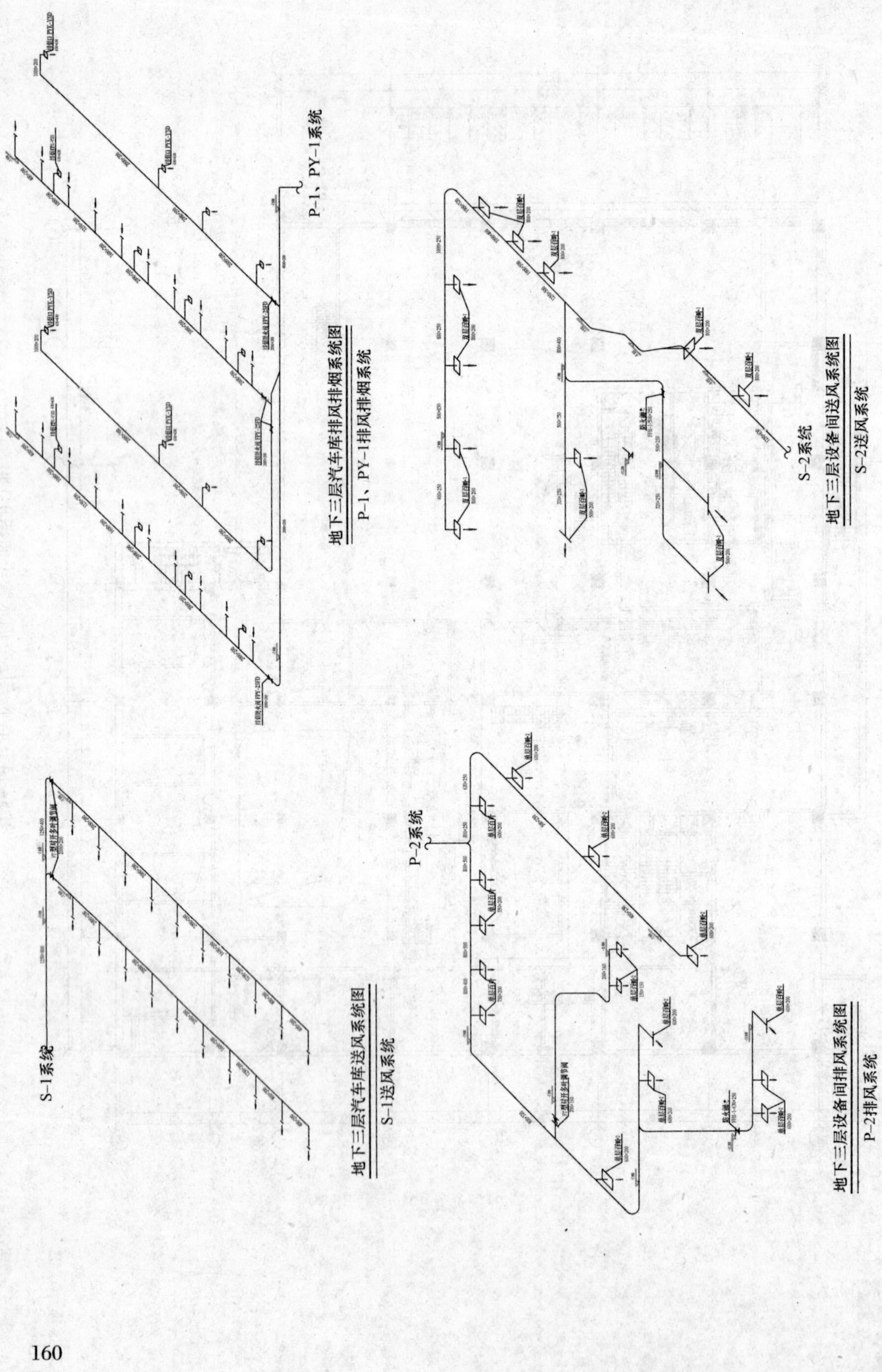

图 5-15　地下三层送排风排烟系统图

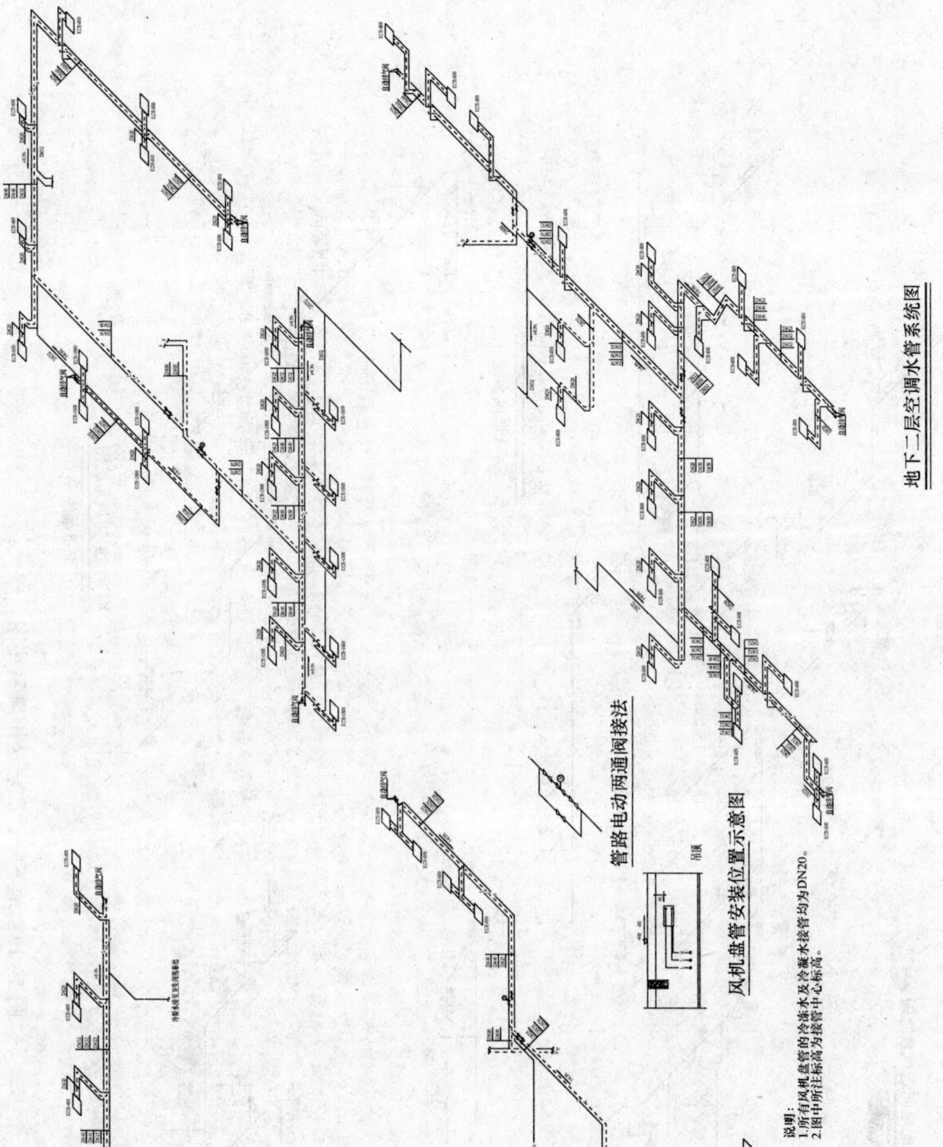

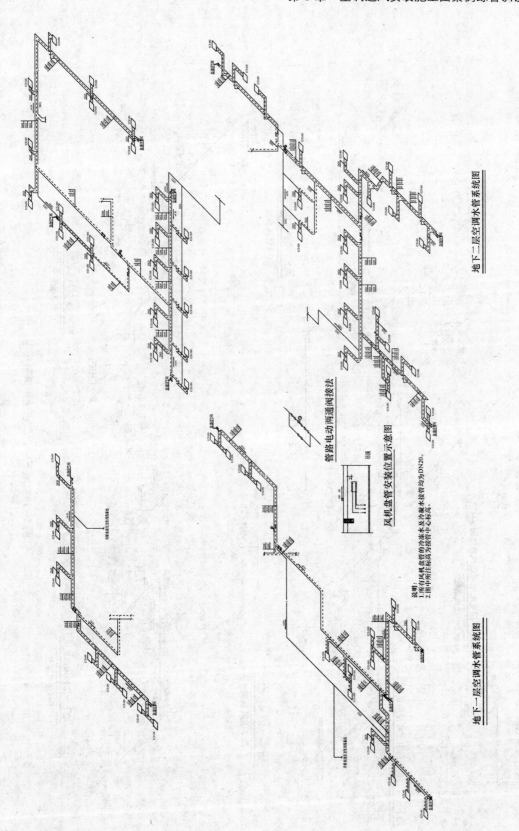

图 5-16　地下一、二层空调水管系统图

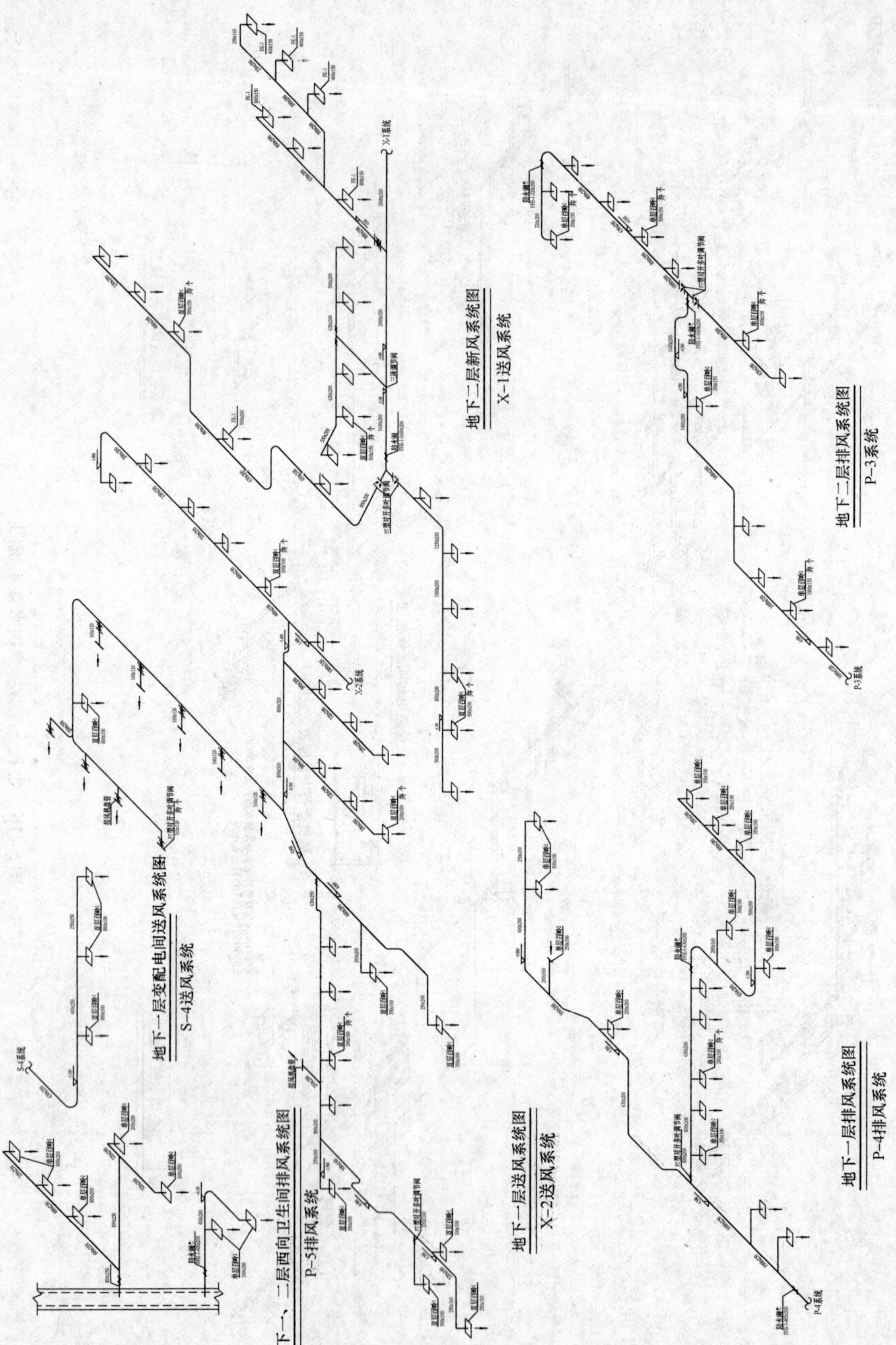

图 5-17　地下一、二层送排风系统图

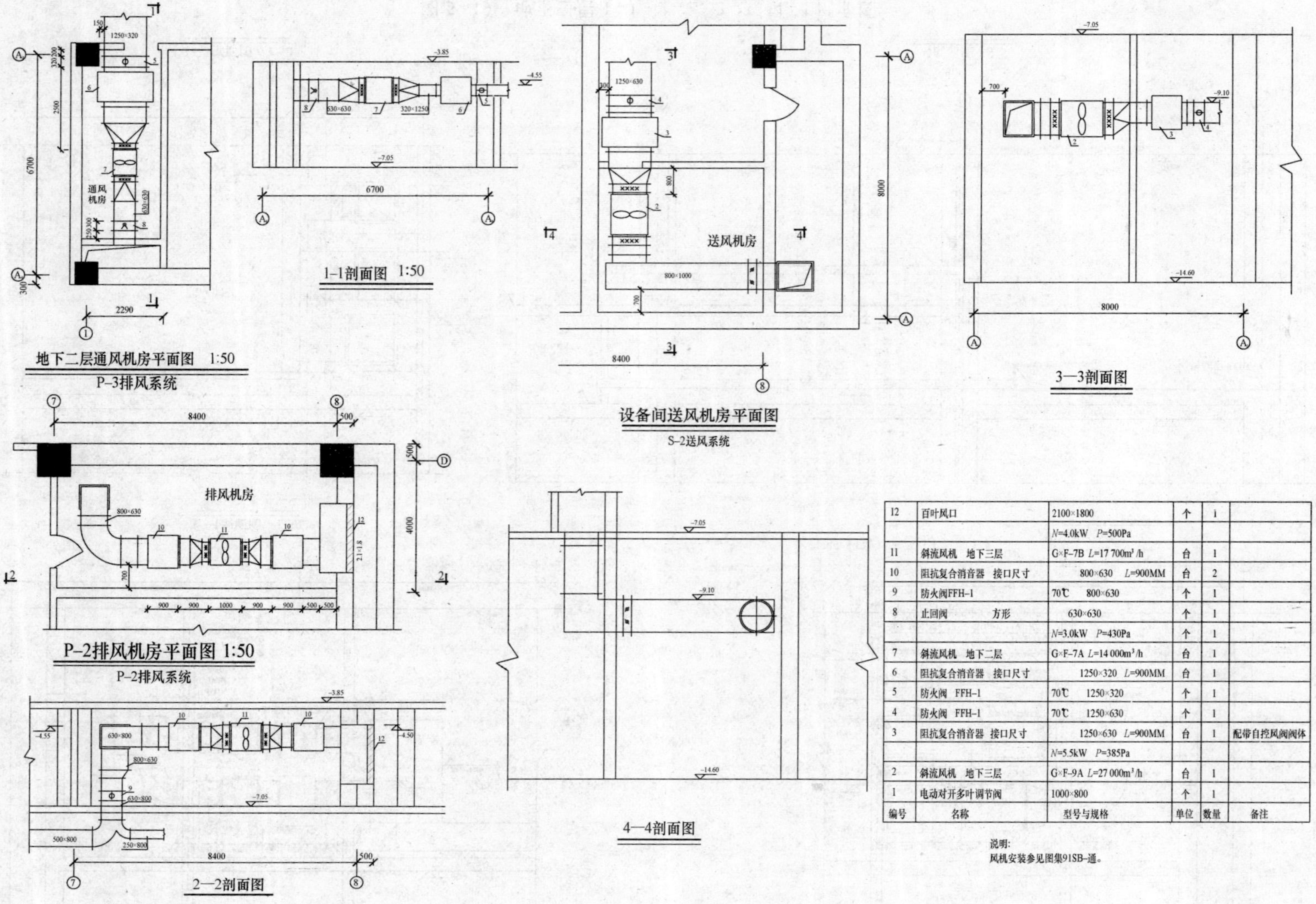

编号	名称	型号与规格	单位	数量	备注
12	百叶风口	2100×1800	个	1	
		N=4.0kW P=500Pa			
11	斜流风机 地下三层	G×F-7B L=17 700m³/h	台	1	
10	阻抗复合消音器 接口尺寸	800×630 L=900MM	台	2	
9	防火阀FFH-1	70℃ 800×630	个	1	
8	止回阀 方形	630×630	个	1	
		N=3.0kW P=430Pa	个	1	
7	斜流风机 地下二层	G×F-7A L=14 000m³/h	台	1	
6	阻抗复合消音器 接口尺寸	1250×320 L=900MM	台	1	
5	防火阀 FFH-1	70℃ 1250×320	个	1	
4	防火阀 FFH-1	70℃ 1250×630	个	1	
3	阻抗复合消音器 接口尺寸	1250×630 L=900MM	台	1	配带自控风阀阀体
		N=5.5kW P=385Pa			
2	斜流风机 地下三层	G×F-9A L=27 000m³/h	台	1	
1	电动对开多叶调节阀	1000×800	个	1	

说明：
风机安装参见图集91SB-通。

图 5-18 地下二、三层通风机房平剖面图

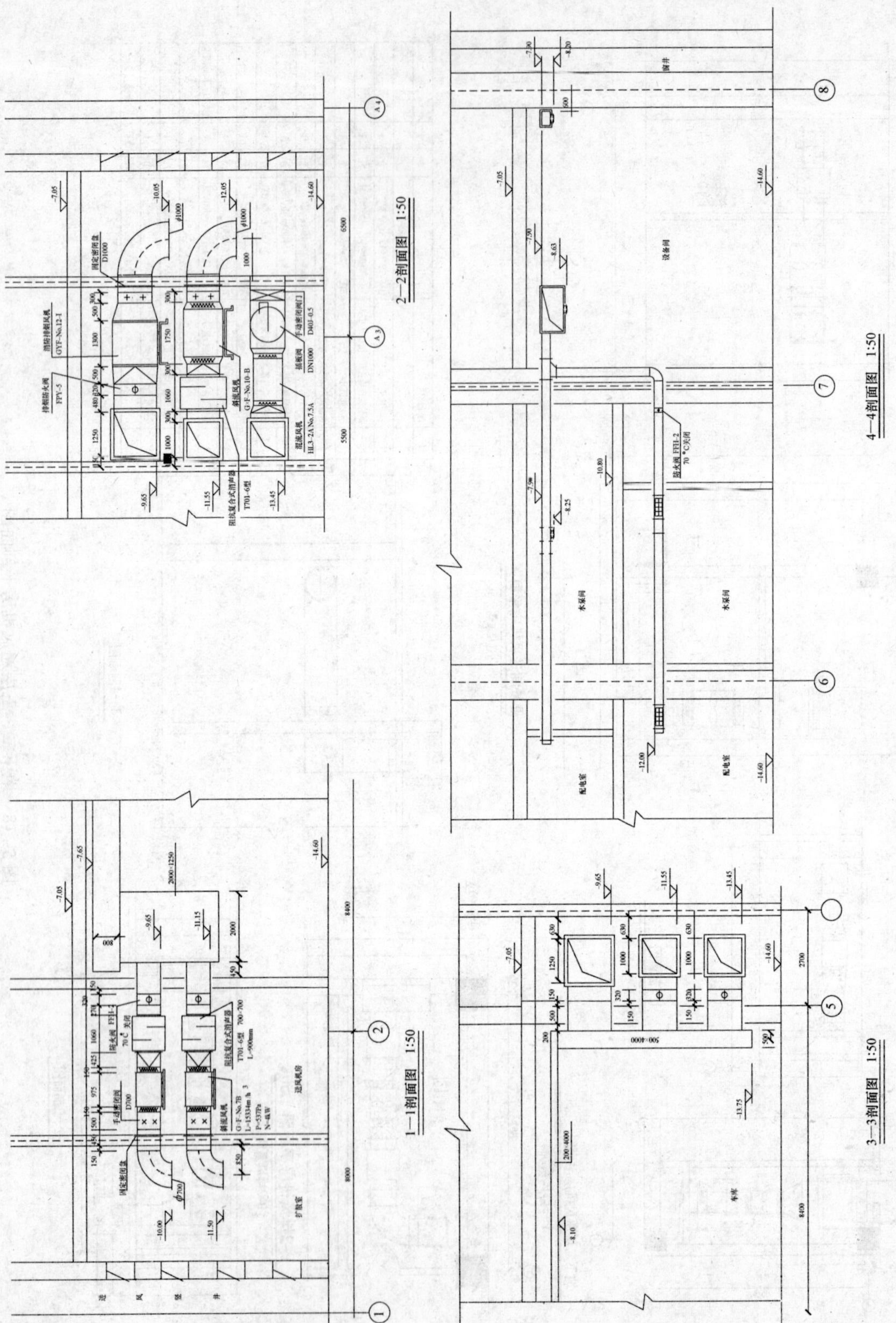

图5-19 地下三层1-1、2-2、3-3、4-4剖面图

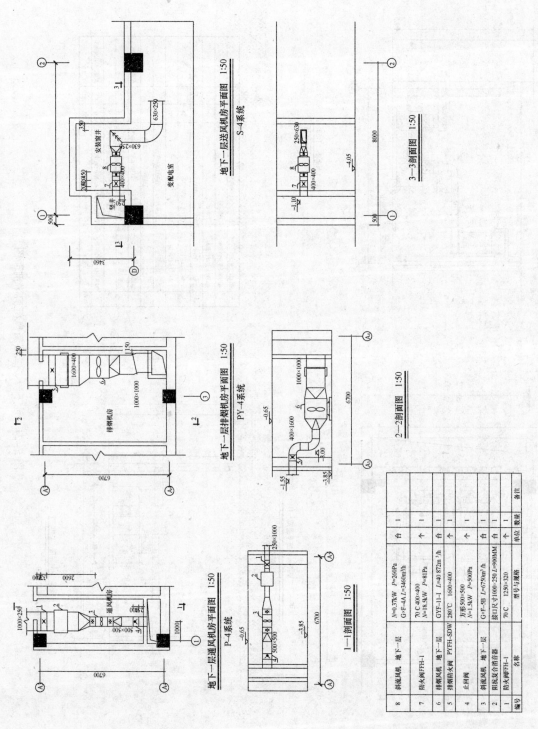

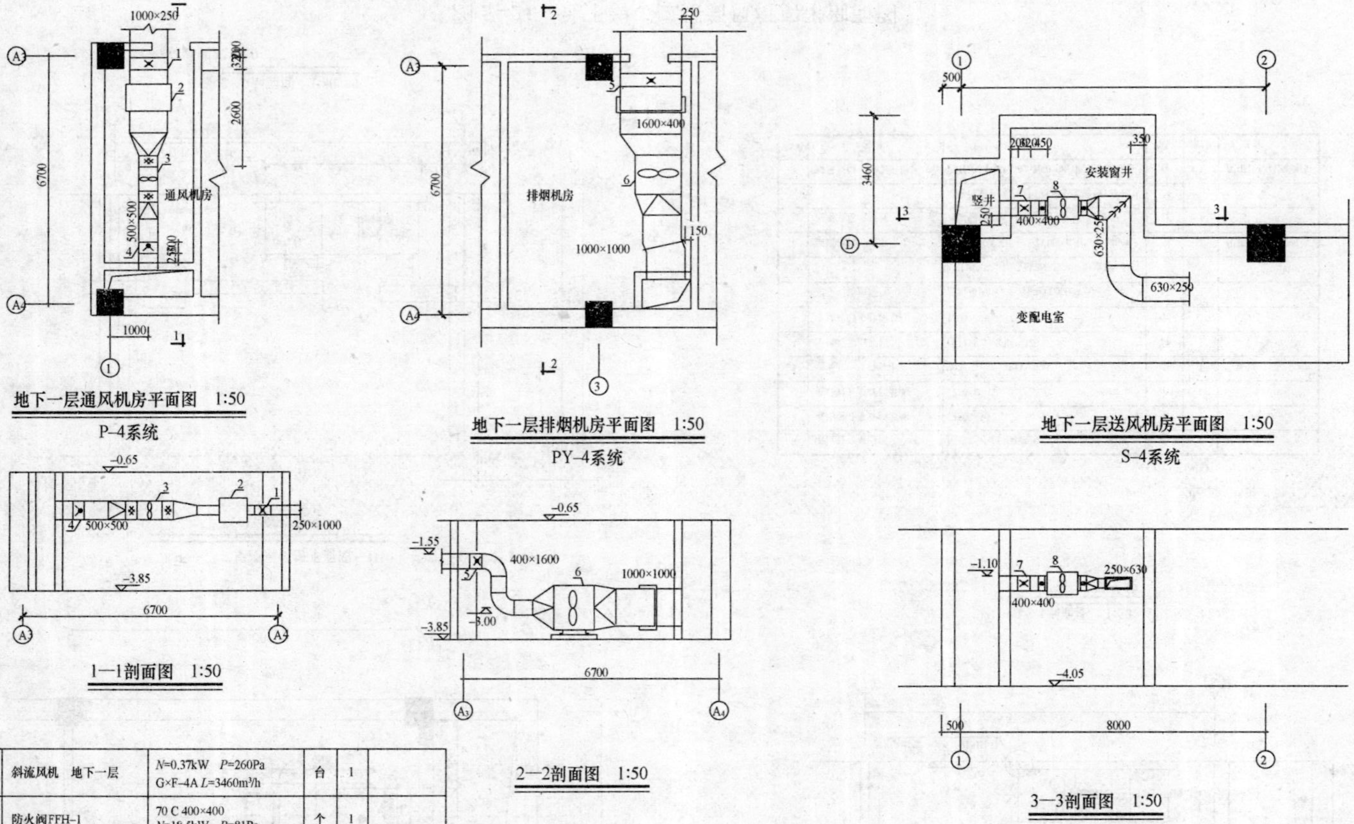

编号	名称	型号与规格	单位	数量	备注
8	斜流风机　地下一层	N=0.37kW　P=260Pa G×F-4A L=3460m³/h	台	1	
7	防火阀FFH-1	70 C 400×400 N=18.5kW　P=81Pa	个	1	
6	排烟风机　地下一层	GYF-11-I　L=40 872m³/h	台	1	
5	排烟防火阀　PYFH-SDW	280℃　1600×400	个	1	
4	止回阀	方形500×500 N=1.5kW　P=500Pa	个	1	
3	斜流风机　地下一层	G×F-5B　L=6750m³/h	台	1	
2	阻抗复合消音器	接口尺寸1000×250 L=900MM	台	1	
1	防火阀FFH-1	70 C　1250×320	个	1	

图 5-20　地下一层机房平剖面图

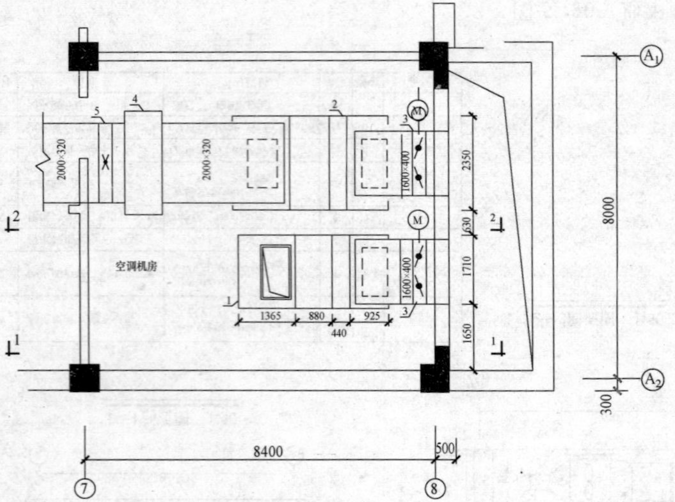

地下一、二层新风机房平面图 1:50

X-1，X-2系统

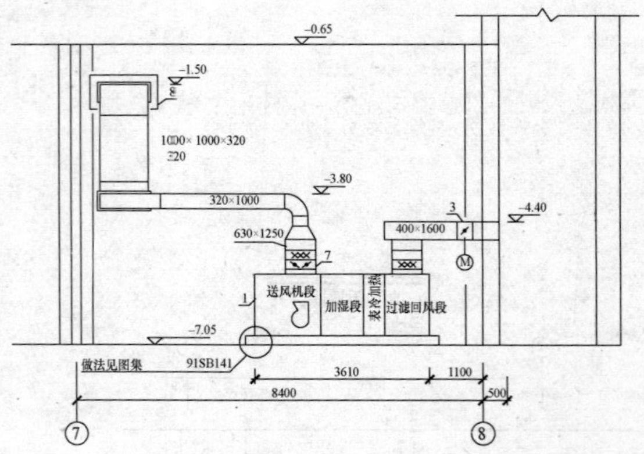

1—1剖面图 1:50

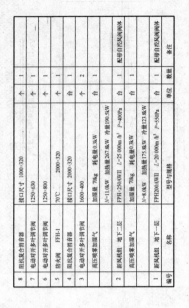

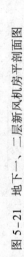

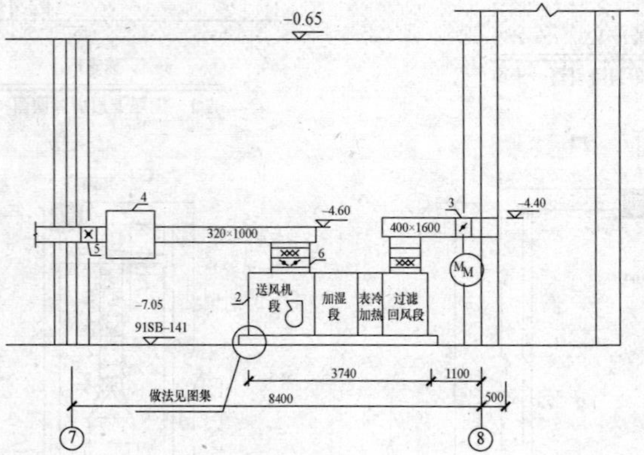

2—2剖面图 1:50

编号	名称	型号与规格	单位	数量	备注
8	阻抗复合消音器	接口尺寸 1000×320	个	1	
7	电动对开多叶调节阀	1250×630	个	1	
6	电动对开多叶调节阀	1250×800	个	1	
5	防火阀 FFH-1	70℃ 2000×320	个	1	
4	阻抗复合消音器	接口尺寸 2000×320	台	1	
3	电动对开多叶调节阀	1600×400	个	2	
	高压喷雾加湿气	加湿量 70kg 耗电量0.3kW	台	1	
		N=11.0kW 加热量267.8kW 冷量190.5kW			
2	新风机组 地下二层	FPH-250AWII L=25 000m³/h P=400Pa	台	1	配带自控风阀阀体
	高压喷雾加湿气	加湿量 70kg 耗电量0.3kW	台	1	
		N=8.0kW 加热量175.8kW 冷量123.8kW			
1	新风机组 地下一层	FPH200AWII L=20 000m³/h P=550Pa	台	1	配带自控风阀阀体

图 5-21 地下一、二层新风机房平剖面图

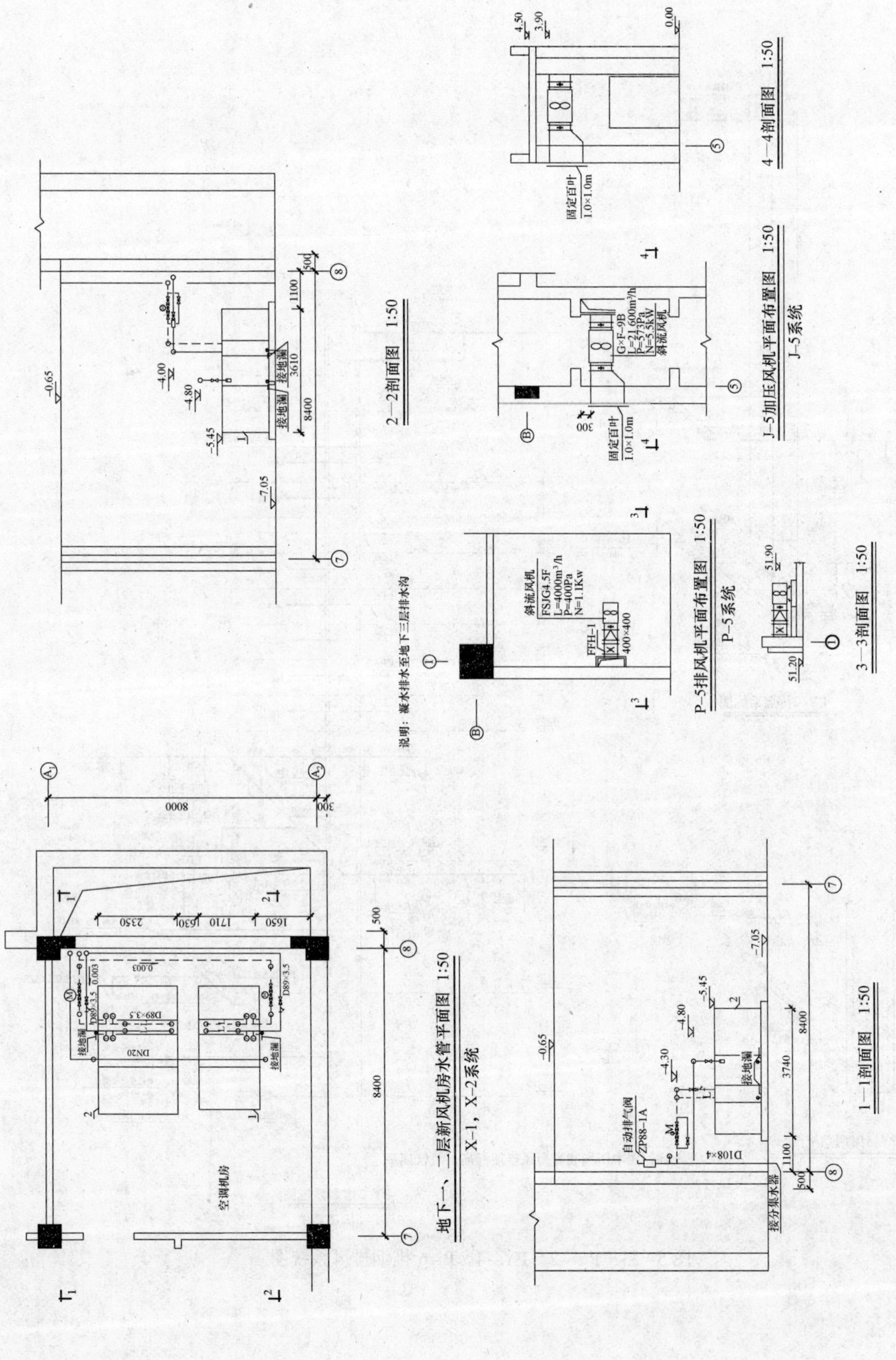

图 5-22　地下新风机房水管平剖面图

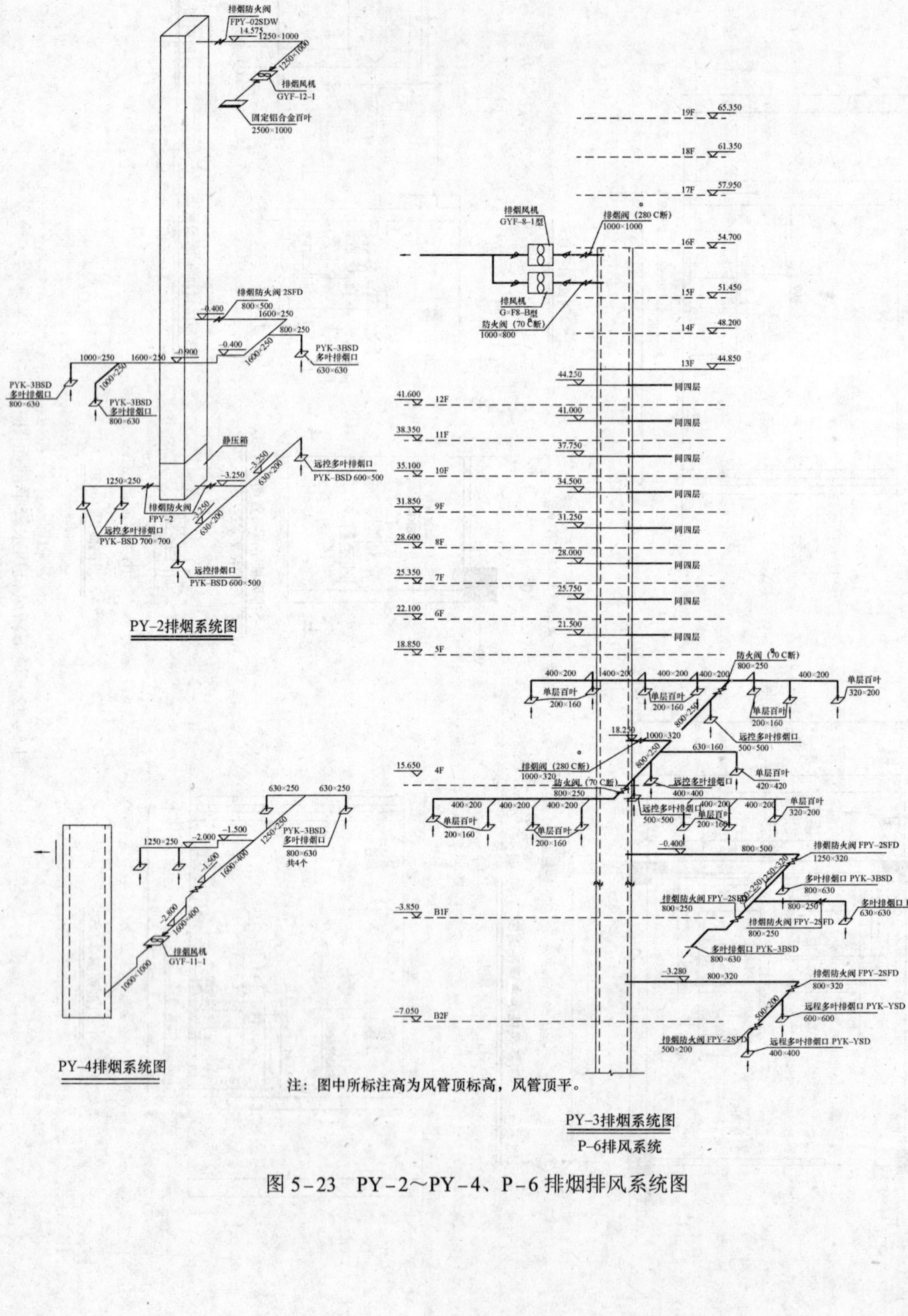

注：图中所标注高为风管顶标高，风管顶平。

图 5-23　PY-2～PY-4、P-6 排烟排风系统图

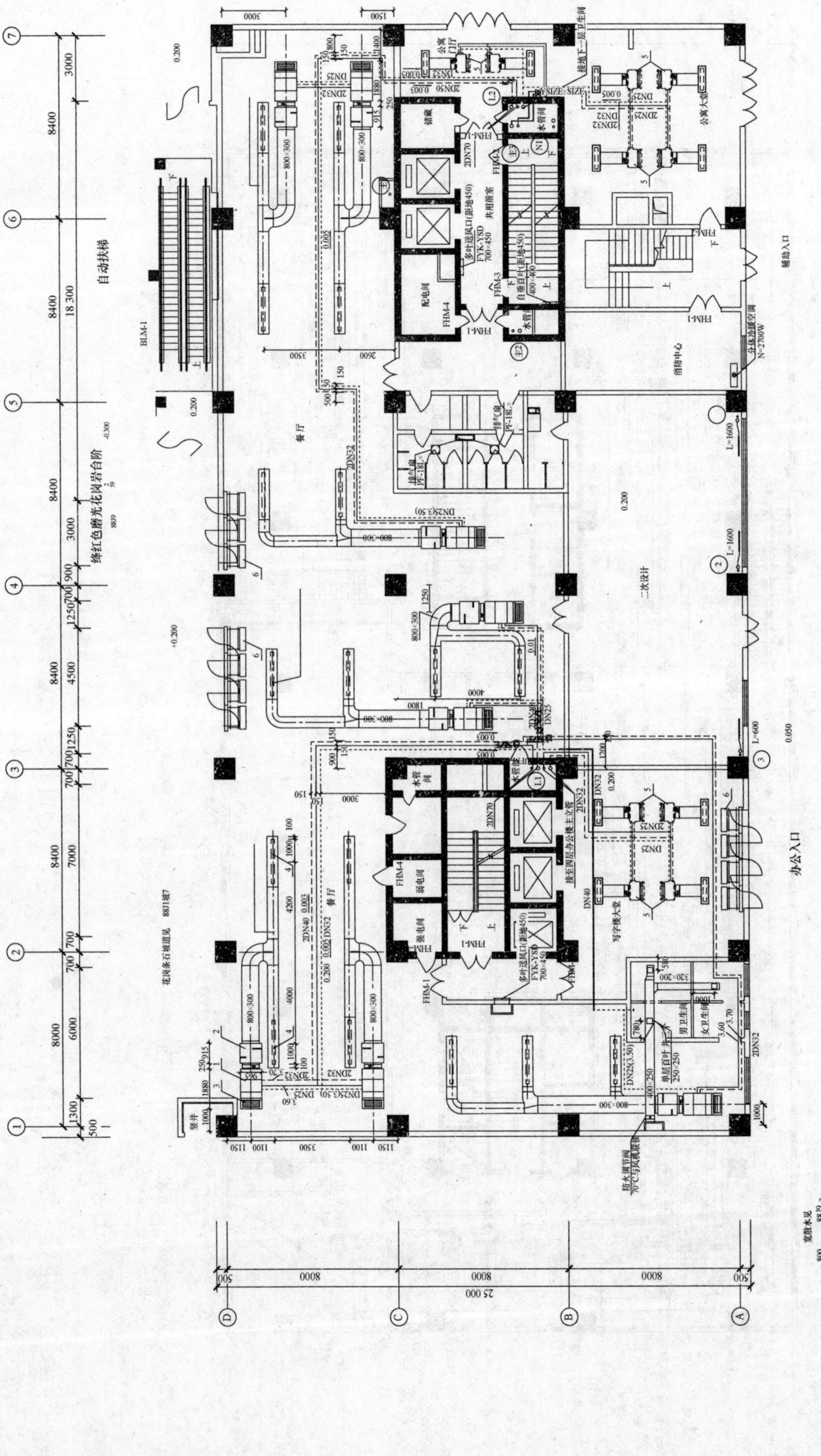

图 5-24　一层暖通平面图

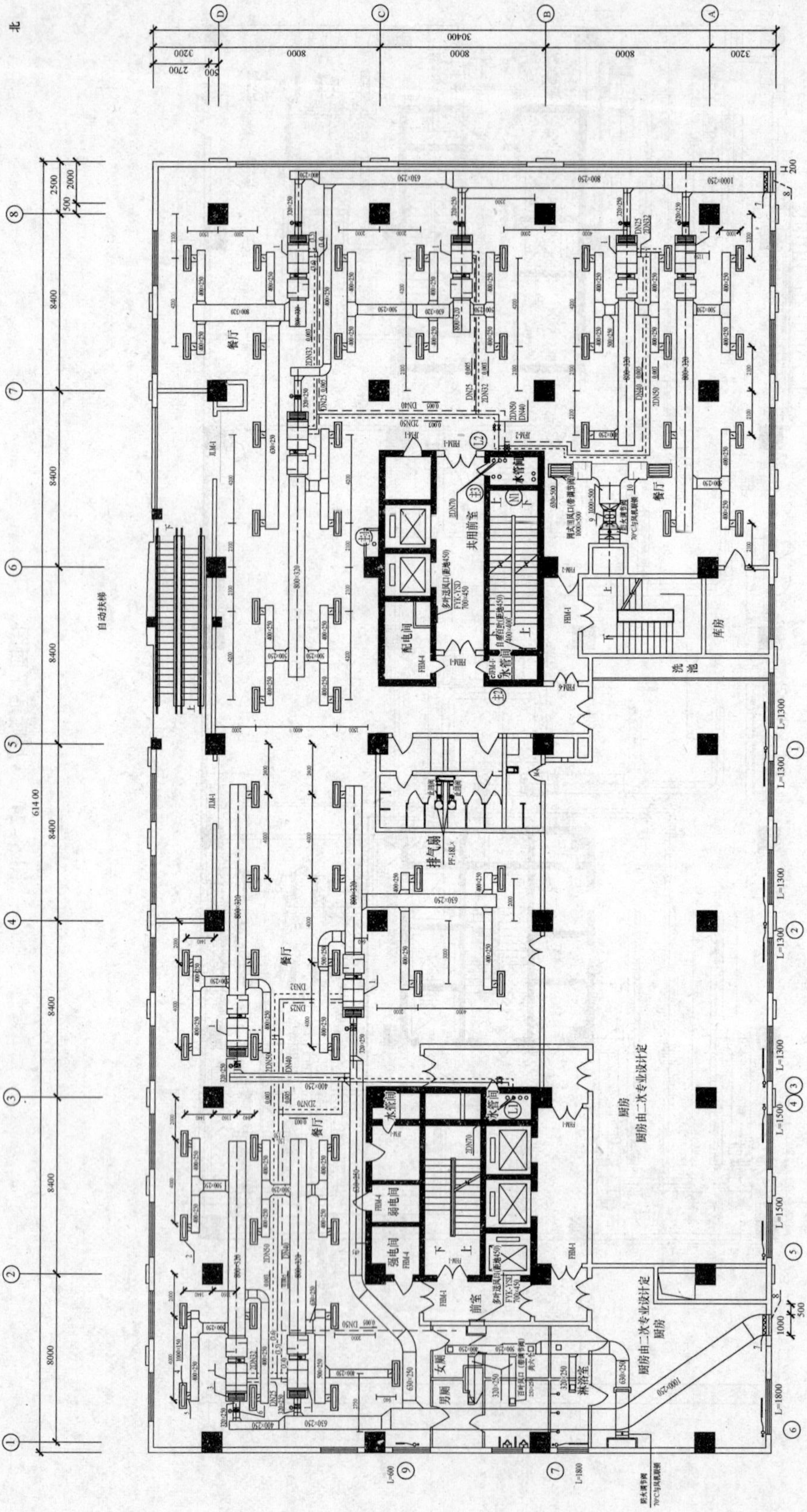

图 5-25 二层暖通平面图

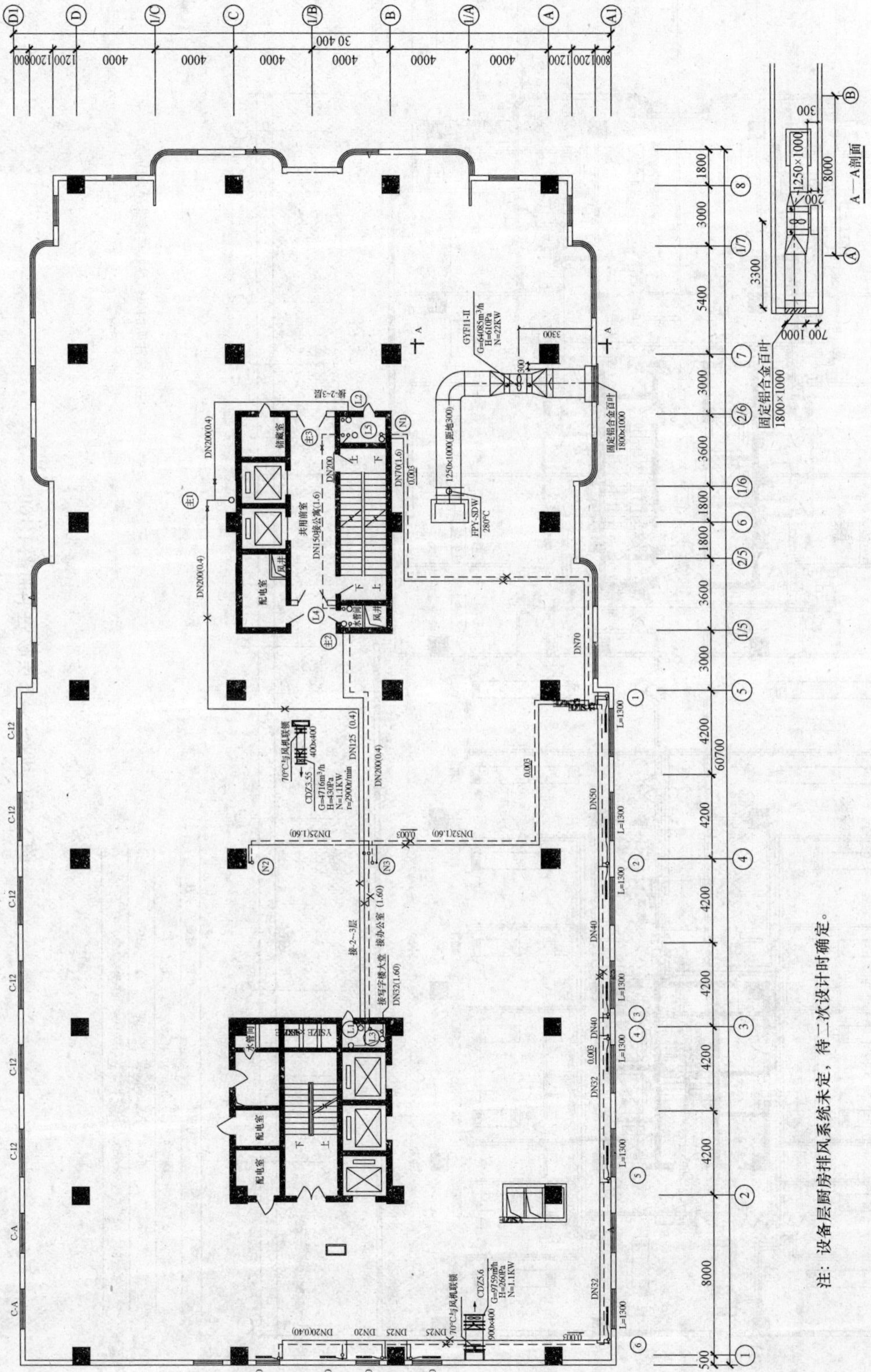

注：设备层厨房排风系统未定，待二次设计时确定。

图 5-26　设备层暖通平面图 1:100

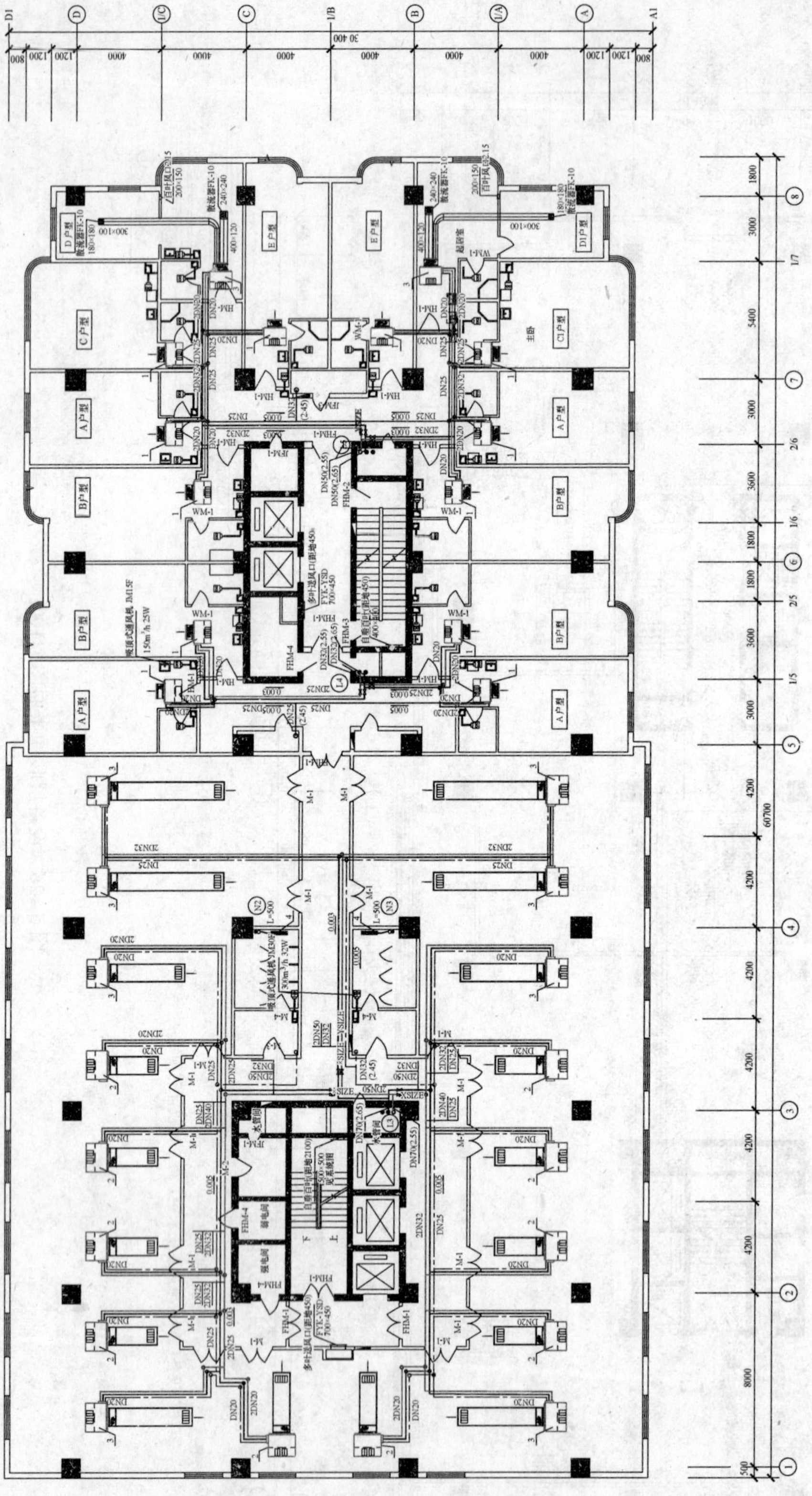

型号规格	单位	数量	备注
550m³/h Q冷=3.55kW Q热=5.10kW N=76W	台	12	
640m³/h Q冷=3.98kW Q热=5.99kW N=90W	台	10	
800m³/h Q冷=4.80kW Q热=7.10kW N=115W	台	10	

注：1.未注明的风机盘管连接管径为DN20。

图 5-27　四~十三层暖通平面图 1:100

参 考 文 献

［1］ 中国建筑设计研究院，等. 民用建筑工程暖通空调及动力施工图设计深度图样［M］. 北京：中国建筑标准设计研究院，2009.

［2］ 中国建筑设计研究院，等. 民用建筑工程给排水施工图设计深度图样［M］. 北京：中国建筑标准设计研究院，2009.

［3］ 中华人民共和国住房和城乡建设部，中华人民共和国国家质量监督检验检疫总局. GB/T 50114—2010 暖通空调制图标准［S］. 北京：中国建筑工业出版社，2011.

［4］ 中华人民共和国住房和城乡建设部，中华人民共和国国家质量监督检验检疫总局. GB/T 50106—2010 建筑给水排水制图标准［S］. 北京：中国建筑工业出版社，2011.